（Matt Parker）

[澳] 马特·帕克 / 著

李轩 / 译

我们在
四维空间
可以做什么

不用计算的18堂数学课

后浪

THINGS
TO MAKE
AND
DO IN THE
FOURTH
DIMENSION

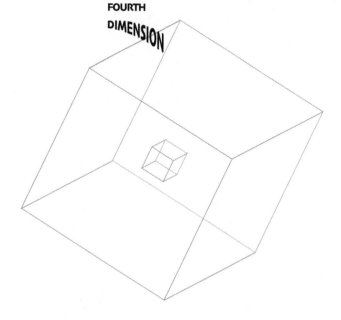

北京联合出版公司
Beijing United Publishing Co.,Ltd.

献给我的祖父祖母——基思（Keith）和诺娜·帕洛（Nona Pallot），是他们引导我爱上数学和研究数学

推荐序

　　写一本数学书很难。数学是一个很大的学科，里面包含了算术、代数、数论、图论、几何、拓扑等一大堆分支。如果是一本科普性质的数学书，只专注于某一个具体的数学分支，很难让读者对整座数学大厦有一个宏观的了解。那就在众多分支里各选一些最有趣的话题，把它们串成一本书吧？这事儿就更麻烦了。每个数学分支里都有很多极其有意思的话题，究竟选择哪些，对于稍微有些选择困难症的作者来说，就已经是一件非常头疼的事情了。用一条漂亮的线索将所有的话题衔接起来，让每个新话题的出现都不要太过突兀，给人一种一气呵成的感觉，就更需要精心构思了。而且，话题的前后顺序也需要引起格外的注意，因为后面的话题可以用到前面讲过的知识，但前面的话题没法提前使用后面才会讲到的知识。你知道吗，这一切就好比是，叫你用一个故事把你所有的亲戚朋友都介绍一遍。

　　写一本讲解数学的数学书就更难了。对的，你没看错。很多所谓的数学书，根本没有在讲数学——讲一讲数学家的生平和逸事，讲一讲数学发现的背景和影响，再罗列一些相关的数据，结果一本数学书活生生地变成了一本历史故事书，里面没有什么让人陷入深思的数学问题，没有什么让人拍案叫绝的数学思想，没有什么让人瞠目结舌的数学结论，也没有说明它们在数学或者生活中的重要意义。这很难让人体会到真正数学的乐趣。

　　写一本能生动直观地讲解数学的数学书，那更是难上加难。有一个数学定理说的是：给定空间中的任意三个立体图形，则一定能作出一个平面，使得每个立体图形的体积都被该平面分成相等的两份。给出严谨的数学表达后，再给出一个形象的例子方便众人理解，这不仅仅是数学科普作者喜欢干的事情，也是看似严肃的数学家们自己爱干的事情。在数学中，上述结论经常被说成是：在两个面包片中间夹了一层火腿，做成一个火腿三明治，即使这个火腿三明治做得非常不规整，也一定能一刀把两个面包片和中间的火腿都分成一样多的两份。而且，这个定理真的就叫作"火腿三明治定理"（ham sandwich theorem）！一个生动直观的比方，让干瘪的数学理论似乎有了新的生机，也大大降低了人们理解和分析问题的难度。

用说相声的手法写一本能生动直观地讲解数学的数学书，其难度可想而知了。然而，这本书的作者——马特·帕克——真的做到了这一点。

你可以从这本书的字里行间看出，马特·帕克是真的热爱数学；你也可以去网上看看他的一些演讲，相信你也会很快被他的激情所感染。这家伙真的可以算是数学极客的标杆人物。更神奇的是，马特·帕克是一名喜剧演员。他经常参加各种脱口秀表演，边讲数学边抖包袱，让人在笑声中得到一些往往只有在听课和刷题时才有的收获。别觉得数学和喜剧完全不搭边。在我看来，数学和喜剧有着非常内在的共同点——它们都能给人带来一个个灵机一动的瞬间。

这一个个灵机一动的瞬间陪伴着我毫无压力地完成了译文的审校。希望它们也能陪伴着你度过一段难忘的时光。

数学科普作家　顾森（Matrix67）

目　录

第 0 章

引　言

　　观察一下你身边的饮料杯，比如品脱杯或者马克杯，虽然它们形态各异，但几乎可以肯定，它们杯口的周长总是大于它们的高度。像品脱杯这样的器皿，看上去好像高度大于周长，但事实上，标准的英式品脱杯的周长是高度的 1.8 倍；而随处可见的连锁咖啡店星巴克里的中杯外带杯，其周长其实是自身高度的 2.3 倍（不过，他们拒绝了我将其更名为"矮杯"的请求）。

　　知道这个常识对你非常有好处。要是下次再去酒吧、咖啡馆或其他提供饮料的地方，你可以和朋友打赌，赌定他们手里的杯子杯口的周长都大于高度，赢的话就让他们免费给你饮料。如果现场有带柄的啤酒杯或者大得离谱的马克杯，你要清楚，它们的周长通常是高度的 3 倍以上。你甚至可以把三个这样的杯子夸张地叠在一起，并打赌这时的周长仍大于总高。这时候拿出卷尺或许会让你的对手怀疑你在作弊，你可以就近找根吸管，或者用吸管纸套临时充当量尺。

　　这个结论适用于除了最瘦长的香槟杯以外的所有杯子。如果你想偷偷验证一下，又不想引起对手怀疑，可以用手握住杯子，你会发现你的大拇指无法在另一面碰到另外四指。现在，用大拇指和食指去够杯子的两端，却基本上都会够到。这就巧妙地证明了普通杯子的高度比周长小很多了。

　　这正是我想让更多人了解的数学：数学不可思议，出乎意料，甚至能为你赢得免费饮料。我写本书的目的就是向读者展示数学中的有趣之处。但不幸的是，多数人觉得数学只是中学要求的课程。事实上，数学远不止如此。

　　在一些不恰当的情况下，数学确实会让人感觉乏味。随便走进一间数学课堂，你极有可能会看到教室里绝大部分学生都不怎么开心，更坏一点，他们可能会立刻要求你离开教室，甚至报警，那么你的名字可能就会被列入黑名单。这些学生们对数学的坏印象，是从之前的学生那里代代相传而来的。当然，这其中不乏例外，有些学生一直热爱数学，成为数学家，把余生奉献给数学。究竟是什么让这些学生享受数学，而其他同学却都不喜欢呢？

　　我曾经也是这少数学生中的一员：我能在乏味的练习题之外探寻到数学的精髓，也就是背后的逻辑。但我能体谅我周围的同学们，尤其是那些偏爱运动的同学。因为在学校里，我也曾像他们惧怕数学课一样惧怕足球训练。但是我很清楚花费大量时间在锥形筒之间练习带球的意义：他们在建立扎实的基本功，以便在真正的足球比赛中挥洒自如。因此，我也清楚为什么偏爱体育的那些同学讨厌数学：与足球相反，学生们练习数学，却没有"数学运动场"能让他们好好地运用学到的数学知识。

　　这就是这些学生眼中的数学，也正是人们不会选择成为数学家的原因。数学工作者并不像人们想象的那样，只是做更难的加法或更长的除法，这就好比专业的足球运动员在比赛中也不仅仅是带球跑得更快而已。专业的数学家会利用他们学到的理论和技巧去探索数学领域，寻找新的发现。他们会在高维空间中寻找新的图形，寻找新的数的类别，或在无穷之外探索新世界，而不仅仅是进行运算而已。

告诉你一个秘密：对数学家而言，数学是一场规模宏大的超级联赛，而告诉你更多数学的秘密也正是本书的目的。为你打开通往这个世界的门，让你学会和数学打交道的方法。这样，你就可以像数学家一样参与到这场超级联赛中。即使你本就是热爱数学的孩子，也仍然可以发现很多新鲜事物。本书的所有内容都源于你能实际运用的数学。你可以学会做一个四维物体，也可以深入理解那些违反直觉的图形，还可以编出不可思议的绳结。当然，书籍本身也是一项令人惊叹的技术，拥有最先进的暂停功能。当你想停留片刻去玩一些数学小把戏时，尽管去，本书将静静地停留在原地，不变一字，等着你归来。

当然，从现代医学背后的数据分析到手机间信息传输背后的公式，几乎所有令人欣喜的前沿科技的核心都是数学。但即使是那些基于相应数学原理的技术，最初也是因为数学家觉得解决一道谜题很有趣才发展起来的。

这就是数学的本质。数学是对规律与逻辑的纯粹追求，一直在满足我们对未知事物的好奇心。新的数学发现可能会有数不清的实际应用，甚至成为我们生活中不可或缺的一部分，但这并不是这些原理被发现的原因。正如诺贝尔物理学奖获得者理查德·费曼（Richard Feynman）所说，"物理学就像性爱，它确实有实际的用处，但那绝不是我们研究它的原因"。

我也希望大家能更关注学校里学的数学，因为没有这些基础，我们无法发现数学的有趣之处。每位学生应该都依稀记得数学常数 π（大约等于 3.14），有些人会记得它是圆的周长与其直径的比值。正因为 π，我们才知道玻璃杯口的周长是其直径的 3 倍多。而杯子直径往往是我们判断杯子大小的根据，但我们总忘记乘以 π。π 不应该只是一个存在于我们记忆中的数值，而应该在现实生活中为我们所用。但遗憾的是，很少有学校会教你怎样在酒吧赢取免费饮料。

但我们不能全盘忽视学校教授的数学，因为数学的趣味总是伴随着它的乏味。这也是一些人觉得数学很难的部分原因：在学习数学的过程中，他们错失了一些关键步骤，所以更高的层次便显得遥不可及。如果他们可以一步一个脚印，以正确的顺序走好每一步，那么数学其实不会太难。

数学中没有什么是难以掌握的，但是有时候以正确的顺序学习数学非常重要。当然，攀登一个高高的阶梯，或许自始至终需要付出很多努力，但攀爬每一级台阶耗费的力气是一样的。数学也是如此，一步一步攀登，其乐无穷。如果你理解素数，那么探索素绳结就会容易很多；如果你先掌握了三维图形，那么四维图形就不会那么难以想象。你可以将本书的每个章节想象成一个结构体，每个章节都基于前面的一些章节。

你也可以跳过一些章节选择自己的探索路径，只要你在探索后面某个章节之前已经掌握了它所依赖的所有章节。随着内容的推进，后面的章节会涵盖越来越多的高等数学知识，这些内容你可能从来没有在数学课堂中听到过。它们初看起来吓人，但别担心，只要你以正确的顺序学习这些知识，当你到达数学世界中遥远的角落时，你就已经积累了足够的知识来享受它们给予的所有乐趣和惊喜。

最后我要再强调一点，攀登本书阶梯的动力应该是欣赏沿途的风景。长久以来，数学被看成是教育的同义词，它本应该是趣味和探索的代名词。当我们将谜题逐个解决，将数学游戏实践，我们很快就能到达阶梯的顶端，欣赏到大多数人从未见闻的数学之美。我们将能够实践那些超越一般人直觉的事物。在旅途中，数学会把我们带入虚数的世界，向我们展示只有在 196,883 维空间才存在的图形，向我们展示无穷之外的物体。从第四维到超越数，我们将逐渐领会。

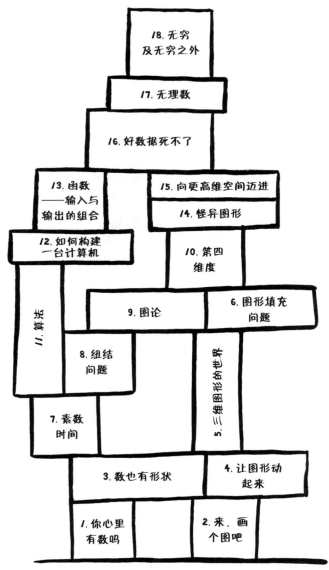

本书的各个章节可以作为砖瓦组成一座塔，自己选择登顶的路线吧

第 1 章

你心里有数吗

　　每当我不得不去看牙医时，我总喜欢找一些能转移自己注意力的消遣活动来度过陌生人在我嘴里捣鼓的时光，通常是进行一些只需动脑就能完成的数字游戏。一次去看牙医的路上，我在 Twitter（推特）上发了一个状态，想征求一些不需要动手演算的数学难题。一个朋友回应了我，这个难题是：重新排列 1~9 这 9 个数字，使前两个数字组成的数是 2 的倍数，前 3 个数字组成的数是 3 的倍数，以此类推，直到整个数是 9 的倍数。这个问题只有一个解。

还没在牙医的椅子上坐定，我就已经排除了最普通的排列：123,456,789。虽然 12 能被 2 整除，123 能被 3 整除，但也就到此为止了，因为 1,234 不能被 4 整除。当牙医折腾好我的牙齿，我已经确定了一些数字，但还没完全排列好。不过，很显然我不能看完牙医后还赖在椅子上不走。回家后，我最终确定了这个问题的唯一解是 381,654,729。

［如果不要求用到所有 9 个数字，并且可以使用 0，那么结果就不唯一了，比如 480,006 就满足要求。这类连续组合的数是可整除的，因而被称为累进可除数（polydivisible number）。我知道的一共有 20,456 个累进可除数，其中最大的是 3,608,528,850,368,400,786,036,725。］

有趣的是，这个问题能做出来只是因为我们目前使用的数据形式刚好合适。如果你把这个难题交给一个古罗马人，那就无法帮助他在看牙时消磨时间了。古罗马人使用的数字与我们不同，比如 V 和 X。更重要的是，这些数字不论出现在数的哪个位置，都代表相同的数值：V 永远代表 5，X 永远代表 10。不像我们的计数系统，12 中的 2 代表 2，而 123 中的 2 代表 20。不过好在罗马的牙科足够原始粗暴。

令人尴尬的是，很多数字难题，甚至是我们在学校学习的数学，都只在我们使用的计数系统下才有效。在目前的计数系统中，如果 111,111,111 与自己相乘，会得到一个赏心悦目的结果：12,345,678,987,654,321（所有数字从 1 按顺序排至 9，然后倒序排至 1）。这个规律对于更短的全 1 数也成立，比如 11,111 × 11,111 = 123,454,321，111 × 111 = 12,321。如果用不同的计数系统书写，上述规律会瞬间消失：111 用罗马数字写出来是 CXI，但 CXI × CXI 的结果是不讨喜的 $\overline{\text{X}}$MMCCCXXI ^①。

以上这些事实说明，数字（digit）和数（number）是不同的。比如，数 3 和数字 3 虽然看起来完全相同（实际上也的确如此），但它们之间存在微妙的差别。数就是你所认为的那个含义，它是一个很大的类别：3 是数，3,435 也是数。数是抽象的概念，要写下它们，我们就需要用数字来表达，所以数字只是符号，在书写时用来表示一个数。字母也是这个道理，它们也是符号，是用来书写单词的符号。3,435 这个数使用了 3、4、5 这三个数字。你遇到的数学都可以分成两大类：一类是真正的数学，基于数学内在的本质；另外一类仅仅是巧妙的结果，是我们恰好采用这种书写方式的副产品。

来点好玩的：数字魔术

37 魔术（37 Trick）是一个打开本小节的不错的开始（也是让这些内容不像传统数学课的探索方式）。

随便选一个数字写 3 遍，得到一个类似于 333 或者 888 这样的三位数。将写下的 3 个数字加起来：3 + 3 + 3 = 9 或者 8 + 8 + 8 = 24。至此只是把数字加起来，并没有什么有趣之处。现在将写下的三位数（333 或者 888）除以这 3 个数字之和（9 或 24），你可以用计算器，也可以通过心算完成计算

---

① 罗马数字上加一横表示这个数乘以 1,000。——译者注

（计算器肯定更快一点）。无论用什么工具计算，选择什么数字，你总会得到同一个答案：37。这就是所谓的 37 魔术。

正如我所说，你不管用什么数字开始都可以。但是，选择数字的随机性很快就被抵消，结果确定无疑：当你算到最后，你肯定会得到 37。在这背后，是狡猾的代数运算在作祟。将一个数字写 3 遍等价于将这个数乘以 111。比如你选择了 8，那么 888 等于 8 × 111。将 3 个相同的数字加起来则等于把这个数字乘以 3：8 + 8 + 8 = 3 × 8 = 24。因此，888 除以 24 就相当于 111 除以 3，因为 8 被抵消了。同理，其他数字也是一样的。

但其实并非如此。如果一个罗马人选择数字 V，那么 37 魔术的结果就不再是 37，也不再被称作 37 魔术，甚至根本不会被视为魔术。不过幸好，至少在这个问题上，这个 "10 个数字" 的计数系统是目前最常用的。但如果你想打动古巴比伦人，这个魔术可能不是一个好的选择，因为他们的计数方式和我们现在的完全不一样。假如哪天外星人造访地球，他们可能会用各种奇怪的方式计数，那这个小魔术他们肯定也看不懂了。因此，37 魔术是数的 "根本" 性质（那些不会因数的书写方式变化而改变的性质）与现代计数方式的结合。

为什么这么说？唔，111 能被 3 整除的事实与数的书写方式无关。CXI 可以被 III 整除，"一百一十一" 也可以被 "三" 整除，并且不管是哪个星球来的外星人也都应该知道 111 能被 3 整除，而且整除的结果总是 37（或者 XXXVII，或者三十七，或者外星人书写的 37）。如果一个石堆有 111 块石头，你总可以将它分成 3 堆，每堆 37 块。数的这种性质与数的表达无关，对数学家来说，这种抽象性质更加重要。

另一方面，"将一个数字写 3 遍等于将这个数乘以 111"这个性质仅仅是我们的书写方式在无意中产生的副产品。在罗马数字中，把一个数字写 3 遍等于将它乘以 3，而不是 111（VVV = III × V）。

数学的力量，一部分在于它能以不同的方式来表达普适真理。古玛雅人与古罗马人学的是相同的数学，但是他们采用不同的方式计数，与我们今天的计数方式都不同。为了探索数学世界，我们需要了解每个人使用的语言。让我们从当前使用的计数系统开始探索，尽管它未必是最好的计数系统。

数是什么？

你能用手指数出的最大的数是什么？大多数人数到 10 就会停下来，因为他们把手指用完了。但并非所有人都采用这种非常局限的计数方式，也就是只伸出手指却不缩回的方式。如果你允许手指缩回，那么你只需要用前两根手指就能数到 3。举起第一根手指代表 1，第二根手指代表 2，同时举起这两根手指就代表 3。然后你可以单独举起第三根手指代表 4，这样同时举起第一、第三根手指代表 5。以此类推，你根本不需要第五根手指就已经可以数到 16 了。

用这样的计数系统，只用 10 根手指，你就可以从 0 数到 1,023。但是我们的手指计数器还能再升级。如果考虑手指的 3 种状态：收回、半伸直、完全伸直，你可以从 0 数到 59,048。

再进一步，如果使用 4 种状态（收回并接触手掌、收回但不接触手掌、半伸直、完全伸直），你可以从 0 数到 1,048,575。只用 10 根手指就可以数超过 100 万的数了！我们已经将手指计数器的上限提升了十万多倍，只是你患关节炎的风险可能会增加一些。

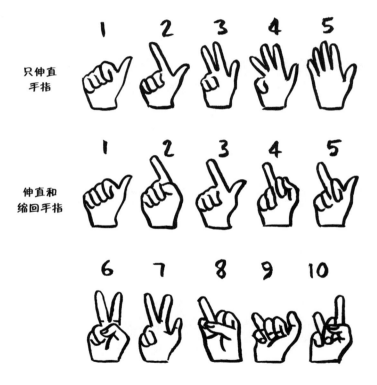

来，我们继续。使用 8 种手指姿势，我们不仅可以获得前所未有的数字敏感度，还可以从 0 数到 1,073,741,823——超过了 10 亿！不过要小心，比手势的时候别被街头帮派当自己人了。

　　我的改进就到此为止了，但手指计数的能力到底有多高？对于那些手指和头脑都绝对灵活的人来说，一切皆有可能。

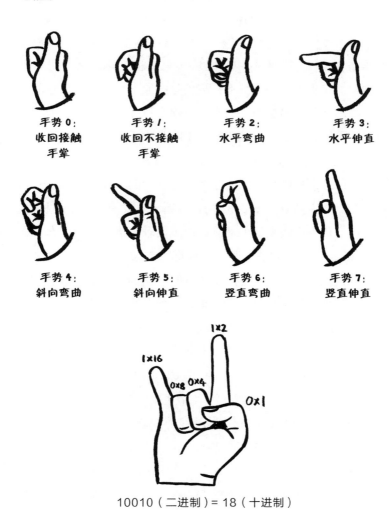

手势 0：
收回接触
手掌

手势 1：
收回不接触
手掌

手势 2：
水平弯曲

手势 3：
水平伸直

手势 4：
斜向弯曲

手势 5：
斜向伸直

手势 6：
竖直弯曲

手势 7：
竖直伸直

10010（二进制）= 18（十进制）

　　只能数 10 的手指计数器，和能数到 10 亿的手指计数器，区别在于各手指不再是计数点，它们的不同姿势才是关键。在一般的计数方式中，每根手指都代表相同的数值（每根手指可以代表 1 或大于 1 的数值）；在用前两根手指数到 3 的策略下，第一根手指仍然代表 1，但第二根手指代表 2。以此类推，第三根手指代表 4，第四根手指代表 8，第五根手指代表 16。可以看到，这里出现了一个数列：每根手指伸直时代表的数是前一根手指的两倍。通过简单的尝试，你会很容易找到用手指的两种状态表示数的方法。（小提醒：132 是你手指伸出的最具挑衅意味的数，试试看……还是不要了。）因为每根手指有两个姿势，所以这样的计数系统被称为二进制（binary）计数系统，或被称为以 2 为基数（base-2）的计数系统。要想写下二进制数，可以用 0 代表手指缩回的状态，用 1 代表手指伸直的状态。如果你曾经学过二进制数，那你应该记得二进制的第一位代表 1，第二位代表 2，第三位代表 4，第四位代表 8，以此类推。

　　第三种计数系统是基于手指的 3 种姿势——缩回、半伸直（或者半缩回，如果你想要听起来消极一点的话）、伸直，所以它被称为三进制（base-3）。以此类推：4 种手指状态可以表示四进制（base-4）数；8 种手指状态可以表示八进制（base-8）数。现在，我们来归纳一下（请集中注意力）：不管是用手表示还是写下来，每种状态代表的数值等于前一种状态代表的数值乘以基数，所以三进制对应的数列是 1，3，9，27，…，我们可以用 0，1，2 这 3 个数字代表手指的 3 种状态；而在八进制中，数列变成 1，8，64，512，…，我们可以用 0、1、2、3、4、5、6、7 来代表手指的 8 种不同状态。在八进制下，10 亿

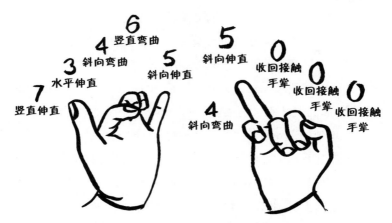

用手指的 8 种姿势表示 10 亿的方法（也可以兼做数学帮派的手势）

被表示为 7,346,545,000。

这些表示数的方式都属于基于数字位置的计数系统。它们和罗马人使用的计数系统完全不同。罗马数字所在的位置不会改变它所代表的数值，数字 V 永远代表 5，不管它出现在什么位置。在十进制数 3,435 中，数字 3 分别代表 3,000 和 30，取决于它出现在什么位置。罗马计数系统的空间消耗太大，已经无法满足现代计数需求。数字位置计数系统非常强大，可以轻而易举表示任何数。当然，现代社会几乎完全采用十进制，但我还要再强调一次，这只是万千种选择中的一种。

如果你正在使用不同的进制，一定会有些困惑。在两个使用不同数字的计数系统之间，我可以将一个数来回转换，比如将十进制数转换成罗马数字（例如 3,435 将变成 MMMCDXXXV），你肯定能很清楚地意识到后者数字的写法，就好像把一个词翻译为另一个用完全不同字或字母组成的语言一样，例如，把英语翻译成日语。不过，当你得在使用相同字母的英语和印尼语之间互译时，如果你不知道这个词的语言所属，你可能会觉得自己身处滚烫的空气（air）中。哦不，其实我是说滚烫的水（water）中［英语中的"air"（空气）在印尼语中是"water"（水）的意思］。

我不禁想起一个我忍不住一次又一次地跟别人说的，大家也可能都听过的数学笑话，它与上面所说的误解类似，经常被写到文化衫上："世界上只有 10 种人——懂二进制的人和不懂二进制的人。"我来稍微解释一下这里的笑点："10"在二进制中表示 2，所以只有理解二进制的人才知道那不是 10，而是 2。好了，你可以开始笑了，笑完我们再继续。

不过，我想稍微严厉地吐槽一下这个笑话。因为我作为一位常常讲脱口秀的数学家，总是在听别人讲述这个笑话。通常，人们会这样开始："来，你听过这个笑话吗？不过这个笑话可能听起来没有笑点，但是……"然后便开始讲述这个只有写下来才能引人发笑的笑话。这是二次元笑话所面对的问题：要么好笑，要么不好笑。不过，不管喜剧效果如何，这个笑话都是一个极好的例子，说明在不同计数系统下，相同的数字及相同的排列顺序如何表达不同的数。

无论如何，我们现在都是十进制的忠实粉丝了。有人说这是因为我们有 10 根手指：如果你用手指计数，每当数到 10，我们都需要重新开始掰手指，并另外记录我们数了多少次"10"。如果让一个朋友帮你记录数到"10"的次数，每当记录到 10 次"10"，用尽了自己的手指，你就得再找一个朋友帮忙记录数到"100"的次数。以 10 的倍数进行计数对于人类来说（至少对于有很多朋友的人类来说）似乎是很自然的做法。如果这个假说正确，那么玛雅人可能在计数时得手脚并用，因为他们采用 20 进制。

这就是我们用同一个英语单词"digit"来表示"数字"和"手指"的原因。[①] 在宇宙中，其他地方的智慧生物可能不长着 10 根手指。比如说，他们可能演化出了 3 条手臂，每条手臂末端有 4 个可以抓握东西的手指状凸起，那他们很可能使用十二进制。

即使在地球，仍有少数人主张人类应该使用十二进制，摒弃十进制。十二进制的拥护者大肆宣扬以 12 为基数计数的好处（比如，能被 12 整除的数比能被 10 整除的数多，所以分数的书写将变得更容易），却没看到这么做带来的社会剧变。如果真的采用十二进制，我们就需要 12 个数字，所以要在十进制的基础上增加两个数字：一般用"A"代表 10，用"B"代表 11。于是十进制数 3,435 在十二进制下将表示为 1BA3。

改变进制的可能性微乎其微。十进制已经根深蒂固，其他进制只是数学家们的消遣。只有一个例外，当我们进入计算机领域，其他进制从数学理论进入现实世界。二进制使用的数字很少，只有 0 和 1 两个数字，你不会找到比它更简单的计数系统了。这一点对计算机来说非常有用。现代计算机就是建立在这种二元选择基础之上的：导线中要么有电流，要么没有；硬盘中的磁铁也只有南北两极。这一切要么是 0，要么是 1。幸好，所有的数都可以转换成用一系列 1 和 0 表示的二进制序列。

然而，这样却打破了一种平衡：采用的数字既要确保计

---

① 在英语中，单词"digit"既有数字的意思，也有手指的意思。——译者注

数系统足够简单好用，又要使数的表达足够高效。对智慧生命（如人类或者外星人类）来说，十进制（或十二进制）很有效。而计算机只有使用数字有限的二进制才能运行：所有智能手机、数字电视，甚至微波炉，都使用二进制进行幕后计数和运算。不过，当需要和人类交互时，它们会体贴地把二进制转换成十进制，以方便人类的使用。

但最初简陋的计算机可没有这么周到。我有幸见到过一位年迈的绅士，他年轻时师从艾伦·图灵（Alan Turing）学习数学，是图灵1954年去世前的最后一位学生。图灵被公认为"计算机之父"，他在曼彻斯特大学工作期间为第一台计算机编写了操作系统，那是最早的计算机操作系统之一。因为图灵自己非常精通二进制，所以很显然，他的第一个操作系统也要求使用者非常精通二进制。虽然后续开发的新操作系统可以将二进制转化成十进制，但图灵自己使用那台计算机的时候，仍然坚持把系统重置回二进制，一直到他死去的那一天。

虽然如今的计算机把二进制深藏在用户交互界面之下，但你仍然可以发现二进制的蛛丝马迹。在使用计算机的过程中，你肯定见过16G或者32G的内存卡、1,024像素的屏幕分辨率，这些数字就蕴含着二进制信息。人类都钟爱"整"数，比如1,000、1,000,000，因为它们看起来很漂亮。电脑也一样：它们喜欢二进制中的"整"数。二进制中的每个数位代表的值都是2的幂数，所以你常常会见到这样的数：$2^5 = 32$、$2^{10} = 1,024$。

有时，计算机会意外泄露一些十六进制数（比如 Wi-Fi 初始密码），只不过没有多少人注意到。十六进制（hexadecimal）通常使用0~9的数字以及A~F的字母来表示数。这些数虽然没有 2 的幂数明显，但它们确实存在。看一下路由器的背面，你会发现初始密码通常由数字 0~9 及字母 A~F 组成。再看一下绘图软件或者图像编辑软件的颜色数值，你也会发现十六进制数。那么，你现在知道十六进制数是什么样了，就能时不时在计算机中用的数字里发现含有 A~F 的数。说不定你还会像我一样梦到它们……

　　使用十六进制是为了比二进制更加高效地存储数据，但这通常只有程序员或者计算机高级用户才体会得到。因为一般在这些情况下，十六进制才是最佳选择。这可能看起来很奇怪——为什么不简单地用 10 作为基数呢？这是因为 16 本身是 2 的幂数。如果某进制的基数是另一进制基数的幂数，那么在这两个进制间进行数的转换就会非常容易。一般来说，假设两个进制的位值完全不一样，但如果新基数是原基数的幂数，那么只需要减少原先的一些位值，并不会产生新的位值。把数字

$$0000 \rightarrow 0 \qquad 1000 \rightarrow 8$$
$$0001 \rightarrow 1 \qquad 1001 \rightarrow 9$$
$$0010 \rightarrow 2 \qquad 1010 \rightarrow A$$
$$0011 \rightarrow 3 \qquad 1011 \rightarrow B$$
$$0100 \rightarrow 4 \qquad 1100 \rightarrow C$$
$$0101 \rightarrow 5 \qquad 1101 \rightarrow D$$
$$0110 \rightarrow 6 \qquad 1110 \rightarrow E$$
$$0111 \rightarrow 7 \qquad 1111 \rightarrow F$$

部分二进制数与十六进制数的转换，也就是说二进制数
1011110000100001 可以转换为十六进制数 BC21

从二进制转换成十六进制时，二进制数中的每四位数都可以独立地转换成十六进制数的一位数。

一旦理解了各种计数系统，将会很容易理解它们深处真正的数学。翻译"外数"（foreign number）要比翻译外语简单得多！19世纪玛雅文明重见天日时，大量晦涩难懂的文字材料也被发掘了出来，在人们读懂这些文字之前，数字却早已被悉数破译——尽管它们是奇怪的二十进制数。如果我们有幸遇到环游星际的外星来客，一旦掌握他们用来表达数字的符号，我们就可以愉快地用数字交流。不过，如果你想跟他们分享一道数学难题，最好找一个与计数系统无关的问题。

沉迷于基数

你能在10和20之间找到不能用连续数（consecutive number）之和表示的数吗？这个问题的答案只有一个。

肯定不是13，因为13 = 6 + 7，而6和7是连续数；类似地，18也可以排除，因为18 = 5 + 6 + 7。如果你找到了答案，可以继续在30和40之间寻找。再找到下一个数，它刚好超过60。现在，你应该能发现其中的规律。有趣的是，不管你怎么表达数，"连续数之和"这个问题总是有效的。古罗马人用他们自己的数字可以解答这个问题，古玛雅人也可以解，假如真的有外星人，他们也可以解。

你发现的第一个答案应该是16：连续数的和不能为16。16是这类数字组合中的一员，其他的还有8和32（你可以在本书后面的"疑难解答"中找到这些数字为什么有这种特性）。

　　如果你想知道有没有在一种特定的计数系统中产生的难题，在另一种计数系统中却不成立，那就让我们回到累进可除数，把所有的非零数字各使用一次，但是用另一个基数不是 10 的计数系统吧。（如果你得回翻几页书才能想起来什么是累进可除数，别气馁，因为我写到这里的时候也忘了它是什么了。）如果人类演化成另一个模样，使用四进制计数，那么当我躺在牙医的椅子上时，我就能得到两个答案：123 和 321。五进制下没有解；六进制下又有两个答案（14,325 和 54,321）；七进制下也没有解；八进制下有惊人的 3 个解（3,254,167、5,234,761 和 5,674,321）；九进制下没有解；十进制下我们已经知道只有一个解（381,654,729）；最后一个解是十四进制数：9C3A5476B812D。呼，终于列完了。

　　我很惊讶十二进制居然没有解。如果我们的天外来客真的使用十二进制（虽然我不知道你是否了解他们，但我觉得人类对他们越来越熟悉了），这个难题将对他们彻底失效。（又找到了一个反对十二进制拥护者的新理由！）我之前写程序寻找这样的数时（花了一个闲暇的周末），十四进制解的突然出现让我非常惊讶：我曾经认为，如果十二进制没有解，那更高的进制也应该没有解。接着我尽可能地对程序进行了优化，让它继续在十五进制、十六进制中寻找答案，但最终没有找到。我不知道十六进制以上有没有解。如果你的时间比我更充裕或者有更高超的编程能力，找到答案后记得告诉我。

　　把问题放在不同情形下探索，看看会发生什么的行为叫作推广（generalizing），正是这一做法驱使着数学向前发展。

数学家总想寻找适用于最多情形的解和规律。在找到一道数学难题的一个解后，事情还远没有结束，你还需要将其推广到尽可能多的情形。在这方面，莱昂哈德·欧拉（Leonhard Euler，瑞士著名数学家、物理学家）和开尔文勋爵（Lord Kelvin，英国著名物理学家、数学家）这样的数学家通过展现这样的好奇心，取得了异于常人的数学成就。相比那些与数字符号及我们使用的进制相关的难题，数学家更喜欢那些纯粹触及数自身性质的难题，那些只在某一进制下才有效的问题总是被当作次品。数学家不喜欢只在十进制中有效的问题，只因为我们有 10 根手指，他们才对这个计数系统感兴趣。数学探寻的是普适真理，而不是某种计数系统下的特例。

虽说如此，还是有一些只在十进制下成立的数字难题，它们的意义却非常重大。但你别跟英国伟大的数学家 G. H. 哈代（G. H. Hardy）聊这个。他于 1940 年指出了一个有趣的事实：在 1 之后，只有 4 个数可以表示成该数中所有数字的立方之和。之后，他又认为"这里面没有什么吸引数学家的东西"，所以将其搁置一边。他认为这样的数字难题"更适合放在谜题专栏来娱乐业余爱好者"，数学应该和这些娱乐用谜题划清界限。但不好意思的是，我个人却很喜欢这些无意义的数。

这 4 个数分别是：

$$1^3 + 5^3 + 3^3 = 153$$
$$3^3 + 7^3 + 0^3 = 370$$
$$3^3 + 7^3 + 1^3 = 371$$
$$4^3 + 0^3 + 7^3 = 407$$

　　除了 $1^3 = 1$，再没有其他数符合这个等式了，但是没多久，人们便开始推广它们，虽然还是在十进制之下。（所以哈代的声明没能让人放弃解答这个问题。）人们注意到这仅有的 4 个数居然都是三位数，所以开始寻找能表示成为各数字四次方之和的四位数。（结果有 3 个数，8,208 是其中之一。）因为这些数看起来很"自恋"，总会"审视"自己有多少个数字，所以它们被称为自恋数（narcissistic number）。如果你对此感兴趣，我还可以告诉你 54,748 是 3 个五位自恋数之一，而在五位数之外还有很多自恋数。借助于计算机的超强计算能力，你可以找到最大的自恋数。它是一个由 39 位数字组成的怪物：115,132,219,018,763,992,565,095,597,973,971,522,401。

　　别再深入下去了，这一点都不好玩。哦，好吧，我再补充几点。不存在两位自恋数：没有哪个两位数可以表示成为各数字的平方和，我确实验证过。所有一位数都是自恋数，因为它们的一次方就是自身，所以它们被称为平凡自恋数。在数学语言中，"平凡"就是"无趣"的意思，也就是说虽然符合条件，但结果很无聊。我们从平凡的解中得不到任何好玩的解。

　　当然，哈代认为**所有**自恋数都非常"平凡"。确实，这些数字不能算是最伟大的数学发现，但却是数学大道边上的美丽小道。不过哈代是对的，有趣的数学规律与纯粹巧合的事物应该有明确的区分。当然，只要你能牢记它们受到计数系统的限制，以这种方式来研究数的性质才有趣。研究特定计数系统下的性质，太容易钻入臭名昭著的数字主义了——相信你肯定不想被数字中虚假的性质禁锢吧。别忘了，数学研究的是"数"，而不是"数字"。

　　这就是数学家已经更加深入，不仅让数学研究脱离计数系统，甚至还要它脱离和任何客观存在之间的联系的其中一个原因。如果你真的想了解什么是"数"，这就是底线。我可以用一堆石块表示数，但也可以选择其他方法。5 只鸭子可以代表 5，5 杯茶也可以，不过这些表示方式都涉及具体的物体。像这样把数学性质或概念从物理现实中分离出来的过程在数学中被称为抽象（abstraction）。但是要从"5 个某种东西"中抽象出"5"这一概念并将其描述出来，实际上是很困难的事情。不过，还是有办法的。

　　数学家已经达成共识，所有包含 5 个事物的集合被命名为"5"。当我们说到"5"，实际上是在指所有五元组构成的抽象集合①。当我们写下 5 + 3 = 8，意思是如果我们从"5"这个集合中取出某个五元组，再从"3"这个集合中取出某个三元组，将它们合并起来，会得到一个新的组合，它属于"8"这个集合。这个定义确实具有通用性，但啰唆得很。

　　数学的通用性意味着如果真有外星来客造访我们渺小的星球，数可能是我们之间唯一共有的东西。我们与其他碳基生物可能无法正常交流，甚至在同一光谱中看到的东西都不一样，但我们仍可以互相交换有关数的难题。如果你真的有幸身处外星人降临的现场，我可以给你两个选择。

　　第一个是哈代一定不喜欢的选择，也就是 3,435 这个数。这是一个明希豪森数（Münchhausen number），有点像自恋数，这也是明希豪森数以明希豪森男爵（Baron Münchhausen）的名

---

① 这个集合的每个元素都是一个五元组。——译者注

字命名的原因。明希豪森男爵是 18 世纪的一位德国人，喜欢长篇大论，自吹自擂自己有多伟大。把明希豪森数的每一位数字做自身位数的乘方，然后求和，得到的结果还是这个数。3,435 自然也是如此：$3^3 + 4^4 + 3^3 + 5^5 = 3,435$。这是十进制下除了平凡的 1 以外唯一满足这个条件的数，但其他进制也有这样的数，而且幸运的是，这些数对拥有 12 根手指的外星人也行得通。在十二进制下，3A67A54832 就是一个明希豪森数。但真正的赢家是拥有 13 根手指的生物，它们有 4 个明希豪森数（33661、2AA834668A、4CA92A233518 和 4CA92A233538）。

　　第二个选择是 37 魔术，不过需要稍微改一改。虽然它确实和数字有关（而不仅仅与数本身有关），但可以修改成在任意进制下都成立的形式。在任何进制之下，对于一个数字，输入指定次数使其组成一个数，让它除以这几个数字之和，总会得到相同的答案。[①] 所以并不是所有的数字游戏都只在一种进制下成立。好啦，我想这就是基数的全部内容了。

---

① 为了使结果是一个整数，一种做法是取数字的次数为基数减 1。例如，对于十进制，基数 10 减去 1 等于 9，3 可以整除 9。所以为了在十二进制下得到整数的结果，我们要输入 11 次数字。

第 2 章

来，画个图吧

　　先说个要紧的。切比萨的方式存在一个严重的缺陷。拿到一个比萨饼，人们通常是过比萨中心切几条直线，使每一块的大小相同。这种方式看似很公平，因为每个人分得的比萨不仅大小相同，形状也一模一样：一个含有一条（有着香脆外表的）弧边的三角形。可这种分法的问题是，虽然这样分可以得到相同的形状，但每一块都会包含比萨的中心区域。这就意味着，如果你不喜欢比萨的馅料时，就没办法选出一块不包括馅料来吃了。所以更好的切比萨的方法应该是设法切出相同的

形状和大小，有一些块里面不包含中心区域。

　　为了找到适合的切法，首先需要一整块比萨饼。这一整块比萨可以是真实的，也可以是想象出来的，你可能会发现在纸上画一个圆圈当作比萨更容易些。我给你布置的题目是找到一种切比萨或者分割圆的方法，使得切出来的每一块形状相同，但又不会每一块都包括中心部分。这不是脑筋急转弯，答案并不是用一个方形比萨，或者赶走挑剔的朋友，诸如此类。用最最普通的圆形比萨是完全可以办到的。

用一种无聊的切法切过的比萨以及可以给你找更好切割方法的完整比萨

　　不过还得加一些限制条件。我们假设要切的是一个完美的圆形比萨，它上面的配料是均匀分布的，没有烤焦外壳，面饼足够薄（以防你横着切）。也就是说，我们要切的比萨是一个完美的圆，材质均匀，无限薄，并且不值什么钱（因为它是二维的）。你也可以要求它是绝对光滑的，或处于真空环境中，不过这样的比萨可能就更不容易吃到了，但说不定会好消化一点。

　　这道题具有使其成为完美谜题的所有特点。乍一想，好像根本不可解，可是一旦你着手尝试，很快就会发现一些线索，接着，你突然就能找到方法——可能得先吃一个真实的比萨，才能从数学的高阁返回现实的人间。这道难题面对的是数学中最优美的图形：圆（circle）。由于没有角且只有一条边，圆称得上是最简单的图形。当然，圆也是最古老的图形之一。从人类的瞳孔到俯视我们的太阳，自然界中四处都是完美的圆，却不会存在正三角形、正方形或者正五边形。

如果你还在尝试解决比萨问题，可能需要画很多很多圆。当然你可以简单地用手凭感觉直接画，只要起点和终点重合成为一个圈就好，或者可以使用圆规（compass）[①]。圆规是我最喜欢的数学工具之一，不仅因为它尖尖的前端可以作为学生们的娱乐工具（比如可以在桌子上刻字，或者用作一个撬杆），还因为它本身就诠释了什么是圆：一条与某个中心点距离始终相等的曲线。你打开圆规的两脚，它们之间的距离就是圆的半径（radius），接着把圆规带尖头的一只脚扎进纸里，另一只脚滑过所有与那只脚距离相等的点。啊哈！一个完美的圆诞生了。也可能不圆……

严格说来，圆规在纸上画的并不是精确的圆。如果将圆放得足够大，就能看到画出来的线是不规则的，这是因为纸的表面并非绝对光滑，再加上圆规枢轴或者螺丝钉的任何轻微松

---

① 严格来讲，"圆规"只是用具的一半；完整的说法应该是"一副圆规"（毕竟我们也不说"一只剪刀"）。我相信剪刀保留了复数形式（在英语中，名词后加 s 表示复数，但剪刀通常用"scissors"，而不用"scissor"；同样，圆规通常用"compasses"而不用"compass"。因此作者才有此感叹。——译者注）是有历史原因的。（除了书呆子以外——我认识的许多朋友都是书呆子。曾经有一位朋友在机场安检时被安保人员询问他包里装了什么，他的回答是"一副圆规"。他们总是非常笨拙地试图解释别人没有发现的东西。）

动都会使半径出现偏差。你会慢慢习惯这种情况：在数学中，我们喜欢把完美、理想的情形从不那么完美、有些许混乱的现实中抽离出来。理论上的确存在"完美的圆"，圆周上所有点到中心的距离始终完美相等，但在现实中，我们也能在纸上近似地画出一个圆，让它的瑕疵小到可以忽略。

　　圆规不仅可以画出比萨的圆周，还能解决比萨切割问题。在下图中，我们不用直线，而用与比萨圆周相同的曲线来分割比萨。与其他数学难题不同，这个问题的解是可以在现实中派上用场的，你真的可以用这种方法来切比萨，我就这么干过！下一次买比萨时，你可以给他们这张图的复印件，让他们按照这个方法来切！（当然，不同的店家对这个要求的反应可能是不同的。）

公平地切分比萨的两个步骤

打一个五边形的结

　　并不是所有图形都像圆一样好画。有了圆规，我们可以快速地画出一两个圆，但要画一个五边形，就不那么容易了。用直尺画一个五边形倒是很容易，但如果想要画一个 5 条边都相等的正五边形（regular pentagon），你会发现很容易将它画成梨形。众所周知，几何起源于古希腊。那时的人们就非常钟爱正五边形，如果能画出一个正五边形，你甚至可以加入一些秘密的数学俱乐部。当然，我没办法保证你也能加入，但是我可以教大家小小地做一下弊。

　　拿出一条长纸带，打一个简单的纸结，慢慢拉紧并小心地压平。最终，这个纸结就会变成一个正五边形。不信的话，你可以用尺子量量每边的长度。如果你仍然不信，可以阅读书后"疑难解答"中我对这五条边边长相等的理论证明。用这个方法，你可以在任何场合用非常短的时间得到正五边形，它也因此得到了"应急五边形"（emergency pentagon）的称号。

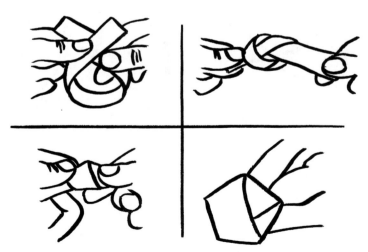

用纸带打结，折出正五边形

　　不过，这个"应急五边形"并不能让你得到加入古希腊秘密数学俱乐部的许可（并且在大多数紧急情况下没什么用）。在公元前 300 年左右，古希腊人沉迷于用圆规和直尺构建图形。直到如今，人们依然被古希腊人及他们构建图形的方法深深吸引，因为最早的一批数学家就在那时产生，并且几何也是数学的第一个分支领域。因此，我们有充足的理由认为，直尺和圆规是数学的起源。这也说明，为什么数从来都不曾成为"真正的数学"。

　　但毫无疑问，计数比画图更古老，数的出现确实早于几何。有证据显示，数的使用可以追溯到史前时期，那时人们常常在湿黏土上刻画记号，用以计数。一些远古黏土板留存至今，上面常常记录着金钱交易、追踪家畜数目、预测潮汐随月亮的运动规律等。也有一些黏土板上刻有我们认为是"练习"的内容，这些练习是一些传授重要算数技能的谜题，人们学会这些算数技能后可将其应用于实际。这些练习看起来很像是数学，但缺少两个重要属性：第一，没有人能够严格证明他们所运用的数学理论确实是正确的；第二，他们学习这些技能不是为了好玩。

　　人们最初使用几何的时候，确实是出于实际目的，比如划分田地或者建造房屋。形状仅仅是辅助计数的工具，用以提升社会文明，但到了古希腊时期，这种情况发生了改变。古希腊人开始追求纯粹的数学本身。在他们看来，数学是一种游戏。不仅如此，他们不仅仅想找到问题的答案，更想证明答案百分百可信，即的的确确是问题的解。这种全新的数学研究方式被一个人发挥到极致，他就是欧几里得（Euclid）。

　　欧几里得出生于公元前 300 年左右（古希腊人的一个不按常理出牌的方式是不记录出生日期），不过据我们所知，"欧几里得"可能是一个团体的笔名。但毋庸置疑，他（们）编写的13本著作流传至今，其中最有名的一本莫过于《几何原本》。他（们）试图在书中囊括当时人们掌握的全部数学知识，**并严格证明它们的正确性。**

欧几里得不希望人们完全相信他（们），或者信奉任何事物。他们认为每一步都必须经过严格的证明。但遗憾的是，我们不可能凭空证明**每一件事**，你必须从一些公认正确的事实开始，然后看看可以从这些假设证明出什么。因此，欧几里得选了一些最显而易见的事实作为公理，假设它们是正确的，并且无须证明。其中主要的两条公理是：可以用直尺画出一条直线；可以用圆规画出一个圆。你绝对不会想到这两个东西能帮助你证明多少东西！

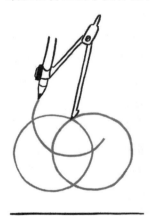

现在我们可以动手试试。首先，试试你能否用直尺和圆规（以下简称尺规）画出一个3条边都相等的三角形，即等边三角形（equilateral triangle），也叫正三角形（regular triangle）。如果你觉得太简单，那就再试试画一个正方形（显然，它的4条边长度都相等），或者正六边形（regular hexagon）。但当你尝试画五边形时，真的挑战才终于开始了。这些实验显示，你不需要事先假定三角形存在。《几何原本》中的第一

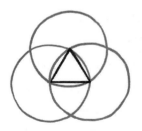

画3个圆，你就能得到一个正三角形

条证明就是如何用尺规画出正三角形。一旦你接受了直线与圆的存在，那么正三角形、正方形、正五边形、正六边形的存在将是很自然的结论。

与数的抽象类似，这是另一种抽象的实例。我们了解的数学始于人们将图形从物理现实中剥离出来，并试图以抽象的方式去理解它们。直角就是从田间两根篱笆的交角抽象出来的概念。形状不像数那样受限于计数系统。在几何中，无论我们如何表达，圆就是圆，直线就是直线。那些假设存在的外星人会与我们争执怎样写一个数，但他一定会认同，五边形就是五边形（无论以什么语言。所以我们会继续使用几何语言——尺规来表达图形）。

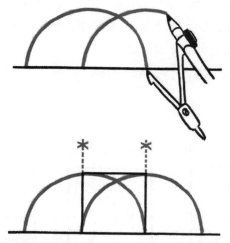

在直线上画些圆弧，你就能得到一个正方形

然而有趣的是，外星人的证明可能起源于和希腊人不同的假设。用纸条折出正五边形在欧氏几何看来并不算是合理的作图方法，因为它超出了最开始的两条假设，但我们的天外来客可能会觉得无所谓。人类向来热衷于画图，因此，我们对图形的理解在很大程度上依赖于画的过程，但外星人朋友或许更爱折纸，对折纸的几何学有更深的了解。事实上，图形中的问题比欧几里得想象的更多。

先别急着崇拜古希腊人

有些问题是古希腊人不能用尺规解决的，比如将一个角三等分，或者画出面积相等的圆和正方形，这些问题快把他们逼疯了。但问题是，他们又无法证明这些问题是不可能解决的（当然，我们现在已经知道这些问题确实是不能通过尺规完成的），所以对他们来说，只要足够聪明，一定能找到解决方法。毕竟对于三等分角这种简单的问题，人们理所当然地认为它不可能无解。

用折纸来实现三等分一个角

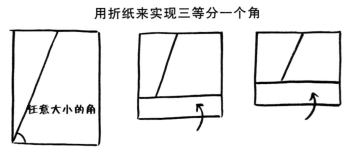

在纸的一角确定一个任意大小的角。

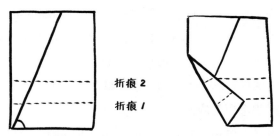

从底边向上连续折叠两次，得到两个等宽的带状区域以及两条折痕（折痕 1 与折痕 2）；把角的顶点折到折痕 1 上，同时让折痕 2 的左端点落在原来角的边上。

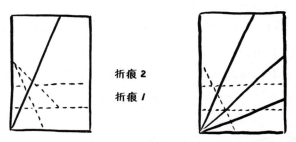

现在折痕 1 上一共有两个点：角顶点与它的交点，以及新折痕与它的交点。把两个交点分割与角顶点相连，那么这两条连线就是三等分线！

不过，外星人可以轻松地通过折纸的方式解决这个问题，上图就是用折纸三等分角的一种方法。它由日本北海道大学（Hokkaido University）的阿部恒于 1980 年首次提出。古希腊人之所以没有发现这种方法，是因为它需要用两条不同的直线同时连接两个不同的点。这种操作超出了尺规作图的使用范围，却能通过折纸轻松做到。

有些图形的某些边和另一些边相交，这更令古希腊人发疯。如果你把之前折出的五边形纸结靠近灯光看，会发现里面有个五角星，这种形状通常被称作五角星形（pentagram）。正五边形和正五角星形都是 5 条边相等的五边形，但五角星的这个特征经常被忽视，因为它各边是相交的。有人认为五角星形不是"真"的图形，真令人羞愧。但我认为这属于个人喜好的问题，我就喜欢边相交的图形。

如果你不喜欢边相交的图形，那么你只能找到一种正七边形（heptagon），但如果你不介意一点随性的"交流"（就让我们面对现实吧，这个时代谁不是这样呢），那么你就会找到两种完美的正七边形。如果把全部图形包括在内，一共有 5 种不同的正十一边形（hendecagon）。在只有一种正规形状（regular form）的图形中，正六边是边最多的图形；其他边数大于 6 的正多边形一般有两种或两种以上。然而，并不是边越多，正规形状就越多。例如，正十二边形（dodecagon）就只有 2 种。

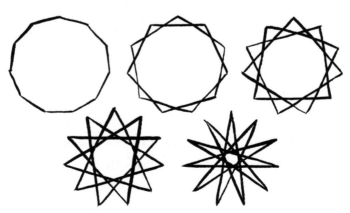

5 种不同的正十一边形

让我感到遗憾的是，每当画星形时，人们总是只想到五角星形。为何不画七角星形甚至九角星形呢？值得一提的是：如果你打算练习画不同的星形，最难的一步是让角点分布得足够均匀。下面是一些为你准备好的模板，你可以在上面画星形。你还可以在 makeanddo4D.com 这个网站上下载到更多免费模板。

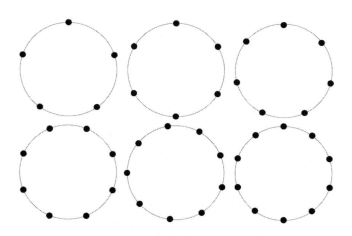

　　让古希腊人为难的最后一个问题是：怎样在他们刻板的规则下画出正七边形。这个问题令他们彻底发疯。经过大量尝试，他们画出了正五边形，但无法攻克正七边形。于是他们决定把它搁置一边，先去尝试画其他图形。他们用尺规画出正八边形和正十边形，但无法画出正九边形和正十一边形。往后，十二边形很容易画出，但十三边形和十四边形又画不出来了。①令人沮丧的是，古希腊人还不够了解数学，以至于他们无法证明尺规画不出这些图形，所以他们一直在做无用的努力。

————————————

① 　细心的你可能发现，不能画出的正多边形的边数似乎与素数有关，但请注意，正三角形、正五边形甚至正十七边形都可以通过尺规作图得到。

我要强调一点，古希腊人不是没有能力画出这些图形，他们只是无法用自己执着的方法画出这些图形。只要一点尝试和接受一点误差，你只需一把直尺就能画出相当精确的正七边形，足够满足实际需求了。但对欧几里得和他的朋友们来说，这不是真正完美的正七边形，这令他们非常懊恼。他们只接受直线和完美圆的存在，如果无法用直线和圆画出正七边形，他们会不满意。如果正七边形没有从根本上得到证明（从直线和圆开始证明正七边形可以画出），他们不会承认正七边形的存在。

不过在我看来，古希腊人太死板了。他们完全可以只借助于直线和圆来三等分角，只需要在一个地方画一个圆，然后将它滑动到另一个地方。但古希腊人认为这种操作不符合规定，因为它们无法用尺规实现。那是他们的特权，数学是一场规模宏大的游戏，古希腊人只是在自己建立的规则下小心行事。数学同样是一场严格的游戏，你无法作弊[1]，你只能在其中添加更多规则。

这可能是我最喜欢的对数学的定义：数学是一场你可以自己制定规则的游戏，你自己制定游戏规则——你可以确定哪些事情是正确的，哪些事情是允许的，然后从规则开始，一步一步深入，证明更多的事实。数是最简单的：你只需假设它们存在，就可以开始证明"十进制的自恋数不超过 39 个"这样的命题。数的世界非常有价值，因为你只需要一个假设：假设数的确存在。另一方面，几何却有更多选择起始假设的余地。

---

[1] 事实上，有一种非常有用的作弊方式已经在数学界引起巨大争议，那就是让一台电脑来替你思考。

数学的伟大在于，一旦确定了基本假设，任何人在宇宙乃至宇宙外的任何地方都会得到同样的结果。如果我们知道某个外星文明的几何基本假设，那么我们就能推导出和他们完全一样的结果。

小蛋糕一块

有一次，我请朋友解切比萨的那道题，当他们意识到无法从我口中套出答案时，他们回敬了我一个类似的难题：有 5 个人分享一块可口的立方体（cube-shaped）蛋糕，蛋糕内部均匀，且外露的 5 个表面包裹了一层等厚的可口糖衣。这 5 个人都喜欢蛋糕与糖衣（毕竟根据假设，它们都很可口）。他们想将蛋糕分成 5 份，要求每份蛋糕的体积和糖衣面积都相等。显然，这个问题不仅是可以实现的，而且可以推广到任意多人分享蛋糕的情形（尽管我还没等到在一个立方体蛋糕派对上大显身手的机会）。

这个问题与切比萨问题的相似之处不仅在于涉及的对象都是派对上经常出现的食物、碳水化合物、高热量食品，还在于它们的解不止一个。蛋糕问题的传统解法是：用锥形层叠的方式分割蛋糕，这样切出来的每块蛋糕糖衣面积相等，但体积不等。不过开始我没想到这个传统解法，而是发现了一个非传统的方法，这种方法会把蛋糕的顶面分割成三角形。幸好，我准备了很多个虚拟蛋糕。

切蛋糕的传统方法

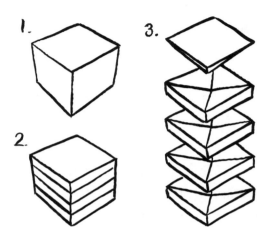

第 1 步：制作一个立方体蛋糕，并将其包裹上糖衣。

第 2 步：在蛋糕的侧面划出 3 条等距的水平线（但不要切下去）。

第 3 步：将蛋糕顶面切下，切成一个锥形，使其体积是整个蛋糕的 $\frac{1}{5}$。然后再以类似的切法切割下面的片层，使每次切下的体积都是整个蛋糕的 $\frac{1}{5}$。

切蛋糕的非传统方法

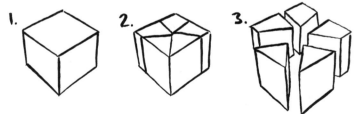

第 1 步：再制作一个立方体蛋糕，并将其包裹上糖衣。

第 2 步：在顶面的边缘找到等距分布的 5 个点，并将它们与正方形的中心相连。

第 3 步：沿着这 5 段标记垂直切下，你就会得到 5 块满足要求的蛋糕了。

我的方法需要将顶面正方形的周长分成相等的 5 段，并找到正方形的中心，然后顺着 5 个标记点与中心的连线垂直切下。这样，侧面的糖衣会被分成 5 个面积相等的长方形，顶面的糖衣以及整个蛋糕的体积也会被等分。虽然顶面三角形的形状看起来不一样，但由于三角形的性质，它们的面积确实是相等的。

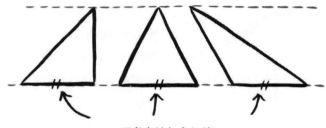

所有底边长度相等

几千年来，老师们都会教三角形面积的计算方法：底边长乘以高的一半，通常写作 $\frac{1}{2} \times$ 底边长 $\times$ 高，或者 $\frac{1}{2}bh$。这个公式总是被人们当作定理背下来，这是不应该的，因为数学的目标在于说明为什么事实是对的。三角形面积的计算方法很明显：三角形的面积恰好是包围它的最小长方形面积的一半，而这个长方形的面积等于三角形底边长乘以高，所以三角形面积是长方形面积的一半。

这个公式没有提及三角形的角，这意味着三角形的面积与各角的度数完全无关：它取决于底边长和顶角到底边的垂直距离。所以不管角度如何，只要三角形的底边长和高相等，那么它们的面积就一定相等。我们刚刚切立方体蛋糕就利用了这一点：顶面各个三角形的底边长和高都分别相等。

注意，有些包含顶面角点的蛋糕块似乎不是三角形，但我们可以把它们看作是两个相邻三角形的组合。只要你接受三角形可以有角点，那么这些例外都可以看作是三角形。哈，我知道你不会接受的。

用这把刀子，就不用担心切得不准了

我反复强调过，不要把这些当作理所当然的事。数学家总想一步一步地验证答案，因为他们喜欢严格的证明。烘焙一个立方体样（cuboid）[①]蛋糕，为什么不呢？书后的"疑难解答"中有完整的方块蛋糕切割教程。

在切蛋糕时，请确保尺子和刀都在手边，我个人喜欢把刻度刻在刀背上，以确保切割的精准。

切比萨的方法多

不仅切蛋糕的方法有多种，切比萨也是如此。实际上，追问到底有多少种方法可以解决切比萨问题是很可笑的。如果你连第一种解法都没有找到，那么你可能不知道自己错过的不只两种解法，而是无穷多种。其中有一些比我前面的方法还要棒。

---

① 在英语中，数学家喜欢用"-oid"这个词尾来指代相似的事物，它代表事物不同表象下更一般的形式。至于蛋糕，只要我们能保证每个拐角都是90°，即使棱的长度不全相等，只要看起来还像一个立方体，就可以被归类为数学家所说的"立方体样"形状。

　　在下图中，第一种解法有一个缺点，就是它切出来的图形互为镜像（mirror image）。在数学中，这样的图形被认为是同一种图形，因为如果你将两个镜面对称的图形拿起来，它们刚好可以重叠。它们是"全等的"（congruent，由拉丁语词 *congruere* 衍生而来，意思是"走到一起"或"达成一致"）。全等不仅仅要求形状相同——你可以认为台球和月亮形状相同，因为它们都是球形，但是如果要两个图形全等，它们的大小还必须一样。

　　另一种切法的第一步与上一种方法一致：将比萨分割成 6 个一样的曲边三角形。但是接下来就不同了，在第一种方法中，我们用直线连接三条曲线，而这一次我们使用一条曲线，这样不再获得镜像比萨块，也不再有任何争议，因为这种方式切得的 12 块比萨完全相同，一半比萨块与中心点接触，而另一半不接触中心点。

　　第一种切法得到了互为镜像的两种图形；第二种切法只会得到一种图形

自此开始，其他解法越来越复杂，并且都超过 12 块。[①] 有两种不同的方法可以将一个比萨切成完全相同的 42 块，部分比萨块没有接触到比萨中心。还有更多的方法可以将比萨等分为 20 块、30 块、40 块、50 块等 10 的任意倍数块。这是一个有无穷解的难题，我就不一一在书后的"疑难解答"中给出了。

数学总是给人以严格、刻板的印象，正如古希腊人制定的规则，我们至今仍要遵循。但数学实际的运作方式是添加新的规则，然后看看打破规则会发生什么，所以你完全不必像欧几里得那样在一张平坦的纸上进行数学研究。即使在相同的规则限制下，同一个问题也可以有不同的解法。每位数学家都有自己的蛋糕，也有自己切蛋糕的方法。

---

① 　其实还有一些可以切出 12 块比萨的其他解法，但它们都是这两种方法的变体。

第 3 章

平方根的秘密

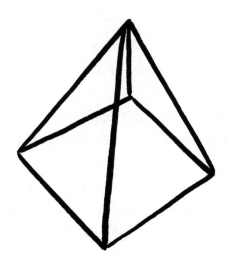

　　1994 年，美国国家航空航天局在官网不起眼的地方挂起了一串奇怪的数字代码，现在你仍然可以找到它。如果你点开美国国家航空航天局官网的"每日天文"（Astronomical Picture of the Day）栏目，会发现一个隐藏目录"htmltest/gifcity"，其中有一个名为"sqrt2.10mil"的神秘文件。找到并打开它后，你的电脑屏幕就会被一大堆数字塞满。这个文件中一共有 1,000 万个数字，下面是最开头的一些数字：

1.41421356 2373095048801688 72420969
80785696718753769480731766 797 3799
0732478462107038850387534327641572…

来源：http://apod.nasa.gov/htmltest/gifcity/sqrt2.10mil

这些足够了吗？我不知道为什么美国国家航空航天局要生成这么一大串数字。不过，我倒是有个不错的猜测：它是数学家们非常熟悉的数：2 的平方根（square root）或称 $\sqrt{2}$。一个数与它自身相乘被称为平方。$\sqrt{2}$ 和自己的乘积恰好是 2。至于为什么美国国家航空航天局会把 $\sqrt{2}$ 的前 1,000 万小数位计算出来，我猜测纯粹是因为美国国家航空航天局的工程师觉得这么做很有趣。

数学家对平方数（square number）异常地着迷。写下 1，2，3，…，然后将它们都平方，你就会得到平方数序列：1（1×1），4（2×2），9（3×3），…。通常我们不会用两个相同的数相乘来表示一个数的平方，而是在这个数字的肩上写下上标（^{2}），比如 $1^2 = 1$，$2^2 = 4$，$3^2 = 9$。你会在各类数学难题和游戏中频繁见到平方根和平方。例如：重新排列 1~16，使每对相邻数的和是一个平方数。（先别着急解答……）

我也无法逃脱这种着迷：我很喜欢平方。有一次，我和几个朋友在酒吧喝酒，我们的桌号是 36，于是我就这个数开始侃侃而谈。这时我忽然发现还有其他"形状"的数，而且 36 不仅是平方数，还是所谓的三角数（triangle number）。我从来没有想过有些数既是三角数又是平方数，这让我一时吃惊得说不出话来。我猜当时酒吧服务员应该也被这件事震惊了，因为他们都呆站着盯着我。

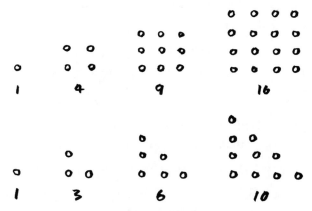

前 4 个平方数和前 4 个三角数

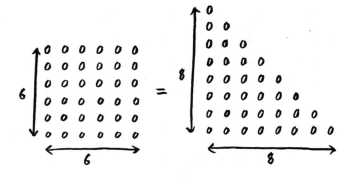

平方数和正方形之间可以直接联系在一起。如果你有一些物体的数量刚好是某个平方数，你就可以把它们排列成正方形阵列。其他形状数也类似，三角数代表你可以将这个数量的物体排列成三角形。36 可以排成 6×6 的正方形，也可以排成 8×8 的三角形。除了平凡的 1 以外（我通常直接忽略它，因

为它实在太普通了），36 是最小的既是平方数又是三角数的数。比它小的平方数（4、9、16）[①]都不是三角数。当时我很想找到一个比 36 大的三角-平方数（triangle-square number）。幸运的是，与我同行出来喝酒的两个朋友都是数学家，于是我们马上开始搜寻。但我们喝了许多酒，也始终找不到一个这样的数。

　　我们当时想的所有找三角-平方数的简单方法都不奏效，看来非得在吧台把电脑拿出来不可。于是我们取出电脑，新建了一个空电子表格，在一列中列出几千个平方数（参见第 2 章有关"作弊"的脚注，38 页）。在这里，我们需要一些代数技巧：记某个数为 n，那么它的平方就是 n^2；三角数要稍微复杂一些，第 n 个三角数可以表示成 $n \times (n+1) \div 2$，因为两个三角数可以组成 $n \times (n+1)$ 的矩形。电子表格很擅长做这些计算，很快我们就在另一列中生成了几千个三角数。多么美妙的一晚！（但我绝不鼓励醉酒推导。）接下来，我们只需找到两列中相等的数。36 的下一个数是 1,225，然后是 41,616、1,413,721 和 48,024,900。

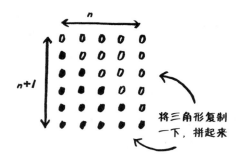

---

①　还包括 25。——译者注

不过，我们这三位一起去喝酒的数学家，即使加上这几台笔记本电脑，也不能算走在数学研究最前沿。总会有人继续深入和推广：数学家已经发现了与各种形状相对应的数。五边形、六边形都属于多边形（polygon），所以就应该有各种多边形数（polygon number）。下面我就抛出一些例子：前 5 个五边形数（pentagon number）分别是 1、5、12、22 和 35，前 5 个六边形数（hexagon number）分别是 1、6、15、28 和 45。（书后的"疑难解答"介绍了更多例子。）在 0 和 1 之后，最小的平方-五边形数（square-pentagon number）是 9,801（紧接着就是庞大的 94,109,401）。在 100 万之内（在 0 和 1 之后），只有两个三角-五边形数（triangle-pentagon number）：210 和 40,755。目前还没有人找到同时是三角数、平方数和五边形数的数。数学家们已经搜寻到了包含 22,166 个数字的数，但仍然没有找到三角-平方-五边形数（triangle-square-pentagon number）。不过，除非有人能证明这样的数根本不存在，否则搜寻仍将继续下去。

我们不禁要问"为什么"。我们现在问的几个好问题都是"为什么"。比如，下面就是一个很好的问题：为什么数学家要花费这么多宝贵的时间去找寻这些奇怪的数？肯定不是因为这些数有用——这些数没有任何实用价值。搜寻它们只是一种数学游戏，找到它们是为了获得成就感。数学中的很多问题类似于猜火车游戏或者集邮。嗯，这两个比喻可能不是很恰当，但道理确实是这样。你也可以把数学想象为大型狩猎活动或者迷人的电子游戏，其乐趣在于探索未知，攻坚克难。

让我们回到最开始的难题。

如果你已经自己尝试过重排 1~16，使相邻两数之和等于一个平方数，那你已经具有数学家的潜质了。下面是你将要得到的正确答案：

$$8-1-15-10-6-3-13-12-4-5-11-14-2-7-9-16$$

当你逐渐接近这个答案，我想你会兴奋得如同在广袤的热带草原上看到非洲顶级猎食者的捕猎场景，或者在赫特福德郡郊外发现罕见的英国铁路太平洋（LNER Pacific）牌蒸汽机[①]。钻研数学的乐趣与这两者不相上下。实际上，我们认为正是人们对平方数的痴迷使得数学得以诞生。如今，数学已经产生出各种各样对人类大有裨益的成果，但那绝不是数学最初的动机，也不是现在数学存在的动机。当然，有些数学领域确实是出于实用目的才产生的，但即使是这类数学，其根源都是人们最开始对趣味的追求。数学本就该如此。

毕达哥拉斯的难题

欧几里得可能是第一位尝试将数学统一为一个整齐严格体系的数学家，但在他之前，第一位明星数学家已经出现，他就是传奇数学家毕达哥拉斯（Pythagoras）。代代相传的数学教育使我们将他的名字与三角形建立了根深蒂固的联系，[②]但其实他还可能是第一位研究纯粹数学的人。他不仅发现了图形

---

① 英国的赫特福德郡的蒸汽机保护协会（Hertfordshire Steam Engine Preser-vation Society），会定期举行展览和聚会。——译者注
② 指毕达哥拉斯定理。——译者注

与数的规律，而且证明这些规律永远都是正确的。

虽然他名扬在外，但我们对他的生平知之甚少。在欧几里得之前，大约公元前 6 世纪，毕达哥拉斯出生于希腊萨摩斯岛（Island of Samos）。大约公元前 535 年，晚年的他去埃及生活了一段时间。之后，他在家乡建立了一个俱乐部——毕达哥拉斯半圆学会（The Semicircle of Pythagoras）。后来，他又在意大利南部的克罗托内（Crotone）建立了一个哲学与宗教学派（毕达哥拉斯学派），并最终在此地去世。毕达哥拉斯学派（Pythagorean Society）在数学上确实取得了很多成果，但他们在更大程度上是一个宗教组织。他们信仰"世界的本源即是数"，但更倾向于通过哲学来达到精神上的纯净。如果你想深入了解，你会找到很多有关毕达哥拉斯学派独特信仰（及他们禁食豆类）的故事。

在数学上，这个学派开展了很多我们现在非常熟悉的工作，包括研究三角数。毕达哥拉斯也发展了和声与音程之比的关系理论。我们认为欧几里得著作中的很多成果都是由毕达哥拉斯学派最先发现的，包括《几何原本》卷四的全部内容。但这个学派主要因毕达哥拉斯定理（Pythagorean theorem）而闻名。毕达哥拉斯定理道出了直角三角形各边之间的永恒关系。有关毕达哥斯拉定理的证明是《几何原本》卷一的主要内容，也是该著作的根基之一。

简单来讲，毕达哥拉斯定理指出，直角三角形两条短边边长的平方和恰好等于其最长边边长的平方。[直角三角形的最长边通常被称为斜边（hypotenuse），它由古希腊人命名。这个定义原本的定义是：斜边边长的平方等于另外两条短边边长的平方和。] 欧几里得的原话则是："在直角三角形中，直角对边边长的平方等于两条直角边边长的平方和。"引用一句孩子们的话:"我们为什么要知道这个定理?"

　　早期，数学的发展仅仅建立在"需要知道"的基础上，它是日常生活中的实用工具。人们最初研究直角三角形很可能是因为人们真的需要它，比如精确建造一面垂直的墙，或者均匀划分田地。一些在实践中经常使用三角形的人已经注意到两条直角边边长的平方和等于另一边边长的平方，并把这个结论应用于现实生活中。古巴比伦人早在毕达哥拉斯之前的一千多年就已经知道毕达哥拉斯定理描述的事实[1]，而且当毕达哥拉斯访问埃及时，这类直角三角形在生产实践中已有实际应用。

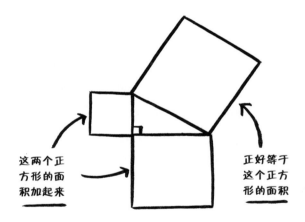

这两个正
方形的面
积加起来

正好等于
这个正方
形的面积

　　毕达哥拉斯对数学的贡献并不在于这个定理本身，而在于他证明了这个定理对所有直角三角形都正确。在毕达哥拉斯之前，数学都是实用的，总是和现实世界中的物理实体相关，

──────────

[1]　毫无疑问，印度和中国是另外两个古代文明，他们也有很多类似的发现。

而他是第一个不考虑实际用途，将数学作为一门抽象学科研究的人。他证明了这个平方和规律不仅仅对古时人类选择的几种直角三角形成立，实际上对（欧几里得几何空间中的）任意直角三角形都成立。

遗憾的是，毕达哥拉斯本该对数学持有更加开放的态度，但他并没有。他的定理表明，如果一个直角三角形的两条直角边边长都是 1（任何单位都可以：厘米、英寸、英里等），那么第三条边的边长一定是 $\sqrt{2}$（约 1.4142 厘米、英寸、英里等）。如果拿出你之前画的正方形，它的对角线长度恰好是 $\sqrt{2}$，但毕达哥拉斯拒绝接受 $\sqrt{2}$ 的存在。

毕达哥拉斯学派认为，任何数都可以表示为两个因数相除的结果。也就是说，对于任意数 n，总存在另外两个整数 a 和 b，使得 $a \div b = n$。但他们错了，$\sqrt{2}$ 就是一个反例：任意两个整数相除，结果都不会得到 $\sqrt{2}$。有记载说，当毕达哥拉斯学派的一个成员意识到他们的错误［似乎是一位名叫希帕索斯（Hippasus）的小伙子，但古文字记载很不明确］，他就被淹死了（也可能是受到别的类似惩罚，历史细节都在时间长河中流失了）。但不管怎样，毕达哥拉斯学派本来可以开启我们现在称为"数学证明"（mathematical proof）的先河，可是当结果不合他们的胃口时，他们却选择视而不见。

整齐堆放也有数学原理

16 世纪末，环游世界的探险家沃尔特·雷利爵士（Sir Walter Raleigh，除了探险事迹外，他本人还在英国殖民北美洲的过程中发挥了重要作用，据说他也是将土豆和烟草引入英国的人）遇到了一个急需解决的数学难题。幸好，船上还邀请了一位数学家。他便咨询了这位数学家，询问有没有比费力地"一个个数"更快的方式能计算出正四棱锥形弹堆中的炮弹总数。这位数学参谋名为托马斯·哈里奥特（Thomas Harriot），他同样是历史上一位举足轻重的人——第一位利用望远镜观测太阳黑子和月亮的人。

如果你有足够多的炮弹，可以自己试试解决这个问题，如果没有，也可以用橘子来替代。用橘子替代的问题是：橘子更容易垒出一个底面是三角形的锥体，而不是雷利感兴趣的正四棱锥。从一个三角形开始，球体会契合得更好，然后在其上摆出一个小一些的三角形，依次向上搭建，直到顶端只能放一个球为止。以三角形为底面的锥体的学名是四面体（tetrahedron），所以四面体中的橘子总数被称为四面体数（tetrahedron number）。如果从正方形开始，在每一层摆上一个更小的正方形，就会得到一个四棱锥（square pyramid），所用的球数才是雷利想要计算的四棱锥数。

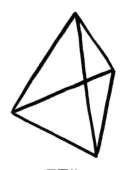

四面体

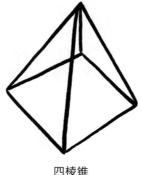

四棱锥

哈里奥特计算得到：n 层高的四棱锥弹堆包含的炮弹总数是 $n \times (n+1) \times (2n+1) \div 6$。你可以自行验证一下。这就是说，如果你想用橘子搭建一个三层高的四棱锥，就得确保有 14 个橘子，因为 $3 \times (3+1) \times (2 \times 3 + 1) \div 6 = 14$（或者 $3 \times 4 \times 7 \div 6 = 14$）。我很喜欢想象船员在交战正热时停下来用这种计算方法确认自己的弹药堆里还有足够的弹药。

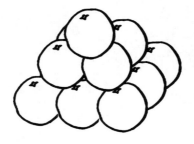

如果你搭建了一个四棱锥弹堆，可以尝试把它拆散，看能否将它平铺成正方形。这就是将雷利的问题进一步延伸得到的新问题：什么样的四棱锥弹堆可以平铺成正方形？这个难题

的答案被称为弹堆数（cannonball number）。在我心目中，它们是所有多边形数的祖先。我最喜欢的弹堆数——4,900。它不仅仅是我的最爱，我敢说一定也是你的最爱，因为 4,900 是这个问题的唯一答案，再没有其他数能既符合四棱锥数又符合平方数的定义了。

法国数学家爱德华·卢卡斯（Édouard Lucas）于 1875 年发现（或至少传播）了 4,900 这个解。他同时指出这个解很可能是唯一的，但他无法证明。当数学家对某件事有一个自认为正确的想法却无法证明时，这个想法就是猜想（conjecture）。因此，卢卡斯猜想就是 4,900 是唯一的弹堆数。一个猜想的命题有可能在后来被证明是错误的，但在这里，卢卡斯的直觉是对的。1918 年，4,900 被证明了是唯一的弹堆数。

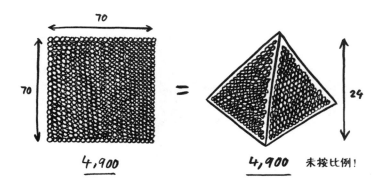

卢卡斯是我最喜欢的数学家之一，不仅因为他在数学上的卓越成就，还因为他是早期的"趣味数学家"（recreational mathematician）。趣味数学家是一群纯粹为了娱乐和打发时间而研究数学的数学爱好者。卢卡斯的著作《趣味数学》（*Récréa-*

tions mathématiques）发表于 1882—1894 年（遗憾的是，这本书目前只有法语版），所有 4 卷书的内容全是各种各样用于消遣娱乐的数学游戏。卢卡斯还发明了点格棋（Dots and Boxes）游戏，直到今日，这个游戏还在帮助全世界的孩子们打发大量课间时间。

我也是一名趣味数学研究者。受卢卡斯的启发，我也尝试寻找其他类似弹堆数的数。我要找的数既能排列成多边形，又能排列成以多边形为底的棱锥。我的第一个重大发现是：946 个炮弹既可以被排列成边长为 22 的正六边形，又可以排列成 11 层的六棱锥。接着我又发现 1,045 和 5,985 既是八边形数又是八棱锥数。我对此越来越着迷，我要找到更多这样的数！

这一次，我没有使用电子表格，而是编了一个计算机程序（编程也是我的一个爱好）。写完代码并运行后，我意识到自己应该走开，让程序自己跑一个晚上，看它能跑多远。第二天早上，迎接我的是 90,525,801,730。这意味着，如果你有九百多亿个炮弹，你既可以将它们排列成边长为 2,407 个炮弹的正 31,265 边形，也可以排列成有 259 层的 31,265 棱锥。

我相信一定还有更多类似 90,525,801,730 的大数，但这个数是我的了！据我所知，我是第一发现它的人。从那个黎明开始，90,525,801,730 将被赋予新的意义：它既是 31,265 边形数，又是 31,265 棱锥数，而且我是第一个发现它的地球人。如果某一天我们遇到了星际来客，他们也许还没有足够的闲暇时间来寻找这个数，那么我便可以在他们面前好好炫耀一番。在这个我自己定制的游戏中，我赢了！

嘿，出租车！

在 20 世纪，有一位几乎是自学成才的伟大数学家，他是我最喜欢的立方数（cube number，可以排列成三维立方体的数）故事的主角——斯里尼瓦瑟·拉马努金（Srinivasa Ramanujan）。拉马努金出生于印度，天生热爱数学。在没有老师指导也没有与人交流的情况下，他独自重新推导出了各种已有的数学定理，同时也发现了一些无人知道的新定理。

不幸的是，由于无人指导，他独自发展了一套数学体系，其中的各种数学符号与主流数学差异甚远。当他给其他数学家写信说明自己的发现时，竟被当成了疯子。晦涩难懂的符号中包含了类似这样的神秘结论：$1 + 2 + 3 + \cdots = -\dfrac{1}{12}$，感兴趣的话可以自行找找为什么。他们其中的一封信于 1913 年 1 月 16 日寄给 G. H. 哈代，哈代读懂了拉马努金的描述，并意识到了其工作的重大意义——他在研究一些无人开拓的新领域。哈代立刻邀请拉马努金来剑桥大学，并将其成果公之于世。多年之后，在哈代杰出的数学生涯后期，当匈牙利的数学家保罗·埃尔德什（Paul Erdős）问及他在数学上最伟大的贡献是什么，哈代回答说："发现拉马努金。"

1914—1919 年，拉马努金一直在剑桥大学和哈代一起生活和工作，直到他不幸地得了重病，但这也并没能阻止他研究数学。有一次，哈代搭乘出租车去伦敦南部的一家医院看望拉马努金。到达后，他随口开玩笑说，出租车的车牌号是无聊的 1729，希望它不是一个不祥之兆。但拉马努金立即反驳说，1,729 是一个非常有趣的数——它是最小的能用两种方式分拆成两个立方数之和的数。确实如此，1,729 既等于 $9^3 + 10^3$，又等于 $1^3 + 12^3$。这个数现在被称为出租车数（taxi-cab number），或拉马努金–哈代数（Ramanujan-Hardy number）。哈代对趣味数学的兴趣让我备受鼓舞，每次乘坐出租车时，我都会留意一下车牌号，但至今我还没找到这个著名的 1729。

美国国家航空航天局与数

让我们再次回到本章开头的话题。这就是为什么我认为美国国家航空航天局把 $\sqrt{2}$ 计算到那么多位完全是出于有趣。乐趣是大部分数学家和数学爱好者的动力。我还发现了另外一条重要线索。网站上说，这些数字是罗伯特·涅米洛夫（Robert Nemiroff）在美国国家航空航天局"利用业余时间，使用 VAX-alpha 型计算机历时数周完成"的。这似乎说明美国国家航空航天局工程师身边刚好有一台空闲的超级计算机，他们觉得可以仅仅出于好玩就让它在周末运行一个程序。此外，他们还计算了其他一些数的平方根。

我没法责备他们，而且计算平方根对于计算机的性能而言也是一项重大的检验，因为这是一项永远也不会完成的任务。对于平方数，找到它们的平方根很容易，这些数都是一些好看的整数。利用平方根符号 $\sqrt{}$，我们可以记 $\sqrt{1} = 1$、$\sqrt{4} = 2$、$\sqrt{9} = 3$ 等，但是对于非平方数的平方根，比如 $\sqrt{2}$，它们的小数无穷无尽。这就是为什么美国国家航空航天局可以计算出超过 100 亿位小数——它的小数位永远不会终结。即使

你对 $\sqrt{2}$ 前 100 位求平方，结果也不会恰好等 2。

1.41421356237309504880168872420969807856967187537694807317
66797379901324784621070388503875343276415 72
x
1.41421356237309504880168872420969807856967187537694807317
66797379901324784621070388503875343276415 72
=
1.99999999999999999999999999999999999999999999999999999999999999999999999999999999999999999999999999997921066900256462438 17...

　　有一天，我很无聊，于是想看看能不能找到一种数——其平方根的数字里有和该数一样的数字序列。我还真找到了一些！最后我找到了所有这样的数。我将它们命名为嫁接数（grafting number），因为这些数的"根"像是从它自己身上长出来的一样。但是仅仅发现它们对我来说远远不够，作为一个数学迷，我想到达更高的层次。

$$\sqrt{764} = 27.64054992\ldots$$

$$\sqrt{76394} = 276.3946454\ldots$$

$$\sqrt{7639321} = 2763.932163\ldots$$

发现并记录这样的数就像集邮，我要做的事情就是写下这些数并给它们命名。这完全是一种数学乐趣，因为真正的数学总会驱使你去发现它们背后的普遍规律。这是从叙述事实到解释原理的一步阶梯。通过不断尝试，我发现了这些嫁接数的来源：它们都来源于 $3-\sqrt{5}$ 的结果。每次从上述算式结果中截取奇数个数字，向上取整，便会得到所有嫁接数。我自豪地将 $3-\sqrt{5}$ 命名为嫁接常量（grafting constant）。

嫁接常量

$$3-\sqrt{5} = 0.763932022500210303590$$
$$8263312687237645593816403\ldots$$

嫁接数

$$\lceil (3-\sqrt{5}) \times 10^{2n+1} \rceil$$

764

76394

7639321

763932023

76393202251

7639320225003

76393202250211

7639320225021031

763932022500210 3036

　　有一些数学家对我的嫁接数进行了更深入的研究。在我看来，当他们不再单纯考虑数学的实际应用时，便能抓住使数学成为一门艺术的关键要素。第一要素是发现并描述规律；第二要素是探明这些规律的原因并证明这些规律的普适性；最后一个要素是，所有这一切仅仅出于乐趣，纯粹为了好玩。

第 4 章

变　形

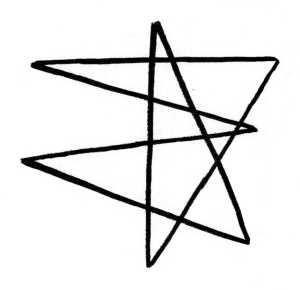

　　在本章开始之前，我们要做一些好玩的事。快把剪刀准备好，但当心别让剪刀伤着自己。在这一章中，除了剪刀外，我们还要用到一副圆规（好吧，其实是一个圆规）。找一些足够厚但又稍微有点褶皱的卡纸，比如纸箱的纸板，从上面裁出两个直径为 10cm（即半径为 5cm）的圆。你既可以使用圆规来确定尺寸，也可以将本书的模板裁下，放在卡纸上，绕着它的圆周剪出两个圆。裁剪完毕后，再确定它们的圆心（如果你是用圆规画圆，就不需要这一步了，因为圆规尖脚扎出的孔洞就

是圆心），然后从边缘往圆心方向裁出一条细开口，长度为半径的 29%（半径为 5cm 的圆，要裁的长度大约为 1.5cm）。开口要足够宽，确保两个圆能够相互嵌入。将这两个相互嵌入的圆片放在桌子上，让它们滚动起来，我们便可欣赏到这个奇异装置的怪异运动方式了。

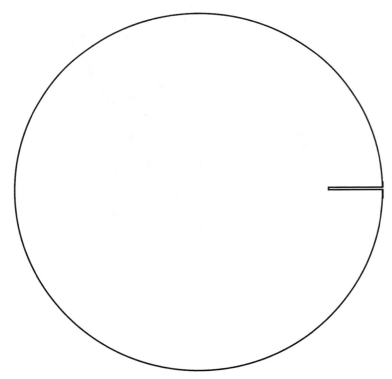

按照这个模板裁出组成翻滚者的两个圆片

这个装置名为翻滚者（Wobbler）。只有当两个圆相交的部分恰到好处，它才会一直翻滚。如果两个圆相交过多，翻滚者翻滚几下就会停在位置 A，见第 65 页图所示，两个圆片与桌面的夹角都是 45 度；如果相交太少，那么翻滚者就会停在位置 B，有一个圆片直立着，与桌面成直角。只有开口的长度恰好是半径的 29.2893%，翻滚者才能一直翻滚下去。当然，由于摩擦力和空气阻力的作用，它还是会慢慢减速停下来（而且我们也不可能精确地切出小数长度的开口），但是让翻滚者滚过整张桌面甚至整间屋子还是有可能的。

位置 A

位置 B

翻滚者之所以能够不停地滚动，是因为它的重心（centre of gravity，物体质量的中心）高度在翻滚过程中一直保持不变。它的稳定水平足以让它在世界水平的比赛中保持冠军水准。由于提升重心需要做功和消耗能量，物体不会自己往高处跑。因此，如果物体在平面上滚动需要不断提升重心高度，那么它就不会自动滚起来。这就是为什么圆可以做成轮子：在滚动过程中，圆的重心会一直保持在同一高度。这也是为什么正方形轮子会很糟糕：即使用力撞击它，它也不会滚动。要让正方形滚起来，需要大力抬起它使其单角着地，然后让它再从另

外一个方向落下去。圆可以在平面上自动滚动下去，但是要使
方块不断滚下去，你就得不断地施加作用力。

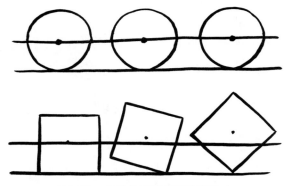

仔细看，上面的圆其实正在滚动中

　　你可以证明，当翻滚者处于位置 A 和位置 B 时，其重心
高度是一样的。这其中运用到的最复杂数学原理也只是毕达
哥拉斯定理。你可以在书后的"疑难解答"找到完整的证明，
包括开口的长度为什么要取半径的 29.2893%（简单来说，这
样可以使两个圆盘的中心距离恰好是 $\sqrt{2}$ × 半径长度）。神秘
的 $\sqrt{2}$ 再一次出现，把我们带回到平方根。不过，要证明重
心高度不变却要费一番周折，数学家戴维·辛马斯特（David
Singmaster）于 1990 年成功地给出了这个证明。这个翻滚者
的重心虽然高度不变，却会前后摇摆，这就是为什么翻滚者会
在前进过程中东倒西歪，就像喝多了一样。

　　我能找到最早提及翻滚者的文献出自 1966 年《美国物理
期刊》（*American Journal of Physics*），作者为 A. T. 斯图尔特
（A. T. Stewart）。当时他将其命名为二圆滚动者（Two-circle

Roller）。人们使用圆形的轮子已经有上千年的历史。轮子可以看作是人类的第二项伟大发明（排名仅次于火，比切片面包稍微靠前）。因此，我很惊讶直到 20 世纪 60 年代，人们才发现这种使圆滚动的新方法。这种方法对椭圆（ellipse）也奏效。正如正方形是四边等长的长方形，圆则是长半径与短半径相等的椭圆。虽然椭圆不能像传统轮子那样滚动，但你仍然可以利用两个椭圆圆片制成一个翻滚者。不过要注意的是，不同椭圆的开口长度是不同的。

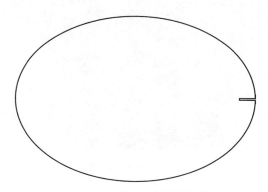

两个椭圆的中心距离等于 $\sqrt{2} \times \sqrt{2\,(半长轴)^2 - (半短轴)^2}$，而不再是 $\sqrt{2} \times$ 半径

　　然而，在完美有效的滚轮中，我们不能过早排除正方形。在特定的曲面上，正方形也可以非常轻松地滚动起来，比如我们可以让路面颠簸一点来抵消正方形滚动时重心的上下移动。要让正方形优雅地跳舞，只有一种曲线能够满足我们的要求，那就是悬链线（catenary）。之所以起这个名字，是因为它是由一条锁链两端悬挂形成的图形；另外，锁链（chain）在拉丁文中是 "catena"。举起一段锁链的两端，你就能看到

这种曲线了（注意，绳子太轻，靠自身重力可能无法形成悬链线）。将悬链线翻转，反复拼接在一起，正方形就可以轻松地在这种路面上滚动啦。不仅正方形如此，几乎所有的图形，我们都可以找到一种奇怪的颠簸路面，使其在上面轻松滚动。

这个就是骑得很舒服的表情

等宽图形

在我打出这些字的时候，我面前的桌面上放着一枚百慕大（Bermuda）的三角形硬币——百慕大铸币厂于 1998 年制造的限量版 3 美元硬币。限量是非常正确的选择：这种三角形硬币一点也不实用。历史上的硬币通常都是圆形的，因为圆形更容易铸造，并且没有尖锐易损棱角的硬币更适合随身携带（尖锐的棱角会不断与口袋或钱包的衬里摩擦，甚至戳出一个大洞）。在现代社会，将不同面额的硬币设置成不同的直径可以让机器很容易区分它们，比如自动售卖机：圆形硬币可以顺着售卖机内部的轨道滚下，不管硬币朝向如何，售卖机都可以根据直径识别它们。如果采用方形的硬币，则问题多多，因为在滚动过程中，它的宽度（与圆的直径类似）会不断改变。

我很想知道换成三角形硬币会发生什么，于是我从网上搜获了一枚（购买价格已远超原本的面值三倍），这样我便可以仔细研究一番。真品认证书上列出了一系列官方数据：它由 20 克 925 纯银制成（这让我觉得我没有被骗），总发行量为 6,500 枚，直径为 35mm。且慢！为什么三角形会有直径？三角形的跨距应该会随着测量位置不同而改变，但真的是这样吗？于是我拿了一把尺子，在几个不同方向上测量这枚硬币，跨距确实都是 35mm，认证书的标注（以及精度）没有错。这是因为这枚 3 美元面值的百慕大硬币不是普通的三角形。

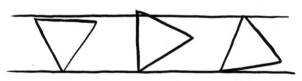

轻微地旋转一个三角形，它会短暂地变高

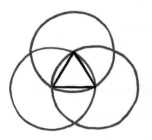

曲边三角形和百慕大硬币

实际上，这个图形我们已经见过了。回翻"构造平面图形"那一章的插图（第 32 页），为了画出等边三角形，我们绘制了 3 个相交的圆。这个硬币的形状就隐藏在几条时常被我们忽视的作图线中。若用直线连接 3 个交点，就能连成一个三角形，若用 3 条圆弧连接，就能连成曲边图形，3 美元硬币正是这种形状。另外，这个图形也隐藏在比萨问题的解法中。

这个三边图形除了可以完美平分比萨，还有一个非常重要的性质：不管怎么放置，它的高度总是相同的。这意味着它可以滚动起来。如果将翻滚者的两个圆片并排平放在桌面上，夹在两把平行的直尺间，它们很容易滚动起来，因为圆的宽度不会改变（出于某些原因，我们用"宽度"来描述这种性质，而不用"高度"和"直径"）。接下来，我们再找一些卡纸，将圆规两脚的距离扩大到 10cm，像第二章那样画出 3 个包围等边三角形的相交圆（不必画出整个圆，只需画出形成三边形的 3 条边即可），并将这个图形剪下，然后如法炮制，再剪出第二个。如果将它们夹在两把平行的直尺间，它们依然可以轻松地滚动。你也可以将其中的一个替换成圆，不管怎样，直尺间的距离总是保持在 10cm。

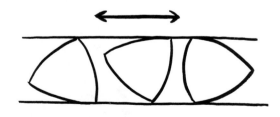

如果你嫌上面的操作太麻烦，可以找一些 20 便士或 50 便士的硬币。它们都是正七边形，不过是曲边七边形。你也可

以用卡纸做出这个图形：将圆规的针脚固定在正多边形的每一个顶点，画出经过对边两端点的圆弧。利用这个方法可以画出任意奇数边的正曲边多边形。不管是 50 便士硬币，还是你用圆规和卡纸画出的图形，都可以在两把平行的尺子间完美地滚动，所以奇数边的七边形 50 便士和 20 便士硬币依然可以在自动售卖机中使用，尽管它们不是圆形。不过，澳大利亚从 1969 年开始就一直使用十二直边硬币，英国也在 2017 年引入一种直边硬币，售卖机可以接受合理范围内的宽度变化，所以将硬币做成曲边或许是多余的。

曲边等边三角形有很多奇妙的性质，这使得它获得一个专属名字：勒洛三角形［Reuleaux triangle，命名自 19 世纪德国工程师弗伦茨·勒洛（Franz Reuleaux）］。它除了可以用于铸造硬币，还可以用在钻头中，这种形状的钻头可以打出近似正方形的洞。但在现实中，它的用处并没有这么大，因为很少有方形截面的钉子，而圆形截面钉子和方形孔又不相容。然而，美国专利局在 1978 年确实接收了一项勒洛三角形钻头的专利（专利号为 4074778），它用于开采煤矿。我猜这项专利直到现在仍然无人竞争，鲜有人用。

不规则滚动

下面介绍一些极其另类的等宽图形，它们与勒洛三角形及其他正曲边形相差甚远。我们现在要做的是看看能在滚动时保持等宽的图形可以有多奇怪。这些图形应该都可以像圆那样在两把平行的尺子之间轻松地滚动。

第一回合：不同的角度

我们的第一个挑战是：多边形的边数依然保持奇数，并且边长依然相等，但各角不再相等。你可以轻松画出一个不太规则的五角星形。画这样的图形，星形是一个不错的开始。在下面的例子中，我们利用五角星形构造等宽图形，而不是五边形。首先，选择边长（10cm 是个不错的选择，这样画出的图形就可以兼容你先前构造的图形），然后随意画出前 3 条边，只需保证第三条边与第一条边交叉即可。剩下的两条边就不能随意画了，因为只有一个点可以保证最后两条边的长度都为10cm，从而确保完成这个五角星形。

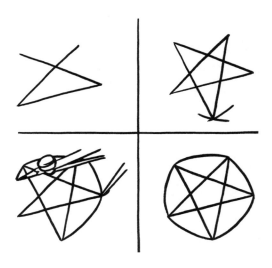

用这个变形的五角星形构建等宽图形的方法和构建勒洛

三角形一样简单。只需将圆规的尖脚扎在每个角点，然后画出对边的弧边即可。由于五角星形各边长度相等，我们画的圆弧会恰好经过五角星形的相邻角点。不管最后画出的图形多么古怪、多么扭曲，我们都可以肯定它是等宽的。你可以将它剪下，与其他宽度为 10cm 的等宽图形对照验证，或者更进一步，制作两个不同的等宽图形，彼此验证。

如果你不仅要更进一步，还希望有所突破，可以尝试其他奇数边图形，上述方法依然奏效，比如用不规则七角星形或九角星形生成等宽图形。这里唯一的困难是确保角点的顺序要正确。如果顺序不合适，圆弧会与边相交，这样画出的图形就不再等宽了。一旦你掌握了其中的技巧，就可以随意增加边数，没有上限。不过当边数超过 9，画出的图形看上去有点像稍微变形的圆，就像超市手推车的轮子。

在这两个七角星中，只有一个可以生成等宽图形，猜猜是哪个

第二回合：不同的边长

现在，我们要增加一点难度：我们要用边长不相等的奇数边图形生成等宽图形。这有点复杂，用前面方法画出的弧不再恰好经过角点。为了解决这个问题，我们可以延长

构建不规则等宽图形

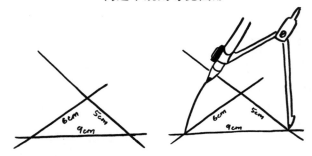

1. 任意作出一个三角形。
2. 画出从最长边到最短边的弧。

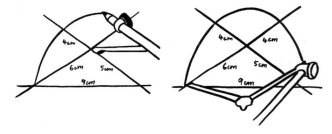

3. 将圆规的尖脚移动至最近的顶点，继续延长前一步画出的弧，使其与另一边相交。
4. 将圆规的尖脚移动至下一个顶点，继续延长弧。

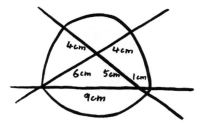

5. 重复上述步骤，直到圆弧与起点相接。

各边，把相差的部分补足。下面，我们就用边长分别为 9cm、6cm、5cm 的三角形试验一下。严格遵循上面的教程，最终会得到一个不规则等宽图形，它的宽度依然是 10cm。

如果你画出几个这样的图形，会发现这些等宽三角形的宽度总是等于原始三角形最长两条边的边长之和减去最短边的边长。这其实是很显然的，仔细观察最短边，在一个方向上，它会延长至与最长边等长的位置，在另一个方向上，它会延长至与第二条长边等长的位置，所以总宽度就等于最长边的长度加上第二长边的长度减去最短边的长度，因为最短边被计算了两次。懂了吗？此外，每条边的补充长度还等于对边长度减去最短边的长度。

奖金回合：任意边数

现在是作图超级联赛时间：画出任意多边等宽图形，奇数边或者偶数边。之前介绍的方法可以推广到任意不等长奇数边图形。我最喜欢的例子是用边长分别为 8cm、7cm、6cm、5cm、4cm（顺序非常重要！）的五角星形构建等宽图形。运用之前的方法，先在最长边与最短边之间画弧。

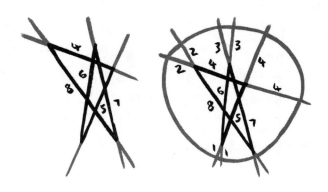

画这类图形的一个困难之处在于要确保图形的边不会向内弯曲。如果图形有些边向内部弯曲，就成为凹图形（concave shape，这个术语非常好记，因为边向内弯曲形成凹陷）。凹图形肯定不是可滚动的等宽图形，因为一些边无法接触地面。一旦掌握了画凸图形（convex shape，不是凹的）的窍门，就可以画出任意不等长奇数边的等宽图形了。

如何画出偶数条边的等宽图形？这才是真正的挑战。边数为奇数的多边形含有奇数个顶点。因此，当一个奇数边多边形转化为等宽图形时，每条边都对应一条弧边，除了一个顶点，其他每个顶点都对应一条延长边。因为其中一个顶点没有延长边，所以我们画出的等宽图形仍然是奇数边。要画出偶数边等宽图形，只需把所有延长边稍微增长一些即可。

先前我们将 9cm × 6cm × 5cm 的三角形的各边延长了 0cm、4cm 和 1cm。将这些延长边适当等长延伸一些，我们就会得到一个新的等宽图形。要画出这样的图形，一个简单的做法是：将圆规的半径增加 1cm，并把延长部分增加 1cm、5cm、2cm。或者，尽兴一点，你想增长多少就

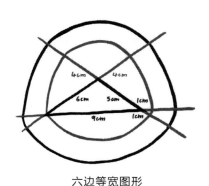

六边等宽图形

增长多少，你有无穷多种选择。调整第一条延长边的长短，所有不规则奇数边多边形就可以产生无数个不同形状的偶数边等宽图形。每个初始多边形都可以得到整整一族（family）解。

等宽比萨

等宽图形可以帮我们解决切比萨问题吗？那些奇怪的不规则等宽图形确实不可以，但是一些规则的等宽图形可以。每个规则的奇数边等宽图形都可以给出一族解，下面我们就来尝试一个。取一枚 50 便士的硬币[①]，在纸上描出它的 4 条边。然后将硬币稍微移动一下，使其中的 3 条边接在 4 条边的两端（可以完美相接），描出这 3 条边，然后继续描下一条边（如下图所示）。不断重复这个步骤，重复 14 次之后，就会得到一个整圆。这个完美的圆被分成 14 块完全一样的月牙状楔形。若要一些比萨块不接触中间，只需将每个楔形块切成两半即可。

让我们仔细看看这个等分比萨产生的对称楔形。它有点像正七边形，只不过其中的 3 条边翻转到内部变成了月牙状。这个图形被称为七边月牙（heptagrin）。任意奇数边图形都可以将它一半的边翻转到内部形成相应的多边月牙。我们最初的解法其实是将三边月牙用直线或曲线分割成两半，但每

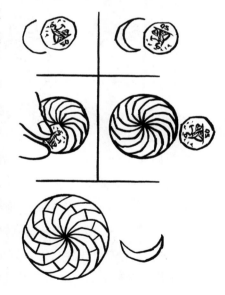

---

① 50 便士的硬币形状是正七边形组成的等宽图形。——译者注

块三边月牙可以用曲线分成更多的块。用这种曲线分割法，我们也可以把其他多边月牙比萨块分成 3 块、4 块、5 块，直至无穷多块。

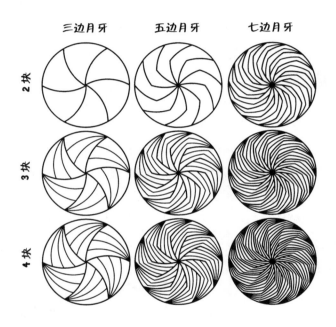

让我们来总结一下，规则的奇数边等宽图形可以给出比萨分割问题的一族解。这意味着分割比萨的方法有无穷多种，因为你总可以画出一个比现有图形多两条边的图形。不仅如此，在每种解法中，我们又可以将每个月牙块分割成任意块：2 块、3 块、4 块……甚至无穷。因此，无穷解法的每一种又可以派生出无穷解。可见，我们切比萨的方法有无穷多种！将比萨分成 42 块就有两种不同的方法。（把每个七边月牙分成 3 块还是 7 块，随你选。）

你稍微试一试就会知道，为什么在比萨块不全接触中心的前提下，将比萨等分 180 块有 5 种方法，等分 630 块有 10 种方法。你还可以继续探索如何将比萨分成相同形状的块，而且只有一块不接触中心（如果你希望能让尽可能多的比萨块包含中间部分陷料的话，这种方法就很管用）。不过反过来就不行了，你不能把比萨分成只有一块包含整个中心部分，并且形状相同的块。

折纸变脸多边形

还有一种方法可以制作滚动图形，是种奇怪的方法。不过由此制作出来的这种奇怪形状不会在地上滚动，而是向自己内部滚动，不断变出新的面孔。比如，我们可以制作一个变换 6 个面的正方形。还等什么，快来动手吧！首先准备一张足够大的正方形纸，将它分成 16 个小正方形，将内部的 4 个小正方形裁掉，然后按照下面的教程一步一步地操作，最终折出的形状就是变脸四边形（tetraflexagon）。

为了跟踪面的变化，我们可以在 4 个小正方形的正面写上数字 1，在背面写下数字 2。（一旦你掌握了变脸多边形的窍门，你会发现更多有创意的标记方式……）将这个方块对折，你会发现有两种方式可以重新打开它。一种会回到开始的状态，而另一种会让你得到新的面。将 4 个新的正方形标记上数字 3，然后合上再打开……不同的面会出现、消失，就像我们小时候玩的"折纸预言"游戏[1]的高科技版本。将一个图形合上再打开到不同面的过程被称为变脸，这就是为什么这些图形被称为变脸多边形。本例中的图形被称为变脸四边形，因为这个图形有 4 条边。不断变脸，直到你找到所有面，并做好标记（标记是为了防止你原路返回），一共应该有 6 个面。

　　上面这个例子只是众多变脸多边形中的一种。下面要介绍的这种多边形基于六边形，所以被称为变脸六边形（hexaflexagon）。它由一条长长的等边三形链折叠而成。在书后的"疑难解答"中，我分别给出了包含 3 个面和 6 个面的变脸六边形教程。这两种变脸多边形分别叫作三面变脸六边形（trihexaflexagon）和六面变脸六边形（hexahexaflexagon）。先前的变脸四边形全称应为六面变脸四边形（hexatetraflexagon）。（命名方式通常是 X 面变脸 Y 边形。）

　　变脸六边形的变脸方法是捏住一条从中心出发的折痕同时将其相对的折痕向中间推。将它合起来后，你会发现有一面可以从中心打开。打开并整理平整，你就会得到一个新的面。

　　变脸多边形是由著名的数学专栏作家马丁·加德纳（Martin Gardner）首次带入公众视野的。1959 年，他在《科学美国人》（*Scientific American*）的专栏上写了第一篇有关变脸多边形的文章。他的专栏向世人介绍了他沉迷的趣味数学。我第一次知道他是通过他在 1959 年出版的书《科学美国人之趣味数学难题与游戏大全》（*The Scientific American Book of*

---

[1]　这个游戏和我们小时候玩的"东南西北"类似，不过"折纸预言"游戏会在不同面上写上人名以及发生什么事，再随意翻折，使显露出来的面连起来显示"某人会发生什么"，以此作为预言。——译者注

折变脸四边形

1. 以 12 个小正方形环开始操作。
2. 将左边的正方形带向中间折。
3. 将上方的正方形带向下方折。
4. 将右边的正方形带向中间折。
5. 将下方的两个正方形向上折，并将它们压在左边的正方形下面。
6. 结果得到一个对称的正方形。

变脸四边形变脸

1. 对折变脸四边形，露出一面。

2. 从后面翻开，展开第二面。

Mathematical Puzzles and Diversions）。截至 1961 年，除了变脸六边形，加德纳还向世人介绍了三面变脸四边形和四面变脸四边形。探索变脸多边形的行动至今仍在继续，变脸五边形、变脸八边形、变脸十二边形相继被发现。它们变脸的方法都很怪异。在最近的一次数学会议上，还有一个人激动地向我展示了十面变脸十边形，仅这一点，就让我觉得不虚此行。

变脸多边形的历史还很短。最早发现的是三面变脸六边形，那时已经是 1939 年了。当时英国数学家亚瑟·斯通（Arthur Stone，保罗·埃尔德什的同事）在美国工作，为了让美式纸张夹进英式活页夹，他将纸张裁去一些纸条。随后他漫不经心地将一些纸条折叠成等边三角形——嘿！他居然无意间折出了三面变脸六边形。不久，他的几个朋友（包括诺贝尔物理学奖得主理查德·费曼）也加入了他的队伍，组成普林斯顿变脸多边形委员会（Princeton Flexagon Committee）。他们最初的一个发现是塔克曼遍历［Tuckerman traverse，命名自委员会成员布莱恩特·塔克曼（Bryant Tuckerman）］。这个发现指出，在变脸六边形的一个顶点不断变脸直到没有新的面出现，然后换到相邻的顶点，继续变脸直到没有新面出现，这样一定可以得到所有可能的面。（如果你随机变脸，有些面可能不会出现。）

下面给你的挑战有点复杂。对于六面变脸四边形，要找到所有 6 个面很容易。初始状态，你可以看到前后两个面（出于方便，通常我会标记为 F 和 B），每个面均可水平或竖直翻折变出新面，这 4 种操作会显示其余 4 个隐藏面（可以依次标记为 F_V、F_H、B_V、B_H）。我要给你的挑战是，找出可以同时外露的相对两面。例如 F 面和 B 面显然可以同时外露。试试看，

你可以让 F_V 和 B_H 在两侧同时出现吗？有些组合可以出现在相对的位置，而有些则不行。（详情请参阅书后的"疑难解答"。）

接下来，你可以大开脑洞进行创意标记啦。你可以在各个面上写下同事的名字及办公室琐事。这些组合看似复杂且随机，但你其实可以控制它们。"不好意思，梅维斯，我不知道为什么又是你来沏茶，但变脸多边形显示的确如此。"你还可以为圣诞派对准备一个特制的变脸多边形，决定谁可以不买单。

我曾制作过一个六面变脸六边形的啤酒杯杯垫，在每一面写下不同的酒，并记录该轮到谁喝。如果你想制作精美巧妙的名片，还可以将六面四边形推广成直角形，即长方形，这样就能获得普通名片的 3 倍面积而不必改变名片的大小。我就有用这种名片的需求，幸好我有另一张名片来解释第一张该怎么看。

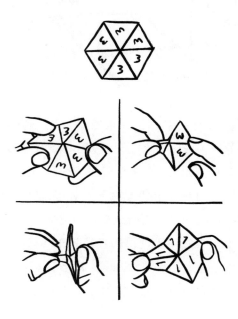

第 5 章

三维世界的图形

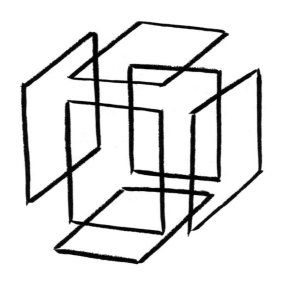

我曾说过，对我来说，圆是数学世界中最美妙的图形，所以我又给你画了一个。这个圆的大小和 5 便士硬币相同。将这个圆裁剪下来（如果你的书已经被你剪得不成样子了，可以把它描到纸上，再将纸上的圆剪下来），并将留下的洞修剪得足够圆。你要挑战的是在不撕破纸张的情况下，将 2 便士硬币从洞中穿过。标准 2 便士硬币的直径是 25.9mm，远大于裁出的洞——5 便士的直径只有 18mm。因此，按道理在不撕裂纸张的情况下，大硬币应该无法穿过小于它的孔洞。然而，事实

是确实可以！仔细琢磨一下，为什么会这样呢？（提示：本章的名字其实已经给出了线索，我们需要在三维世界探索这个问题。）

我想不起是谁第一个向我展示"2 便士穿越 5 便士"的难题了，他们在我的记忆深处消失了。除了少数数学发现是我自己研究的，其他一般都是我从其他人那里学来的。这体现出了数学社交、分享的一面。虽然大部分数学发现是通过印刷文字从已故数学家那里学到的，但真正的意外惊喜都来自与现实朋友的面对面交流。从硬币魔术到切蛋糕难题，几乎都是从那些想"向我展示一些趣事"的朋友那里学到的。

2 便士硬币钻了第三维度的空子：将纸张在三维空间中弯曲，2 便士硬币就能轻松穿过。等硬币穿过去，再将纸展平，纸又恢复二维状态。简单说，想象一张完全平展的纸张，我们将它看成是二维的：它只能左右、前后平移。二维意味着纸张不能离开平面，上下移动是第三维度的活动。当你在三维空间的曲面上研究数学时，各种奇怪的事情就会发生：大的物体可以穿过小物体的孔洞；直线可以弯曲。

5 便士硬币
的真实大小

让大硬币穿过小孔的方法

几年前，我和朋友在美国自驾游。当时我们正沿着内华达一条非常笔直的公路开着。沙漠中几乎没有障碍物，所以公路应该很直，这样可以尽可能走最短的路线，但是，公路突然向

1.将纸张对折，使孔洞变成一个半圆。

2.分别捏住两边的折痕，将其向中间聚拢，拉伸半圆的孔洞。

3.2便士硬币便能轻松从孔洞里掉出来。

右转，然后又向左转了回来，再次恢复笔直状态，就像什么也没发生过。公路似乎在躲避什么只有公路自己才能看得见的物体。

肯定与许多先前来过这里的游客一样，我们开始琢磨为什么公路会这样突然转向。在修建公路之时，转向之处曾经有一棵树或者什么建筑吗？一个想法吸引了我：公路规划者总是在平面地图上以直线规划公路，但在现实世界中，这些直线必须面对一个事实：地球表面不是平面，而是弯曲的球面。相对于平面，直线在球面上的表现会不同。公路上出现的转向表明平面几何（flat geometry）与球面几何（spherical geometry）之间存在差异，急转弯则是弥补上述差异的一种方法。不过我的朋友要我把这其中的数学留到拉斯维加斯再想。

你可以在气球上再现球面几何。虽然气球不是严格的球面，但是很容易获得。只要不过分充气，它基本符合我们对球面的要求。接下来，就请准备好一只充好气的气球、一只签字笔和一段绳子。在气球的正中间画一条线代表赤道。下面，我们要画一条和赤道平行的线，这需要一些精细的操作。首先，画出与赤道等距的两个点，两点之间的距离为气球周长的 $\frac{1}{3}$。在数学上，我们将直线定义为两点之间的最短路径。为了找到这条最短路径，准备好的绳子就派上用场了。连接两个点，在气球不发生形变的情况下尽可能拉紧。你会发现不管怎样，绳子都不会与赤道平行！它会先远离赤道然后再靠近回来。如果你的实验效果不明显，可以找一个比气球更大、表面更硬的球再试一试。

从气球的例子拓展，我们可知地球的纬线不是直线，你可能早已观察到它产生的效应了。例如，地图上的国际航线一般是弯曲的，飞机看起来像是沿曲线而不是直线飞行，这是因为飞机的航线是球面上的最短路径。球面上的直线在肉眼看来之所以不是直的，是因为我们的眼睛在球面世界之外，而直线是随着曲面弯曲的。如果你被困在球面上，它们确实是最短的路径。回到之前的公路，我认为弯曲是由于内华达公路规划者在平面地图上所画的直线没有转化为球面上的直线。

　　从小时候起，我们一直默认存在互相平行的直线。铁轨这样的物体更加加深了我们的错觉，但实际情况并非我们想的那样简单。欧几里得也在《几何原本》中提到了这一点。我曾经说过，欧几里得设定了两个初始假设：直尺可以画直线，圆规可以画圆。实际上，他将它们表达成了 4 个公设（postulate），今天的数学家将它们称为公理（axiom）。无论怎样命名，它们都是一些看起来非常简单、不证自明的命题，我们可以安心地假定它们的正确性，无须进一步证明。按照他给出的顺序，我用自己的语言表达欧几里得公设：

　　　·任意两点可用一条直线连接。

　　　·直线可以延长至任意长。

　　　·你可在任何位置以任意半径画圆。

　　　·所有直角都是相同的（即周角的 $\frac{1}{4}$）。

　　著《几何原本》时，欧几里得试图从这 4 条公理出发证明平行线的存在，但是他失败了，而且不仅他一个人遇到这个困难，在那个时代，不管数学家怎样努力，也无法用欧几里得的 4 个公理证明平行线的存在。《几何原本》一直没有跳过这个坎儿。

欧几里得的解决方案是认为平行线的存在理所当然，并直接将其列为第五公设。但即使是欧几里得自己，也觉得这样做可能属于作弊。这个命题并不像前 4 条公设那样显然——平行线的存在是一个更复杂又更微妙的概念，似乎需要证明。在《几何原本》中，前 4 条公设的叙述简单明确，总共不过 34 个词（原著），而第五公设竟然用了 35 个词。这完全就是古希腊版本的"漏引参考文献"的论文啊。

这可是一张巨大的免死金牌！我们知道，数学是一场游戏，你自己确定初始规则，然后照章行事。事实证明，欧几里得选的这套规则并不是唯一的选择……不过，数学家们用了整整 2,000 年时间，才找到其他同样靠谱的规则。1823 年，鲍耶·亚诺什（János Bolyai）和尼古拉·罗巴切夫斯基（Nicolai Lobachevsky）各自尝试，保留欧几里得前 4 条公设，但去除有关平行线的第五公设。令他们出乎意料的是，即使不用欧几里得规则，几何学照样成立，只不过和现在的几何有些奇怪的不同。

他们尝试在新体系下重现欧几里得的所有证明，但他们发现得到的结果有微妙的不同。即使像三角形这样简单的几何图形都变得非常不同。在《几何原本》第一卷中，欧几里得证明了三角形的一些标准定理，包括那个古老的结论：三角形的内角和等于 180°。然而，在证明这个定理的过程中，他使用了平行线公设。在平行线不存在的球面上，他的证明将不再成立——三角形的内角和不再等于 180°。即使只是简单地在气球上画三角形，你也相当于使用了数学的另一套游戏规则。

在球面上，如果一个三角形非常小，它看上去仍然很正常：3 个内角的和大约仍为 $180°$。但是，如果你画的三角形比较大，其内角和也会随之变大。让我们一起来看看吧。准备好充气的气球和签字笔。首先用笔从气球的顶端或者底部开始，沿气球表面画一条 $\frac{1}{4}$ 赤道长的直线，使其恰好触及赤道；然后转 $90°$，沿赤道再画一条 $\frac{1}{4}$ 赤道长的直线；接着再转 $90°$，从该点直接连接起点画一条直线。非常神奇，这条直线与最初那条直线形成另一个 $90°$ 角。你得到的是一个"真正"的直角三角形——3 个角全是直角的三角形。于是，内角和变成了 $270°$（不是 $180°$——向欧几里得致敬！）。因此，球面三角形的内角和为 $180°\sim540°$，具体数值取决于三角形覆盖的球面面积。

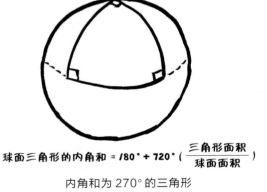

$$球面三角形的内角和 = 180° + 720°\left(\frac{三角形面积}{球面面积}\right)$$

内角和为 $270°$ 的三角形

在球面上，你甚至可以画出比三角形的边数还少的新图

形。对于平面上的两点，它们之
间只有一条直线，尽管我讲段子
喜欢直来直去，但是一条直线除
了直来直去好像也没有别的方法
画出来了。然而，在球面上，你
可以在两点之间画出两条直线。
再拿出充好气的气球、签字笔和
一段绳子。在气球球面上画两个

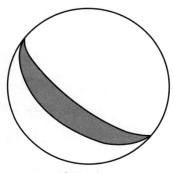

球面二角形

点，然后用绳子将它们连接起来，你会发现有两个位置绳子都
可以绷紧。新的图形诞生了：两条直线形成的图形被称为二角
形（lune）。（二角形在常规的欧氏几何中是不存在的……我开
始觉得欧式几何有些单调无味了。）

　　实际上，我们有两种非欧几里得几何，它们分别对应第五
公设的两种反驳。原始的第五公设假设，对于任意一条直线及
直线外一点，过这一点有且只有一条直线和原直线平行。对第
五公设的第一种反驳是：过直线外一点没有平行线。从这种
观点出发，我们建立了椭圆几何（elliptic geometry），它与我
们前面所说的球面几何（spherical geometry）非常相似。① 另
外一种观点认为，过直线外一点的平行线多于一条，从它出
发，我们就会进入诡异的双曲几何（hyperbolic geometry）的
世界。

---

① 　椭圆几何与球面几何的区别是，椭圆几何保留了欧几里得的第二公设，
即直线可以延长至任意远，但是这在球面上是不成立的：一条直线不断延伸，
总会回到起点。

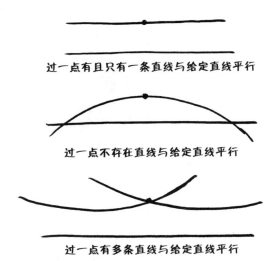

过一点有且只有一条直线与给定直线平行

过一点不存在直线与给定直线平行

过一点有多条直线与给定直线平行

双曲几何是真的弧线球。双曲几何与球面几何相比，一个最根本的区别是：在球面上行走，你覆盖的面积比预期少，但在双曲面上行走，你覆盖的面积会比预期的多。如果你曾用纸包过球形物体，应该对此有所察觉：纸面与球面无法严丝合缝，最终会出现很多丑陋的褶皱。相反，如果你用纸去包裹一个双曲面，纸会被拉扯直至发生断裂，因为双曲面一直在向远处扩张。幸运的是，双曲面可以用毛线编织来制作。你可以先织一个圆盘，再给它增加外圈的同时每次都增加几针。（你也可以找个会织毛线的人来帮你做双曲面，可以用感情或金钱打动

双曲编织：曲面在编织过程中不断延伸

他，或者只是把钩针还给他。）织出来的东西必须一上一下不停弯曲，双曲面多出来的面积才有地方放，这样才能织出一个双曲面。

一个立方体

立方主义

一个物体有没有可能穿过自己？严格来讲，不是穿过它自己，而是穿过跟它一模一样的副本。如果你有两个全等的图形，能否在其中一个图形上凿一个足够大的洞，让另一个图形穿过去？早在 17 世纪，鲁珀特王子（Prince Rupert）曾打赌，一个立方体完全有可能从另一个同样大小的立方体中的洞里穿过。他确实是对的！甚至让一个立方体穿过比它小的立方体也是有可能的。由于鲁珀特王子的直觉没有错。如今，人们将这种带洞的立方体称为鲁珀特王子方块（Prince Rupert's Cube）。（不像我，试图将 90,525,801,730 命名为马特·帕克数，却不被认可。）想想看，鲁珀特王子方块是什么样子？如果你的正方体蛋糕多得吃不完的话，可以自己动手在立方体上挖出一个这样的洞。

普通的切法

沿对角线切

斜切

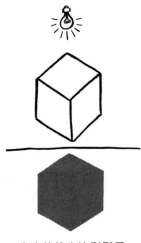

立方体的六边形影子

鲁珀特王子方块巧妙地利用了立方体的截面，这让人很意外。将立方体等分两半，我们得到的截面既可以是没什么特别的正方形（从一条棱边的中点处垂直切下去），也可以是稍微有趣的长方形（沿着方块的对角线下切），还可以是特别有趣的六边形。你自己在家试试看，如果没有多余的方块蛋糕，就买些非常接近立方体的烤面包，然后一刀将它们拦腰斩断。如果斜切面经过所有 6 个面，切出来的截面就会是六边形。（不必冒着身上粘到面包屑的风险，你也可以制造出一样的形状。找一个立方体，不一定是能吃的，将它移到光源下，在某个角度下，这个方块的影子就是一个六边形。）

上述六边形截面大于立方体的任意一个面。因此，如果在立方体上从六边形截面的中心垂直打出一个正方形洞，另一个相同大小的立方体就可以穿过它了，而且还有一点余地。这个六边形截面实际可以容纳比原立方体大 3.5% 的立方体。再调整一下洞的位置和角度，你甚至可以使比原立方体大 6% 的立方体穿过。在制作鲁珀特王子方块时，这些多余的空间通常是为了加固六边形孔洞或方块（尤其当立方体特别大时，它很容易断裂崩塌）。推荐你用卡纸亲手制作一个属于自己的鲁珀特王子方块，那很容易。

立方体是一种重要的三维图形，因为它非常规整。在二维图形中，我们所说的正多边形（regular polygon）是指所有边和所有角都相等的多边形。现在我们要把二维图形延伸到三维。在三维图形中，与多边形对应的是多面体，它们是多边形相接形成的三维图形。立方体由 6 个正方形相接而成，四面体由 4 个三角形拼接而成。多边形只有角点（corner）和边（edge）；但多面体还有顶点（vertex），也就是各个面的角点交汇的地方。正多面体（regular polyhedron）由全等的正多边形组成，各顶点的相交方式也都相同。

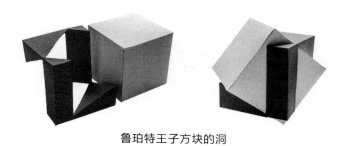

鲁珀特王子方块的洞

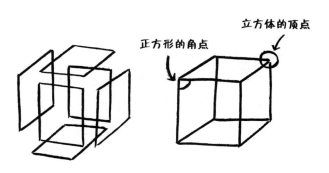

正多面体由古希腊哲学家柏拉图（Plato）于公元前 350 年提出，所以又称为柏拉图立体（Platonic solid）[三维图

形通常被称为立体图形（solid）]。不知道出于什么原因，长久以来，人们一直对美妙的柏拉图立体钟爱有加，为它们蒙上了一层神秘的面纱。柏拉图认为，自然界中不可分割的原子的形状都是柏拉图立体。德国天文学家、数学家约翰尼斯·开普勒（Johannes Kepler）也曾提到，他在 1595 年 7月 19 日突发奇想：行星轨道之间的比例一定与柏拉图立体有关。不过，在苏格兰出土的正多面体可以追溯到新石器时代，远远早于柏拉图时期。

3 个正五边形组成正十二面体的一个三维顶点

我们最好制作几个如此神奇的立体图形。立方体非常容易制作：用卡纸裁出 6 个正方形，然后将它们粘在一起即可。4 张正三角形卡纸则可以作出一个正四面体。至于正十二面体，先从比较厚的卡纸上裁下 12 个正五边形，将其中 3 个粘在一起形成一个角点。3 个正五边形平铺时，会留下一个小缝隙，如果将缝隙黏合，五边形就会立起来，从而形成一个三维顶点。将 12 个五边形全部拼接起来，每个顶点分配 3 个，你就会得到一个属于自己的正十二面体。这样你就无须借用别人的多面体了。

遗憾的是，上述方法不适用于正六边形，因为 3 个正六边形恰好可以严丝合缝地拼在一起。将正六边形互相拼接在一起，像六边形瓷砖一样铺满一个平面。到了正七边形以上更糟糕：没法三个三个地合在一起在平面上平铺。因此，边数大于 5 的多边形无法形成正多面体。不过，等边三角形还可以构成另外两种三维图形。

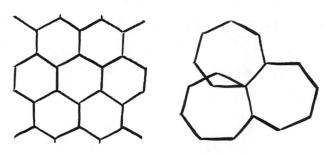

六边形恰好可以无缝密铺，无法形成多面体，而正七边形连平铺都办不到

除了用 3 个面形成每个顶点，你也可以用 4 个面来形成一个顶点。平铺时，4 个正三角形会留下 120° 的空隙，将空隙黏合，会形成一个比正四面体稍钝的顶点。继续用 4 个面构成其他顶点，将 8 个三角形拼接在一起，你就会得到一个正八面体。我们还可以继续改变，使每个顶点由 5 个正三角形组成，这样会留下 60° 的空隙。将 20 个三角形拼接在一起，你便会得到难以置信的正二十面体。6 个正三角形在同一顶点恰好严丝合缝，柏拉图立体至此走到尽头。

"三维空间中只有 5 种柏拉图立体"在数学中是一个非常著名的定理。欧几里得曾在《几何原本》最后一卷给出了证明（第 13 卷，命题 18），这是《几何原本》的最高潮部分。当然，前面也有很多令人兴奋的地方：有关毕达哥拉斯定理的精彩证明是第一卷的压轴重戏，柏拉图立体与其难分伯仲。
但不幸的是，柏拉图立体并不如人们所期待的那样神秘。柏
拉图错了：棱角柔和的二十面体并不是水的基本组成单元；
火也不是由尖利的正四面体组成。开普勒的太阳系模型认
为，行星轨道由柏拉图立体嵌套搭建而成，这也被证明是错
误的（值得称赞的是，行星轨道之间的实际比例差不多是对
的）。此外，我也认为新石器时代出现的柏拉图立体是巧合。
那时的人们通过石块撞击摩擦制作各种形状，只是有一些图
形凑巧比较像柏拉图立体而已。

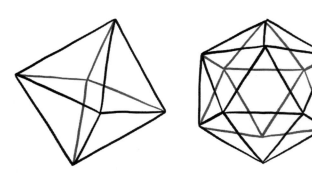

正八面体的每个顶点由 4 个三角形构成；正二十面体的每个顶点由
5 个三角形构成

然而，柏拉图立体在自然界中确实是存在的，以一种极
其亲密的方式，远超你的想象。
很多病毒的形状就酷似正二十面
体。如果你曾经感染过这类病毒
（如疱疹），那么你已经被正二十
面体入侵过了。柏拉图立体是最

新石器时代的柏拉图立体

简单的立体图形，所需部件相对其他立体图形是最少的，所以病毒构建它们会非常容易。描述一个正二十面体只需要很少的信息，它们的基因编码只需要记录："制造大量三角形，每 5 个形成一个顶点。"病毒所做的正是这些事。

二十面体形状的手足口病毒

打印 20 个上述三角形，组装成正二十面体，就得到一个疱疹病毒

被遗忘的柏拉图立体

虽然这 5 种限量版柏拉图立体名扬至今，但实际上还有 4 种古人一无所知的柏拉图立体。（真的是，刚刚是平行线，现在又来这个。）我们可以让二维正多边形的边穿过另外一条边（即星形多边形），而不是形成角点，当然也可以让柏拉图立体的面相交而不是形成新边。欧几里得认为面不能相交，但我们可以做不同的假设。12 个正五边形和 20 个正三角形分别形成新的柏拉图立体——大十二面体（the great dodecahedron）和大二十面体（the great icosahedron）。下面我们又进入奖金

回合：用星形多边形制作星形多面体，这是星形的二次方。使用 12 个五角星形，每 3 个形成一个顶点，就可以形成大星形十二面体（the great stellated dodecahedron）；每 5 个形成一个顶点，就可形成小星形十二面体（the small stellated dodecahedron）。

　　几个世纪以来，人们不断发现星形柏拉图立体。最早的实例来自威尼斯的教堂：艺术家保罗·乌切洛（Paolo Uccello）于 1430 年完成的一幅镶嵌图案中出现了小星形二十面体。1813 年，法国数学家奥古斯丁·路易·柯西（Augustin Louis Cauchy）男爵继续推广欧几里得的工作，将理论发展完善，证明星形柏拉图立体只有大星形十二面体、小星形十二面体、大二十面体和大十二面体这 4 种。你可以用卡纸制作这 4 种图形[①]，不过面的相交要费些脑筋。

大十二面体、大二十面体、大星形十二面体和小星形十二面体

　　所有柏拉图立体，无论是不是星形的，都有一个共同的奇妙特征：每一个柏拉图立体里面都能恰好放入另一个柏拉

---

① 这 4 种立体图形现在被称为开普勒–潘索立体（Kepler-Poinsot solids），因为开普勒在 1619 年描述了大星形十二面体和小星形十二面体，路易·潘索（Louis Poinsot）在 1809 年描述了大二十面体和大十二面体。

图立体。这可以作为多面体
派对上的一个小魔术：如果
你在柏拉图立体的每个"面"
（构成柏拉图立体的多边形）
的正中心画一个点，那么肯
定恰好能在里面放入一个柏
拉图立体，它的顶点恰好和
这些点重合。后者就被称为
前者的对偶（dual）。十二面
柏拉图立体的 12 个面的中

保罗·乌切洛在威尼斯圣马可
大教堂（Saint Mark's Cathedral）
设计的镶嵌图案

心点恰好能和内部一个二十面柏拉图立体的 12 个顶点重合；
二十面体的 20 个面的中心点恰好能和内部一个十二面体的 20
个顶点重合。同样的，立方体和正八面体互为对偶，四面体的
对偶仍然是四面体。星形多面体也具有类似的特征，大星形

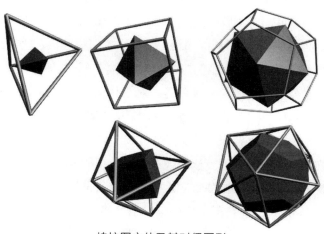

柏拉图立体及其对偶图形

十二面体和大二十面体互为对偶，小星形十二面体和大十二面体互为对偶。

回到气球

现在，我们要在三维中再变几个魔术。准备一个充好气的气球，我们要在上面画一个三维图形。我们不是在气球曲面上画图，而是利用气球确定图形的边在三维空间中的位置，就像我们之前为研究球面几何所做的那样。你可以想象，当你把气球移走，会得到一个与你所画形状相同的三维线框。首先在气球上标记一些点当作顶点，然后将它们连起来形成边。边可以不直，你想怎么画都行，唯一的要求是：这些边不能相交。

最终的结果可能是你从来都没有见过的图形，但有一点我可以肯定，该图形的面数与顶点数之和减去边数，所得结果一定是 2。快看！四周静悄悄一片，大家窃窃私语："他是怎么做到的？"很少有人觉得自己受骗了。

这个小魔术概括起来就是：对于任何画在气球上的图形，顶点数和面数之和总比边数多 2。无论你尝试多少次，只要没有作弊，这个规律就永远不会被打破。唯一的作弊手法是：让边彼此相交（或者说，让面彼此相交），但我们的游戏禁止这样操作。这个性质被莱昂哈德·欧拉（Leonhard Euler，他的姓念作"oil-er"，读错的话你的学霸值会被扣掉几分噢）注意到了。他在 1750 年写给数学家克里斯蒂安·哥德巴赫（Christian

Goldbach）的信中提到了这一性质。"面数 + 顶点数 - 边数"
的结果现在被称为欧拉示性数（Euler characteristic），对于任
何画在气球上的图形，这个数都等于 2。

另外还有一种作弊手法：如果你画出一个带洞的图形，
它的欧拉示性数将不再等于 2。你可以找来一个中间有一个洞
的甜甜圈状气球（真有这样的气球，它非常适合在数学爱好者
的聚会上使用），然后在它的表面画出一个图形，该图形的顶
点数和面数之和不再比边数多 2，而是等于边数。

对于中心有洞穿过的图形（但任何一面都没有洞穿过），
"面数 + 顶点数 - 边数 = 0"这个关系式总是成立的。就是
说，所有带一个洞的图形的欧拉示性数是 0。这种甜甜圈状的
曲面被称为环面（torus）。对于带两个洞的环面，欧拉示性数
是 -2。每增加一个洞，欧拉示性数就会减少 2。反过来，如
果你知道一个多面体的欧拉示性数，你就可以利用以下公式计
算它有多少个洞：欧拉示性数 = 2 -（2 × 洞数）。

三维世界中的等宽图形

我们已经从二维的平面三角形进入三维的四面体，从二
维的平面正方形进入三维的立方体，那么我们能否从二维的等
宽图形进入三维的等宽图形呢？答案是肯定的：除了球之外，
还有很多其他等宽图形。不管你在平面上怎样放置它们，它们
总可以保持一样的高度。如果你在一本书下放置 3 个等宽图
形，并让它们滚动起来。书移动得非常平稳，以至于你可能以

由勒洛三角形形成的旋转体有点"耍赖"

为是 3 个完美的球体在书的下面滚动。

有两种方式可以将二维的勒洛三角形转化为三维版本。第一种方式是将勒洛三角形绕对称轴旋转一周，其经过的区域会形成一个三维体，这样得到的图形被称为旋转体（solid of revolution）。我个人觉得这种方式有点耍赖：它和平面勒洛三角形没有太大区别。如果将这个立体图形从正中间切开，截面仍然是一个勒洛三角形。这正是这种方法奏效的原因：当立体处于平衡状态时，它正面的轮廓线总是一个二维的等宽图形。它涉及的数学知识没有新东西，不过是勒洛三角形二维版本的升级。

为了真正利用三维空间的性质，你需要从正四面体开始，将所有平面替换为部分球面。我们要做的事情和用圆规画曲边相似，只不过我们所画的不再是圆的一部分，而是球的一部分。接着你需要把三条边画成圆弧（可以是交汇成顶点的三条边，也可以是周围的三条边），最终得到的图形被称为迈斯纳四面体（Meissner tetrahedron，有两种迈斯纳四面体，取决于你画成圆弧的是哪几条边）。它在 1911 年首次亮相，命名自瑞士数学家恩斯特·迈斯纳（Ernst Meissner）。巧合的是，他的中学数学老师和爱因斯坦的中学数学老师是同一人。迈斯纳四面体非常难制作，但我和几个朋友通过注塑制作成功了，看：

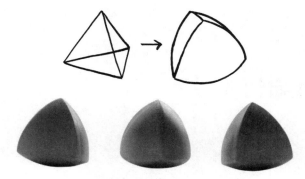

通过注塑制作的迈纳斯四面体

我知道你一定想要一个，也可能三个。

第 6 章

教我如何放得下

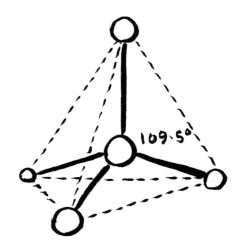

让我们从一个小小的挑战开始这一章的内容：找 7 枚 2 便士[①] 的硬币，填充进第 107 页的正方形方框中。这是可能的，并且数学家还会肯定地告诉你，这个 74.25mm × 74.25mm[②] 的方框是可以容纳 7 枚 2 便士硬币的最小方框。这个问题不仅仅适用于 2 便士的硬币，数学家可以肯定地告诉你，对于任意 7 个相同的圆，可以容纳它们的最小正方形的边长是圆直径的

---

① 2 便士硬币的直径是 25.9mm，与它大小最接近的是我国的 1 元硬币（直径为 25mm）。——译者注
② 对于我国的 1 元硬币，这个值应为 71.67mm。——译者注

2.866 倍。2 便士硬币的直径是 25.9mm，所以 25.9mm × 2.866 ≈
74.23mm。拿着方框多晃一晃，这些硬币一定能放进方框里。[①]

这个正方形的大小为 74.25mm × 74.25mm

　　这太容易了？好，现在看你能否将 31 枚 2 便士硬币填充
进边长为 144.9546mm[②] 的正方形。或许你还能打破这个记录。
目前 31 枚 2 便士硬币的世界纪录是边长为 144.9546mm 的正
方形，但没有数学家可以确定这就是最小的正方形。最高效的
填充方式至今仍未被发现，最佳纪录或许正等着你来创造。事
实上，最佳纪录已经确定下来的情况不多，只有硬币数不超过

① 　74.25mm 比实际需要的 74.23mm 大，但是这个误差要小于打印精度以及硬
币制作工艺的精度，所以影响不大。你可以将多出来的 0.02 毫米当作我的馈赠。
② 　对于我国的 1 元硬币，这个值应为 139.9176mm。——译者注

30 的情况，以及硬币数为 36 这么一种额外情况。对于其他所有情况，都可能还有小小的改进空间。

硬币数	最小正方形边长与圆直径的比值	能容纳 2 便士硬币的正方形边长
7	2.866025404	74.23 mm
10	3.373720762	87.38mm
13	3.731523914	96.65mm
31	5.596701676	144.9546mm
42	6.426611073	166.4492 mm
101	9.788881942	253.532042mm

　　如果加大筹码，尝试将 101 枚硬币填进正方形。折腾几个小时之后，你可能开始思考，有没有更快的方法？真的有！计算机程序可以帮你（我可以向你保证这不是作弊）。对于从 1 枚硬币到 10,000 枚硬币的情况，计算机都已经找到了相当不错的解法。[1] 但是，计算机会面临一个问题，也就是当你发现了摆放 31 枚硬币的更好方案时同样会面临的问题：你怎么知道这是不是已经到顶了呢？你怎么知道正方形的尺寸不能再小，里面的硬币数不能再多了呢？未来的日子惶惶不安，或许总会有某个人，在某一天，打破了你的纪录。

　　我对图形填充问题（packing problem）非常着迷。人类对

---

[1]　你可以在埃卡德·施佩希特的网站：http://packomania.com/csq 下载所有这些情况的当前最高纪录。

如何将物体填充进另一个空间背后隐藏的数学知之甚少。这看起来是再简单不过的事情：只要将物体排列得足够紧凑，使它们占用最小的空间。但这事我们就是弄不好。不过，真正令人着迷的是，图形填充这一数学课题，仍是一片令人振奋的荒芜。历史上有很多数学领域也都经历过这种凌乱的阶段，直到一项革命性的突破让人们对该领域的认知达到全新的高度。你可能觉得很多数学领域都已经被数学家们探索完了，但这个领域还亟待重大突破。

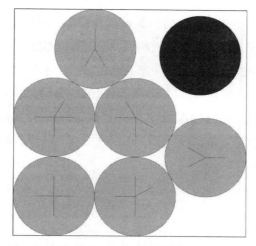

7 枚硬币填充的情形，加黑的硬币还有空间可以晃动

平面填充问题

我们首先要探究的是平面情形：将物体填充到二维平面上。即便填充区域不限制为正方形，圆作为填充图形仍然是极

其糟糕的选择。因为不管怎么排列，它们之间总会留下空隙。而一些图形，比如六边形，可以无缝填充。当然，这是最高效的填充方式。装修过浴室的人都知道，所有瓷砖都可以铺满整面墙，不会留下难看的空隙。在数学中，这种用图形覆盖整个空白平面的行为称为镶嵌（tiling）。它和另外一个更为人熟悉的数学名词"密铺"（tessellation）稍有不同，后者要求镶嵌的图形种类和位置排列具有一定的规律。镶嵌不仅包括密铺，还包括随意的不留缝隙的排列。我将使用这个范围更广泛的术语。

　　人们已经发现了许多镶嵌平面的绝妙方法，但距离发现所有镶嵌方法还有很长的路要走。有些镶嵌的方法非常无聊，比如全用正方形或者全用三角形。我们还有更好的方法。我最喜欢的一个选择是一种不规则的九边形，它能在整个平面镶嵌出螺旋图案。我们也可以使用多种图形，如正方形和三角形组合在一起可以形成扭棱正方形镶嵌（snub square tiling），六边形、正方形和三角形组合在一起可以形成小斜方截半六边形镶嵌（rhombitrihexagonal tiling，这是一个非常棒的词，但它在拼字游戏中只值 36 分）。知道有这么多无比绝妙的镶嵌方法之后，

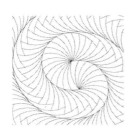

这个螺旋图案是由九边形不断重复镶嵌得到的

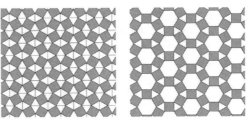

扭棱正方形镶嵌和小斜方截半六边形镶嵌

每当看到浴室那乏味的正方形瓷砖，我都会感到非常失望。

下面要说的这个问题是我认为从提出到解决时间相距最长的图形填充难题。这个问题的解在人类出现之前就已经存在，但直到 2001 年才被完全证明。这个难题就是：填充二维平面最优的形状是什么？这里的"最

与圆形相比，圆角八边形留下的空隙更大

优"是指图形互相之间没有空隙，在周长给定的情况下，它们能覆盖最多面积。最佳的选择是六边形，而且它远在人类的数学思想萌芽前就已经被蜜蜂发现，因此这个问题被称为蜂窝猜想（honeycomb conjecture）。直到几百万年后，美国数学家托马斯·黑尔斯（Thomas Hales）才证明，不管你设计怎样怪异的边界，构造怎样疯狂的填充形状，其填充效果永远不如六边形。

六边形是最好的填充图形，那么有没有最差的填充图形？不幸的是，这又是一个人们还没解决的问题。我们已经知道，用圆填充平面的效果非常糟糕（在最理想的情况下，即使所有圆都紧密排列，也只能覆盖曲面表面积的 90.7%），但是还有比圆更糟糕的图形——圆角八边形（smoothed octagon）。取一个八边形，将每个角替换为一段双曲线（双曲线和圆、椭圆是一家，亲密程度大约为堂表亲级别）。你会发现，不管你怎么排列，圆角八边形的覆盖率都不会超过 90.24%。然而，可能还有比圆角八边形更差的图形，只是我们至今还没有发现而已。

空间填充

　　对于多面体如何填充空间，人们的认识简直就是笑话，但这并不是什么有趣的事。为了查找单个多面体填充空间的不同方法，我进入了最全的线上数学资源库——沃夫朗数学百科全书（Wolfram MathWorld）。在"空间填充多面体"（space-filling polyhedron）词条下，一派死气沉沉，现有的成果令人失望。网站上说，数学家迈克尔·戈德堡（Michael Goldberg）在1974—1980年试图寻找所有空间填充多面体。他找到了27种六面体、16种七面体、40种十一面体、16种十二面体、4种十三面体、8种十四面体、1种十六面体（不存在能填充空间的十五面体，免得你觉得奇怪），2种十七面体、1种十八面体、6种二十面体、2种二十一面体、5种二十二面体、2种二十三面体、1种二十四面体以及1种二十六面体（他认为这是面数最多的可能了）。好了，总算说完了。我对他有如此多的空闲时间感到惊讶，他居然用多面体将空闲时间都填满了。

　　到了1980年，彼得·恩格尔（Peter Engel）又发现了另外172种面数为17~37的空间填充多面体，后来不断有新的种类加入。目前，这个词条以一句低调的请求结尾："如果有现代的研究成果，欢迎补充。"我们现在的成果似乎只是罗列了什么样的多面体可以以怎样的方式填充，对其背后的原理没有任何系统的理解，缺乏成形的理论。但是，正如蜂窝猜想，这种事急不得。

　　即使将探索的对象限制为柏拉图立体，数学家仍然能从中发现许多新东西。在二维中，正多边形中的三角形、正方形和正六边形可以独自镶嵌满整个平面，但在柏拉图立体中，只有立方体才可以充满整个空间。很多人会说正四面体也可以〔亚里士多德在他的著作《论天》（*On the Heavens*）中有所提及〕，但事实胜于雄辩：尽管人们一再重复这个"事实"，但事实上，它并不是一个事实。正四面体看起来可以无缝填充，但如果真的动手尝试，你会发现总会有非常小的空隙。

我个人认为立方体是个有些偷懒的解，它仅仅是正方形平面镶嵌二维平面的延伸。二维图形平行移动形成的三维图形被称为棱柱（prism）。除了立方体（四棱柱），三棱柱和六棱柱同样可以很好地填充空间。用柏拉图棱柱填充三维空间的方案和二维空间中的方法并没有什么区别。这就好比三维等宽图形。旋转二维的洛勒三角形，理论上确实能得到一个解，但迈斯纳四面体才是第一个真正的三维解。

不过，正四面体确实可做到完美镶嵌，但需要和八面体组合起来。有一种方式是将 2 个正四面体和 1 个正八面体组合起来（两种多面体的边长相等）然后不断重复填充。但这不是唯一的选择，最新的成果是由 73 岁的数学家约翰·康威（John Conway）于 2011 年给出的，他发现 1 个正八面体与 6 个小正四面体组合起来也可以填充满整个空间。这还只是柏拉图立体呢。就在这么点儿范围里，我们都还在不断地发现新东西！

如果你想找到最佳的空间填充多面体，可以尝试对柏拉图立体做一些小改变。例如，将正八面体的顶点都截去，截出正方形的截面，就会得到截角八面体（truncated octahedron）。它曾是"最佳空间填充体"的候选者，由开尔文勋爵于 1887 年在其论文《最小分割面积的空间分割》（*On the Division of*

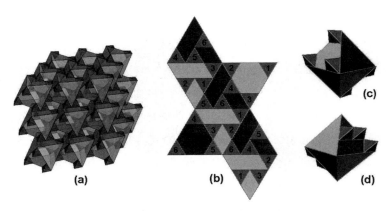

正四面体组成的正八面体可以完美地填充空间

Space with Minimum Partitional Area）中提出。当数学家想分享他们的想法时，通常会撰写论文详细描述并发表，从而便于所有人获取。开尔文认为这是截角八面体最美妙的性质。他不会想到，在一个世纪之后，数学家证明他的猜想是错误的，但他仍然名垂青史。

奇妙的肥皂泡

开尔文的猜想被证实是错误的，确实存在比截角八面体更高效的空间填充图形，它就在我们每个人的眼皮之下，并且再一次是大自然最先发现了它。这个完美图形早已出现在了晶体中，它甚至作为水合氯结晶（chlorine hydrate crystal）的结构图出现在莱纳斯·鲍林（Linus Pauling）所著的 1960 年版的《化学键的本质》（*The Nature of the Chemical Bond*）中，只是一直没有人意识到用这个结构填充三维空间是多么高效。

但这并不是因为缺乏探索。实际上，在开尔文猜想截角八面体是最佳的选择后，一些数学家便开始不断尝试证明他的猜想是对的，或者试图寻找更高效的图形来推翻他的猜想。但是几十年过去了，问题一直没有得到解决，这边一筹莫展，那边名声远扬。任何人只要能证明或推翻开尔文猜想，便能在数学界红极一时，获得极高的赞誉。

肯·布拉克（Ken Brakke）便是其中一位一直在不断探索的数学家。尽管他父亲有一本《化学键的本质》的影印本，但他最终还是没能成功（因为其他人在他之前发现了这个结构）。很不幸，他从来没翻到有水合氯结晶结构图的那一页。在猜想被推翻之后，他遗憾地说："我一直在尝试战胜开尔文猜想，而这本书就在我父亲的书架上，离我仅仅10英尺[①]远。"但布拉克在验证开尔文猜想的过程中也做出了巨大的贡献：他为吹肥皂泡建立了计算机模型。

由皂膜构成的气泡在探究空间填充图形的过程中发挥了至关重要的作用，因为它具有一个内在性质：在腔内空气不排出的情况下，肥皂膜总是尽量收缩，使其表面积尽可能小。如果你向空中吹一个肥皂泡，它会变成一个球形，因为在内部空气体积一定的情况下，球是表面积最小的图形。但如果一个肥皂泡和任何别的东西接触，它就会改变形状，达到新的最优状态。这意味着有可能吹出立方体肥皂泡。

为了吹出立方体形状的肥皂泡，你需要制作一个立方体线框，然后将其浸入肥皂泡液中。不出意外的话，线框各面都

---

①　1英尺约合 0.31 米。——译者注

会附着一个肥皂泡，一共6个，另外还有一个立方体泡泡悬浮在线框正中心。如果达不到这样的效果，可以将一个吸管插入肥皂液中，增加或减少其中的肥皂泡。唯一的问题是，如果你仔细观察中间的立方体肥皂泡，会发现它不是严格意义上的立方体：它的面不是平的。这是由皂膜的精细性质决定的。

肥皂膜看起来是非常复杂的结构，但是其背后的数学规律却只有简单的几条。1873年，比利时物理学家约瑟夫·普拉托（Joseph Plateau）首次提出了这几条规律，它们在今天被称为普拉托四定律（Plateau's four laws）。前两条定律指出：肥皂膜表面光滑；肥皂膜表面的弯曲度在任意一点上都相同。后面两条定律谈及肥皂泡间的相互作用：面总是每3个相交形成棱；棱总是每4条相交形成顶点。下次在洗碗或者喝啤酒或者二者同时进行时，你可以仔细研究一下泡沫，验证一下上述定律。不管气泡看起来多么复杂，你总是只会看到3个面相交形成的棱和4条棱相交形成的顶点。

除此之外，面与面、棱与棱之间的夹角总是相等的。面与面之间的夹角总是120°，所以它们是等间隔分布的。在二维平面中等分360°的整圆，每份都是120°，但在三维空间等

分会稍微复杂一些，因为我们需要
处理的方向变多了（从二维到三维，
除了前后左右，还有上下方向），但
四面体已经解决了这个问题。如果
你将正四面体的 4 个顶点（它们是完
美的等间隔分布）与四面体的正中心
相连，这些线段两两之间的夹角都是
109.5°。这个角度被称为正四面体角，
而皂膜的棱正是以这个角度相交的。

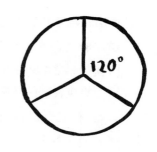

在开尔文勋爵 1887 年的论文中，
大部分内容是利用皂膜寻找填充空间
的最优方案。作为一篇古老的科学论
文，读起来还是挺有意思的。这篇文
章的开头很不错，讲述他如何用立方

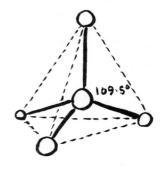

体线框像我们先前那样做出一个立方体肥皂泡。他称这个肥皂
泡为普拉托立方体，因为普拉托也曾经使用相同形状的立方体
线框做了相同的实验。开尔文勋爵描述了他如何向普拉托立方
体吹气使其扭曲变形，然后观察它重新回到最优的位置。

开尔文勋爵的理论指出，如果你将一堆等体积的气泡堆
在一起，它们就会变形成截角八面体（或者如他所称，十四面
体）的形状。更贴切地说，它们会变形成肥皂泡版的截角八面
体形状。正如我前面提到的，我们之前做出的立方体气泡并不
是一个完美的立方体，它的面有点弯曲，面与面之间的交角是
120°，棱与棱之间的夹角是 109.5°，而不是标准的 90°。一堆
挤在一起的气泡应该会形成所谓的开尔文截角八面体结构，它

们的面会稍微弯曲以满足普拉托定律。

遗憾的是，要想让肥皂膜形成这种截角八面体，挨在它旁边的那些肥皂泡必须也都是截角八面体。如果肥皂膜最外层的表面最终接触到的是别的形状，整个肥皂膜的结构都会受到影响，也就无法产生这种完美的形状了。不过，只要结构足够准确，肥皂膜就能自动演变成这种形状。这正是肯·布拉克所做的：他开发了一个软件包，叫作表面演化者（Surface Evolver）。它可以在计算机上模拟出肥皂膜的样子，并用数码的方式完成开尔文勋爵亲自动手才能做的实验。顺便说个好玩的事：不管用哪种方法，都很怕里面进虫子（bug）。

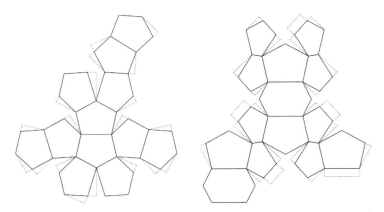

十二面体由不规则的五边形（有一条边的长度是其他 4 条边的130.9%）形成，十四面体由 12 个不规则的五边形（有两条边是原始边长度的 86%，一条边是原始边长度的 57.6%）和嵌入其中的 2 个变形六边形（有两条边的长度是其他 4 条边的 152.3%）形成

1994 年，两位在都柏林三一学院（Trinity college）工作的物理学家使用表面演化者发现了比开尔文结构更好的结构。

这个结构被称为维埃尔-费伦结构（Weaire-Phelan structure），命名自丹尼斯·维埃尔（Denis Weaire）和他的博士生罗伯特·费伦（Robert Phelan）。它由两种多面体组成：一种是不规则十二面体，每个面都是五边形；另一种是十四面体，其中12 个面是五边形，里面嵌入了两个额外的六边形。将上面的模板剪下，比对着用卡纸制作一些，然后将它们粘在一起，就会得到维埃尔-费伦结构。一种偷懒的做法是，只制作十四面体，将它们粘在一起，留下的空缺就是十二面体。

由 6 个十四面体和 2 个十二面体构成的维埃尔-费伦结构的重复单元

你还可以用吸管来制作这个结构的格架。准备一大包吸管，最好至少包括 4 种颜色，以便你标记 4 种不同的长度；再准备同样多的吸管刷，它们可以将吸管连接起来。将吸管刷切成 10cm 段，将每两段的中间拧在一起形成四角星。然后在每个分支分别套上吸管。根据普拉托定律，我们知道这是唯一的相交方式。由于存在厚度，吸管不会恰好在顶点正中心相

边	比值	直径 6mm 吸管的长度
A	2.272	7.3 cm
B	1.736	5.5 cm
C	1.492	4.7 cm
D	1.000	3.0 cm

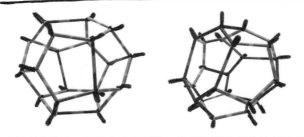

用吸管制作的十二面体和十四面体，你需要制作很多这样的框架

交，你需要将吸管稍微截短一些。不断重复上表所示的不同顶点，在漫长的制作完成后，你就会得到美妙的维埃尔-费伦结构，而且你还可以看到内部的所有细节。这太"吸"引人了。

维埃尔-费伦结构的平均表面积比开尔文结构小 0.3%。它并没有节省很多面积，但在数学界却炸开了锅。在长达一个世纪的搜索之后，数学家们不敢相信有人可以找到比开尔文结构更好的结构。他们为发现这样的结构而狂喜，但大众媒体却对此无动于衷。这样的重大发现理应成为世界建筑领域的重要素材，建筑领域应该建造一个巨大的维埃尔-费伦结构模型来纪念它（比如，从富有的个人投资者处募集 9,000 万英镑），让它成为国际媒体关注的中心。这在 2008 年的北京奥运会实现了。

　　北京奥运会希望建造一个方形的游泳馆，与圆形"鸟巢"互相衬托。最终中标的设计来自澳大利亚 PTW 建筑设计公司（PTW Architects，与很多工程公司一同完成）。他们希望设计能够展现水中气泡的自然形态。在研究中，他们接触到了维埃尔–费伦结构。为了让它看起来不规则，他们以一定的角度切割了气泡结构，使得截面不与任何多面体的面重合，从而形成随机、无序的外表。

　　这个建筑就是水立方（Water Cube）。实际上，它是个长方体，不是立方体。它是一项巨大的成功，来自世界各地的数十亿游客都来参观这个宏伟的维埃尔–费伦结构。在奥运会结束之后，它成为对公众开放的游泳馆。我曾试图进行一场数学朝拜之旅，亲自研究它，但却没有获得游泳许可，因为我没有官方的健康证明（真实经历）。在它里面，你能看到一些巨大的钢梁构成维埃尔–费伦结构中的变形五边形。如果你去北京，那座耀眼的数学建筑就在那里等着你为它发出惊叹。它的存在充分说明了我们为什么要研究数学。

一起来堆球吧

我们要再次动手了，这次我们需要一些橙子。试试看，你可以使一个橙子最多和几个橙子同时接触？由于时间关系，我直接告诉你答案吧。对一个球体来说，可以与 12 个和它完全一样的球体同时接触。在数学中，有一个甜美的术语可以描述两个物体的互相接触，那就是"吻接"。因此，球体的吻接数至少是 12，但有没有可能是 13 呢？如果你亲自尝试将一个橙子同时与 12 个橙子吻接，会发现这些橙子还有空间可以活动，似乎还有空间可以容纳第 13 个橙子。

一些名人，比如艾萨克·牛顿（Isaac Newton），曾猜想多余的空间无法容纳第 13 个球，但是没有人能确切地证明。排列球体的方式太多了，很难将所有情况都考虑到。最终支持无法容纳第 13 个球的证明出现于 19 世纪后期，但仍然留下了很多有关球体排列的不解之谜。举个例子，人们还是不知道堆砌球体的最佳方式。

很多水果都是球体，这件事非常讨厌，因为就目前所知，球体是填充三维空间的最坏选择，这还跟二维空间不一样。二维空间中，圆形已经很糟糕了，但确实还有更糟糕的图形；但在三维空间中，我们还没有发现堆砌时，空间利用率比球体更低的形状的填充形状。与最优形状（optimal shape）相对，球体被称为最差形状（pessimal shape）。然而，虽然我们基本可以确定，球体是所有对称图形中最差的，但我们依然不能排除仅存的渺茫可能：某种惊人的奇异形状突然出现，打出它的制胜王牌。不过话说回来，橙子变成几乎任何别的形状都能堆砌得更好，但它偏偏是个球体。几个世纪以来，水果店的老板总是在以他们认为最高效的方式堆砌橙子。开普勒对此表示赞同，并于 1611 年猜想水果店的选择是堆砌球体的最好方式。

采用第 3 章的方法把橙子堆成锥形时，你会很快发现正方形的锥形底一点也不实用。除非你堆砌的球体像炮弹那样重，否则它们很容易崩塌。和所有球体一样，堆好的橙子稍微一滑动，就会变成新的排列模式[①]：每一排都和前一排错开一点，所得的每个坑上都放着一个橙子。如果你按照这种三角形排列模式继续摆放果子，就会得到一个由球体组成的正四面体。这些球体会填充 74.048% 的空间，这就是开普勒和水果店老板认为的最佳堆砌方式。当生活给了你一些橙子，就把它垒成四面体吧。

然而，要证明它几乎是不可能的。正如我们在硬币填充正方形的问题中看到的，有时混乱的排列比有序排列更高效。例如，如果你想插入第 13 个橙子，可以将一些橙子稍微移开，使其不再与中心橙子密切吻接，最终得到的排列仍然足够紧密。问题在于，这样的排列方式太多太多，没有人可以穷尽这些方式，确认到底有没有比开普勒猜想更高效的选择。

---

① 　将橙子排列成四棱锥和排列成正四面体的效果是一样的，只是朝向有所不同，正是这一点使它难以维持堆砌状态。

托马斯·黑尔斯再一次遥遥领先。攻克蜂窝猜想之后，他又开始挑战开普勒猜想。这个难题自 1611 年以来一直悬而未决。不过黑尔斯在攻克这个难题时有一大优势：他不介意让计算机帮忙做些计算。说实话，他还有个巨大的优势：他那个年代确实有计算机这么个东西。黑尔斯将所有可能的球体排列归类为大约 5,000 种情形。为了使计算更加简单，他将这些排列投影到平面上，然后将它们变成一个个独立的问题，让计算机逐一解决。

即使使用计算机，要完成证明依然不可能。黑尔斯于 20 世纪 90 年代开始研究这个问题，那时计算机的计算能力远远不够。最终的论文（发表于 2005 年，历经数次修订）长达 250 页，并附带了几个 G 的代码和数据。在论文中，黑尔斯列出了他使用的所有程序，其中最后一个程序用于跟踪其他所有程序的运行情况，也就是说，黑尔斯用计算机帮他使用计算机，正如他所说："将这几个 G 的代码和数据整合到证明中，这本身就是一项复杂的工作。"

然而，不管怎么样，这个方法奏效了。计算机检查了所有可能的排列方式，没有发现更高效的方式——黑尔斯证明了开普勒和水果店老板的猜想是对的。他的写作思路非常清晰明了，这在数学学术论文中很少见（这也使他成为我的偶像），所以我推荐你去阅读一下他的论文——《开普勒猜想的历史回顾》（*Historical Overview of the Kepler conjecture*）的前几页。他对开普勒猜想的描述比我写得更好，包含更多有趣的细节。但遗憾的是，虽然论文的开头通俗易懂，但是没有人从头到尾严格验证过整个证明。在数学论文发表之前，它需要经过其他数学家检验［这被称为同行评审（peer review）］，确保论文中没有严重错误。黑尔斯的论文被交给一个由 12 位专家组成的评审团，但是因为有太多工作由计算机完成，经过长达 4 年的检查之后，他们只能确信 99% 的证明无误，但这并没有什么意义。

黑尔斯对此的回应非常巧妙。他计划用计算机二次复查计算机已经完成的结果，从而完成"同行评审"。我必须再次强调，这真的是一个绝妙的主意。在证明过程中，计算机帮他干完了最累的活儿，这意味着人类自己没法胜任的复杂计算虽然搞定了，但由此得到的证明也复杂到了人类没法验证的地步。黑尔斯开辟的新方向被称为污点计划［Flyspeck Project，"Flyspeck"是少数几个包含字母"FPK"的单词之一，"FPK"是"开普勒猜想的正式证明"（Formal Proof of Kepler）的首字母缩写］。如果你想加入到计划之中，可以访问 http://code.google.com/p/flyspeck/，这项计划仍然在进行中。①

我非常喜欢这些填充问题，因为人类仍在这些巨大的金库周围徘徊着。我们对如何填充二维空间和三维空间仍然知之甚少。直到几十年前，我们才开始理解一些最简单和规则的例子，而它们仅仅是数学发展史中的一瞬间。假如有一天我们遇到了外星来客，这是一个我们可以向他们请教很多的领域。也许短期内我们无法见到他们，但也不必担心——我相信人类不可能在一两个世纪内攻克这个领域，我们在很久以后依然可以向外星来客请教。

---

① 在这本书开印的前几天，黑尔斯完成了污点计划，我已经来不及更改了，所以只添加了这个脚注。本书装订完成后，所有信息的更新都可以在 www.makeanddo4D.com 查到。

第 7 章

一顿"素"餐

　　素数（prime number，又称质数）是数学中的明星。虽然它们没有豪华的公馆或惊人的八卦，但它们具有两个非常重要的性质：第一，别的数除它都除不开[①]；第二，数学界的狗仔队一直在追寻它们，找到它们的赏金非常可观。一位匿名的赞助者就通过电子前哨基金会（Electronic Frontier Foundation）向全世界发出了有关素数的悬赏：发现第一个长度超过 1,000 万个数字的素数的人将获得 10 万美元，发现第一个长度超过 1 亿

---

① 实际上，应该是不能被 1 和自身以外的整数整除。——译者注

个数字的素数的人将获得 15 万美元，发现第一个长度超过 10 亿
个数字的素数的人将获得 25 万美元。第一项悬赏已经名花有
主，另外两项仍在悬赏之中。

任何人都可以加入大素数的狩猎中，高昂的奖金对所有
人都是开放的。寻找素数需要非常强大的计算能力。1996
年，因特网梅森素数大搜索（Great Internet Mersenne Prime
Search，简写为 GIMPS，非常不幸的缩写①）项目应运而生。
作为一个"全民超算"项目，每一个张三、李四、王五都可
以用自己的计算机加入其中，成为分布式虚拟超级计算机的
一部分。到目前为止，这个超级计算机已经包含 9,700,000 个
处理器，每秒可以进行 164 万亿次计算。GIMPS 于 2009 年发
现第一个长度超过 1,000 万个数字的素数，拿下第一项悬赏，
"GIMPS 发现的素数"甚至成为头版新闻出现在各大媒体。

这项悬赏的困难之处在于，你无法精确预测素数到底在
哪里。GIMPS 所做的尝试也只是猜出一个很可能是素数的大
数，然后检查它能不能被一些数（可能的因子）整除，并确认
它是不是素数。加入 GIMPS 项目，你的计算机就会分配到一
个要检验的大数，绝大多数人都以发现一个因子而告终。为
了提高成功搜寻的概率，GIMPS 并不是随机选择要检验的数，
而是只检验比 2 的某幂次小 1 的数。

早在古希腊时代，数学家便发现，尽管比 2 的某幂次小 1
的数不全是素数，但它们确实很有可能是素数。在 2 的 13 次
幂之内，就有 5 个结果恰好比某个素数大 1。虽然随着数增大，

---

① "gimp"是"跛行"的意思。——译者注

这个概率越来越小，但是这也比任意选取大数要好。因此，如果你加入 GIMPS，你的计算机就会分配到一个包含上百万个数字的 2 的幂数，然后检验比这个数小 1 的数是不是素数。2009 年发现的素数便是 $2^{43,112,609}-1$。

$$2^2 - 1 = 3 \quad\quad 是$$
$$2^3 - 1 = 7 \quad\quad 是$$
$$2^4 - 1 = 15 \quad\quad 否 \quad 3 \times 5$$
$$2^5 - 1 = 31 \quad\quad 是$$
$$2^6 - 1 = 63 \quad\quad 否 \quad 3 \times 3 \times 7$$
$$2^7 - 1 = 127 \quad\quad 是$$
$$2^8 - 1 = 225 \quad\quad 否 \quad 3 \times 5 \times 17$$
$$2^9 - 1 = 511 \quad\quad 否 \quad 7 \times 73$$
$$2^{10} - 1 = 1023 \quad\quad 否 \quad 3 \times 11 \times 31$$
$$2^{11} - 1 = 2047 \quad\quad 否 \quad 23 \times 89$$
$$2^{12} - 1 = 4095 \quad\quad 否 \quad 3 \times 3 \times 5 \times 7 \times 13$$
$$2^{13} - 1 = 8191 \quad\quad 是$$

尽管人们从公元前 300 年就开始研究比 2 的幂次小 1 的数，但直到 17 世纪才给它命名。马林·梅森（Marin Mersenne）修士使这些数为世人所知，因此这些数被称为梅森数（Mersenne number）。他发表了一个梅森素数表，不过遗憾的是，里面有很多错误，但没有什么比一个错误更能激励别人修正它。梅森认为，当 $n = 2$、3、5、7、13、17、19、31、67、127 和 257 时，$2^n - 1$ 是素数，并且这是 257 之内的所有结果。不过一些人有不同意见。

2、3、5、7、13、17 和 19 这些比较小的幂次早已被检验过了,它们确实都是素数。古希腊人检验了 2、3、5、7,意大利数学家皮特罗·卡塔尔迪(Pietro Cataldi)在 1604 年确认了 17 和 19。虽然梅森在发表素数表时表达得非常肯定,但超过 19 的幂次都只是梅森的猜想。梅森的格言是:要么努力去猜想,要么卷铺盖回家。卡塔尔迪也做了自己的猜想,他认为当 $n = 23$、29、31、37 时,2^n-1 是素数。但由于梅森猜想中的错误要比卡塔尔迪少,我们记住了梅森而忘记了这个意大利人。(当然,梅森在其他领域也很出名,这对他以素数成名也有一定影响。)

在一个世纪之后,欧拉(回想一下三维图形和气球)成功确认了梅森素数表中的第一个猜想是正确的:$2^{31}-1 = 2,147,483,647$ 确实是素数。这仅仅是第 8 个梅森素数,但该数已经大于 20 亿,所有人都认为人类不可能再往前推进了,因为比它大的梅森素数太大了,不可能仅通过人脑检验出来(即使有充足的演算纸、铅笔甚至算盘)。数学家彼得·巴洛(Peter Barlow)在 1811 年指出 2,147,483,647 "是人类愿意发现的最大素数。搜寻素数只是出于好奇,没有任何实用价值,应该不会再有人找到比它大的素数了"。

但他错了,1876 年爱德华·卢卡斯(回忆一下弹堆数)又证明了 $2^{127}-1 = 170,141,183,460,469,231,731,687,303,715,884,105,727$ 是素数。卢卡斯发现了一条检验数是否有素因子的捷径,但它仍需要大量痛苦的检验工作。直到今天,这个数仍然是仅靠人力(即大脑、纸笔)发现的最大素数纪录。另一方面,卢卡斯也删除了梅森素数表中的一个不正确猜想,证明 $2^{67}-1$ 不是素数。在接下来的几年,人们又发现了一些梅森遗漏的素数。在

1883 年，$2^{61}-1$ 的素性被证明；1914 年，$n = 89$ 和 $n = 107$ 也加入梅森素数表中。另外，一些错误的猜想被删除了，1933 年，$2^{257}-1$ 被证明不是素数。然而，所有这些成就都没能超过卢卡斯对 $2^{127}-1$ 素性的证明。

有趣的是，虽然卢卡斯证明了 $2^{67}-1$ 存在素因子，但他并不知道素因子是什么。这种证明被称为存在性证明（existence proof）：你只能证明某种东西存在，但并不知道它们到底是什么。例如，数学家一直以来都知道，如果指数（即 $2^{n}-1$ 中的 n）不是素数，那么对应的梅森数一定也不是素数，所以我们可以肯定 $2^{14}-1$ 一定有素因子，因为 14 不是素数。卢卡斯所做的工作只能证明 $2^{67}-1$ 一定有素因子，于是又有一些数学家接手继续寻找这些素因子是什么。

数学家弗兰克·奈尔森·科尔（Frank Nelson Cole）首次发现了它们，并于 1903 年在美国数学学会（American Mathematics Society，简称 AMS）的一场学术演讲上公布了它们。在报告中，他一句话也没说，只是在黑板上写下 1，然后乘以 2，之后再翻倍到 4、8、16、32 等。翻倍 67 次之后，他写下 $2^{67}-1 = 147,573,952,589,676,412,927$，然后在另一块黑板上开始将 193,707,721 与 761,838,257,287 相乘，所得结果和 $2^{67}-1$ 完全相同。他默默回到自己的座位上，观众却已经兴奋得发狂。从梅森猜想 $2^{67}-1$ 是素数到最终有人发现它的素因子，历经了 259 年。

接着，到 1952 年，一切都变了。世界上最早的计算机开机运行，并很快发现 $n = 127$ 之后的 5 个梅森素数，它们分别是：$n = 521$、607、1,279、2,203、2,281。这里面的最后一个数，$2^{2,281}-1$，包含的数字多达 687 个。从这之后，计算机一直

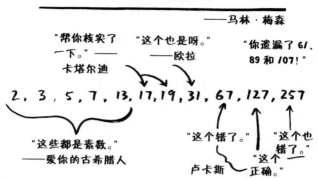

在寻找 20 世纪之前数学家做梦都不敢想的超大素数。迄今为止，人类一共发现了 48 个梅森素数，其中有一半是在 1970 年后发现的。自古希腊时期以来，人们就一直对这些数字很着迷，而我们在一个人的有生之年就将这个数表扩大了一倍多。

最近发现的 14 个梅森素数都是由 GIMPS 发现的，其中包括人们目前知道的最大素数。最近一个素数 $2^{57,885,161}-1$ 是在 2013 年 1 月 25 发现的，它包含 17,425,170 个数字。如果你以每个数字 1mm 的大小将它们全部打印下来，它的长度将超过 17,000,000mm，也就是 17km。这个长度比 562 头蓝鲸首尾相接的总长还长 [用更加正式的单位来说，这个长度超过半个千鲸（kilo-whale）]。这个数非常大，复查它的素性耗费强大的 32 核服务器 6 天时间。如果你想加入搜寻行列，可以在网上搜索一下 "GIMPS"。不过这个缩写可能对搜索引擎不太友好，你可以直接搜 "梅森素数搜索"。[1]

① 在中国分布式计算总站上可以找到这个项目的介绍和注册入口：http://www.equn.com/wiki/GIMPS 。——译者注

关键因子

　　想象一下这样的情景：假设某个监狱有 100 间牢房，按 1 到 100 编号，并且它们依次排列在一个走道上。这个监狱有 100 个警卫，他们有一把可以打开或锁上任何一个房门的钥匙。某天晚上，所有房门都是锁着的。这时第一个警卫（假设警卫也依次编号，他的编号是 1）沿着走道依次将所有门锁都打开。第二个警卫（编号 2）发现了这个错误，于是沿走道依次每 2 扇门锁 1 扇。然后第三个警卫又每 3 扇门使用一次钥匙，但这次他可能是开锁，也可能是上锁。第四个警卫每 4 扇门使用一次钥匙，但这一回，使用钥匙有时会锁上房门，有时会打开房门。以此类推，所有警卫都按这个规则执行一遍。于是问题来了：第二天早上，哪些牢房的门是开着的？

　　由于这一章是谈论素数和因子，你应该不奇怪问题的答案和房间号的因子有关。下面这个性质会反复在数学中出现：数的性质由其因子决定，而素数是唯一没有因子的数。所有非素数都能分解为一些素数的乘积，这些素因子可以解释原数的大部分行为模式，它们把控着原数在性质和规律方面的特征。例如，对于数学家来说，数 28 无非就是 $2 \times 2 \times 7$，这就是 28 的素因子分解。素数在某种意义上可以说是数学的原子，其他所有数都由这些数组成。不是素数的数就被称为合数（composite number）。

　　在我们刚才的数学监狱中，第二天早上开着的牢房，结果就是编号为平方数的牢房。每个牢房的钥匙都被编号为其因子的警卫拧过一次（警卫按照拧钥匙的执行顺序编号）。要想让牢房打开，锁必须被钥匙拧动奇数次，而平方数是唯一含有奇数个因子的数。如果你列出一个合数的所有因子，它们会两两配对，每一对乘起来都等于原来的数，但平方数会额外地有一个孤独的因子，它只能和自己配对。要写出一个数的所有因子，你必须写出其素因子的所有不同乘积组合。

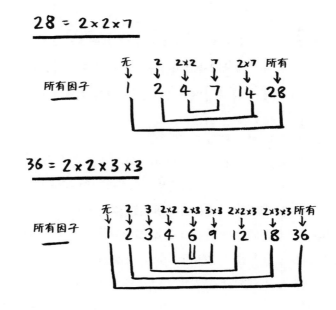

因子为什么如此重要？除了将 28 分解成因子相乘的形式，我们还可以轻易将它表示成 21 + 7 或者 13 + 15，或者其他形式。谁规定乘法是大王，加法必须靠边站？然而，如果将一个数分解成最简单的数相加，就会得到长长的一串 1，它只能告诉你这个数有多大。但将数分解成乘法因子就有趣多了，因为分到头后，数就没法变得更简单了，而这些死胡同就是素因

子。加法只能告诉你这个数有多大，而乘法则可以告诉你它的特性，这就是数学家更看重乘法的原因。

$$28 = 2^2 \times 7$$

$$与$$

$$28 = 1+1+1+1+1+1+1+1+1$$
$$+1+1+1+1+1+1+1+1+1$$
$$+1+1+1+1+1+1+1+1+1$$

　　因子可以解释一些我们曾经遇到的数学规律。在画正多边形时，如果允许边相交，我们可以画出 5 种正十一边形，却只能画出两种正十二边形。这是因为 11 是素数，而 12 有 4 个因子。将角点排成圈，只有当每条边跨越的角点数不是总角点数的因子时，我们才能得到新的星形。画着画着你就能发现，为什么有的总角点数会意味着，只要还没画完最后一笔，你就得想方设法避开出发点。对于十一边形，每条边跨越的角点数可能是 1、2、3、4 和 5，它们都不是 11 的因子（所以你能画出来 5 个正十一边形），但是对于十二边形，只有 1 和 5 不是因子[①]（所以只有两种正十二边形）。

---

① 　如果边跨越的角点数超过总点数的一半，它就等于跨过总点数减去这个数，因此只需考虑小于总点数一半的跨越角点数。——译者注

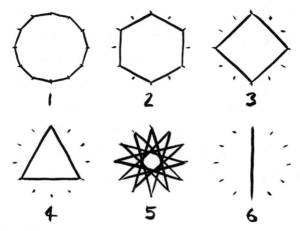

边只有跨越 1 个或 5 个角点，多边形才能将所有角点都包含进来

　　因子也可以解释十二进制拥护者们为什么极力推崇十二进制：12 的因子比 10 多。一般而言，因子多的数更适合作基数。10 有 2、5 两个因子，所以分数 $\frac{1}{2}$ = 0.5 以及 $\frac{1}{5}$ = 0.2 可以写得很简洁，但像 $\frac{1}{3}$ 这样的数，小数点后的数字就永远没个完：$\frac{1}{3}$ = 0.333…。但在十二进制下，我们可以很容易将 $\frac{1}{2}$、$\frac{1}{3}$、$\frac{1}{4}$、$\frac{1}{6}$、$\frac{1}{8}$、$\frac{1}{9}$ 写成有限小数。但我个人认为，还是不值得转换进制。

　　比萨问题也和因子有关。我们已经知道有两种不同的方法将比萨切成不全与中心接触的 42 块，这与 42 的因子有关。仔细观察切比萨的过程，我们先将比萨切分的块数等于某个等宽图形边数的 2 倍，然后再将每一块继续分成两块或更多块。同样道理，对 630 进行因子分解，你就会知道为什么有 10 种方法可以将比萨分成 630 块了。

　　因此，一个数的不同素因子个数、素因子的重复次数以及总因子数之间存在微妙的联系。只有把数分解成素因子，你才能深入内里，对数的本质建立直观的理解。在餐厅里，数学家说不定很快就能将餐桌号、账单总额或者无意中看到的数分解成素因子。想象一下这样的生活多么有趣：当你乘坐地铁时，不再埋头去玩各种电子设备，不再去想怎么避开其他乘客的目光，而是试着找出车厢编号的因子。或许你会发现，车厢编号根本没有因子，是个素数，原来你坐上了明星车厢。

1 的孤独

　　在这里，很有必要澄清一个由来已久的争论：1 到底是不是素数？它确实没有任何因子，这意味着它符合素数的定义，但人们并没有把 1 看作素数，至少现在不再把它看作素数。在很长的一段历史时期里，数学家很乐意将 1 划分到素数中，但是从 18 世纪开始，1 渐渐被排除在素数门外。数学家发现，当他们谈论素数的性质时，需要反复强调"除了 1 以外"。因此，让 1 退居二线是很自然的做法。

　　如今，没有人再将 1 看作素数，但直到 20 世纪中叶，这个看法才被所有人接受。在电脑普及之前，你可以买到素数表参考书。在 1956 年出版的《1,000 万以内的数的素因子表》（*Factor Tables for the First Ten Millions*）中，1 仍然被列为素数，但这并不仅仅是一些无名数学家的选择——这本书的作者是美国数学家德里克·莱默（Derrick Lehmer）。他的儿子（也叫德里克·莱默——典型的美国人做法）在 1934 年对卢卡斯检验素数的方法进行了首次改进。甚至到了 2013 年，$2^{57,885,161}-1$ 的素性也还是用卢卡斯-莱默素性检验法（Lucas-Lehmer primality test）进行检验的。

现今的数学课要求每个学生死记 1 不是素数，因为素数有且仅有两个不同的因子（1 "和"自身），而 1 不满足这个条件，因为 1 = 1 × 1，其自身就是 1，因此它的因子只有 1，不会出现素数定义中的"和"。但并不是所有人都认同这种看法：这完全建立在对定义咬文嚼字的基础之上。如果能向众人揭示出，倘若 1 真的是素数的话会怎么样，这才算一个更好的理由。

在给学生讲解为什么 1 不是素数时，不应该让学生死记定义，而应该指出 1 确实完全没有当因子的资格。一个数乘以 1 不会发生任何变化，你可以将它随意插入到素数分解序列中。例如，28 可以写成 1 × 1 × 2 × 1 × 2 × 7 × 1…。这样素数分解的唯一性被破坏，一个数与其素因子之间也将不再存在独一专属的关系，这就是为什么 1 被踢出了素数的行列。

我个人认为，数学家在剔除素数上做的工作还远远不够。在我看来，2 和 3 也是非常糟糕的素数。根据定义，它们自然而然地就成了素数，因为它们没有比自己小的素因子，但从它们身上我们得不到任何有关其自身的性质。我认为 5 才是第一个真正的素数，因为它是第一个大于最小合数 4 的素数。照我所说，2 和 3 应该划分为亚素数，但这个想法估计不会被接受，没有数学家会支持我。

数字表达的爱

市面上你可能还可以买到由两片分别刻有"220"和"284"的半边心形拼成的钥匙串或者首饰。人们购买它们，并将一半送给心爱的人，将另一半留给自己，我也做过这样的事。相传于古希腊，220 和 284 是友情和浪漫的象征，直到现在，仍有一些书呆子使用这个寓意。

卡 ³ 哇伊 = 卡卡卡哇伊

220 的因子包括 1、2、4、5、10、11、20、22、44、55 和 110。它们看起来似乎没有什么奇特之处，但是如果将它们加起来，你就会发现它们的和恰好等于 284。这也没什么特别的？那就再将 284 的所有因子（1、2、4、71、142）加起来，结果会是——220。将一个数的所有因子加起来会得到另外一个数，220 和 284 就是这样亲密相连，因而得到了一个名字：亲和数（amicable number）。

这两个数不是唯一的亲和数。费马在 1636 年发现了一对新的亲和数，它们是 17,296 和 18,416。但要使用它们，你可能得买个大一点的钥匙串或者首饰。勒内·笛卡尔（Rene Descartes）在 1638 年又发现了一对亲和数——9,363,584 和 9,437,056，要使用这两个数字，估计只能镶边了。1747 年，欧拉也加入了寻找亲和数的游戏中，并发现了大约 60 对新的亲和数，好好地炫耀了一把。但是所有人都没有发现第二小的亲和数对——1,184 和 1,210，它们在 1866 年被当时只有 16 岁的中学生 B. 尼科洛·I. 帕格尼尼（B. Nicolo I. Paganini）发现。我们已无从考证他发现的动力是来自恋爱还是研究数学。

如果你想知道更多亲和数，可以在以下网站上找到所有已知的亲和数及其发现者的信息：http://amicable.homepage.dk/knwnc2.htm。

220 & 284	毕达哥拉斯	没有确切记载
1,184 & 1,210	帕格尼尼	1866
2,620 & 2,924	欧拉	1747
5,020 & 5,564	欧拉	1747
6,232 & 6,368	欧拉	1750
10,744 & 10,856	欧拉	1747
12,285 & 14,595	布朗	1939
17,296 & 18,416	费马	1636

我们仍然对亲和数了解甚少。长久以来，有一个猜想认为所有亲和数都是 2 或 3 的倍数，但是 1988 年发现的两个亲和数——42,262,694,537,514,864,075,544,955,198,125 和 42,405,817,271,188,606,697,466,971,841,875 证明了这个猜想是错误的。于是猜想又变成：所有亲和数都是 2、3 或 5 的倍数，但人们在 1997 年又发现了一个包含 193 个数字的反例。还有猜想断言有无穷多对亲和数，但即便现在已经找到了至少 11,994,387 对亲和数，说实话，我已经不知道该相信谁了。

12,496 是亲和数的变异，将它的因子加起来，会得到 14,288；再将 14,288 的因子加起来，会得到 15,472；持续这个过程，15,472 会变成 14,536，14,536 会变成 14,264，14,264 会变成 12,496，正好回到起点。不过不管怎样，这一趟下来还真是刺激！通对因子求和，我们得到了这个由 5 个数组成的环路。这样的数链被称为交际数（sociable number）。还有环路长度远远超过 5 的交际数。它们虽没有亲和数关系紧密，但是我们对它们持开放态度。[你可能已经注意到，我们把原数本身排除在因子之外，对所谓的"真因子"（proper factor，即所有包括 1 但不包括原数本身的因子）求和。]

接下来，最神奇的数要来了：有一些罕见的数，当你把它们的因子相加，会得到原数。最小的例子是 6，6 的因子是 1、2 和 3，而 1 + 2 + 3 = 6；之后是 28，因为 28 = 1 + 2 + 4 + 7 + 14。古希腊人称这些数为完全数（perfect number）。下一个完全数是 496，再接下来就是一个比较大的跨越，到了 8,128。再往后，就越来越荒唐了。下一个完全数是 33,550,336，接下来是 8,589,869,056，后脚紧跟着的是 137,438,691,328，再后面那个拖后腿的则是 2,305,843,008,139,952,128。

古希腊人发现了 8,128 之内的前 4 个完全数。33,550,336 首次确认为完全数是在 1456 年，后面的 7 个完全数都是在后来的 500 年中发现的，最大的完全数含有 77 个数字。从 1952 年开始，计算机的应用发现了另外 36 个更大的完全数。目前已知的最大完全数是在 2013 年发现的，包含 34,850,340 个数字（最后一个数字是 6）。这让人非常震惊，它的真因子多达 115,770,321 个，加起来竟然恰好等于自身。

完全数的发现和我们已经提到过的一个问题关系非常紧密：寻找梅森素数。迄今为止，所有已发现的完全数都是某个梅森素数的倍数。在欧几里得的时代，他在《几何原本》第七卷中将完全数定义成 "诸分之合数"，并且证明了所有偶完全数都有一个梅森素数因子。欧拉随后又证明了一个（稍微有点不同）的结论：所有梅森素数都是某个完全数的因子（欧几里得和欧拉终于成功合体，而且这不仅仅是因为他们都姓 "欧"）。因此，每当发现一个梅森素数，我们就会同时免费得到一个完全数。

完全数还有缺失的方面：奇完全数。到现在为止，我们发现的全是偶完全数，但奇完全数完全有可能存在。如果它们存在，我们知道它们的因子里没有梅森素数，它们会具有一些我们从未想到过的性质。虽然大多数人猜想不存在奇完全数，但对奇完全数的搜寻一直没有停止。这需要大量的计算资源，所以很自然地，有一个分布式计算项目在寻找它们。如果你想加入，可以登录 www.oddperfect.org 了解。

美妙的分布模式

素数是数的基本单元，所以对于数学家来说，理解素数至关重要。但令人沮丧的是，现今仍然没有很好的方法预测素数，它们在数中的分布看起来是随机的。但事实并不完全是这样，虽然我们无法预测素数的确切分布，但它们的分布确实不是随机的。

> 每个素数的平方都比 24 的某个倍数多 1。

看到上面这句话，即便是最镇定的数学家也会兴奋不已。直观上，素数不可能这么有规律，但是如果你随意取一个大于 5（包括 5）的素数（对于亚素数 2 和 3，这个规律不成立），将它平方，你会发现这个规律总是正确的。你可能会惊讶这是怎么做到的，这表明素数的分布遵循一个奇妙的规律。但遗憾的是，这个规律无法预测下一个素数是什么，因为这个 24 模式反过来是不对的：24 的倍数减 1 不一定等于某个素数的平方。

有关 24 模式的证明附在书后的"疑难解答"中。在这里，我们可以探索一些更直观的模式。其中有一些模式可以通过数字网格染色漂亮地展现出来。对于大多数网格宽度，素数的分布看起来杂乱无章，这和大多数人的猜测一模一样。但是，如果宽度是 6 的倍数时，所有的素数唰的一下全都排成了笔直的竖线。除了两个亚素数，它们的分布形成了某种令人难以置信的规律。所有素数都比 6 的某个倍数多 1 或少 1。

稍微思考一下，你就可以知道为什么素数具有这种模式：它们的分布不是随机的。首先，所有素数都不是偶数，因为所有偶数都可以被 2 整除。这是众所周知的道理，所以人们排除了网格中的一半数，然后要排除能被 3 整除的数。正如我们前面讨论的，1 不是素数，所以最终存活下来的就只有那些比 6 的倍数大 1 或者小 1 的数。

不同宽度网格中的素数

宽度为 9：素数分布非常随机

宽度为 11：素数分布仍然很混乱

宽度为 12：哇哦，居然出直线了！

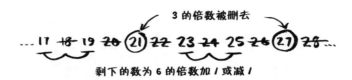

我们没有理由就停在这里。如果你把 5 的所有倍数也涂黑，新剔除的区域会揭露出一个更复杂的规律，类似于"所有素数都是 6 的倍数加 1 或减 1，但一定不是 30 的倍数加 5 或减 5"（这排除了 5、25 和 35、55 和 65、85 和 95 等数）。虽然这个规律不再简约，但你还可以继续排除 7、11、13 等数的倍数，最终剩下的就只有素数。这种方法被称为埃拉托斯特尼筛法（Sieve of Eratosthenes），可以将合数——筛去，是寻找小素数的好方法。

还有一种更好的探索素数分布规律的方法，那就是将数排列成螺旋图。发现这种方法的不是别人，正是某个在学术会议上百无聊赖设法打发时间的人。如果你遇到无聊的课程或会议，请记住，也许你无意间的涂鸦会带来数学上的巨大突破。在这里，涂鸦者是波兰裔美国数学家斯塔尼斯瓦夫·乌拉姆（Stanisław Ulam）。他不仅因数学，还因参与了曼哈顿计划［研究可以将钚压缩到临界密度的爆炸透镜（explosive lens）效应］而闻名。他的发现现在被称为乌拉姆螺旋（Ulam spiral）。

乌拉姆将数字排列成螺旋状，然后圈出素数。令他惊讶的是，某种规律开始显现了。用他自己的话说，他发现素数螺旋"开始呈现出明显的非随机模式"。素数似乎都是按对角线方向排列的，不管你是在数比较少的时候看还是列出几千个数从整体上看。除此之外，还有其他一些规律。我最喜欢的规律是：从 8 开始，到 9、10，再到 27、52 等，这条射线一直都是空白的。不管你在多大尺度下观察，这条线上永远不会出现素数。乌拉姆螺旋明显揭示，素数背后存在某种结构。

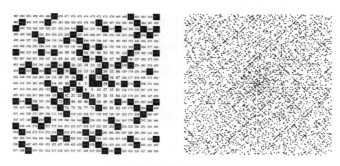

乌拉姆螺旋的局部与整体

然而，与最有名的素数分布模式相比，以上这些分布规律都显得苍白无力。这种模式令数学家深深着迷，它提供了一个真正帮助人们了解素数的窗口，甚至有可能让我们最终理解素数为什么会具有这些分布规律。1859 年，伯恩哈德·黎曼（Bernhard Riemann）发表了一篇名为《论小于某给定值的素数个数》（*On the Num-ber of Primes Less than a Given Magnitude*）的论文，提出了现今所谓的黎曼假设（Riemann Hypothesis）。为什么它不叫"黎曼猜想"，这件事情本身值得大家做出猜想。

黎曼假设涉及给定边界内的素数个数。尽管素数看起来分布很随机，但它们的平均密度似乎是可以预测的。数学家认为他们已经找到了计算素数密度的方法，但是要确认他们的方法是正确的，必须先证明黎曼假设。但遗憾的是，对于证明黎曼假设，我们付出的所有努力都无功而返。如今，那 100 万美元的悬赏仍无人领取。

　　黎曼假设对数的处理远比螺旋图复杂。要先对数进行一系列复杂的操作，然后把结果绘制在图纸上。和乌拉姆螺旋类似，当你把结果绘制在图纸上时，有些东西也会排成直线，但是它又和乌拉姆螺旋完全不同，你的视线只需集中在一处，因为在这张图上，只出现了一条笔直笔直的线，上面没有任何例外的点。黎曼假设的证明被公认为是数学中最困难的问题之一，没有人知道为什么会出现这样整齐的排列，但如果解开它，我们将看透素数的本质，从而洞穿数的奥秘。

孪生素数

　　还有一个素数问题让数学家头疼不已：有多少对孪生素数（twin primes）？好在 2013 年，我们向答案迈进了非常重大的一步。孪生素数是差值为 2 的素数对，例如 5 和 7、29 和 31。与普通素数不同，没有人能证明这样的数对无限多。这个问题的另一种表述是：是否可以证明最大的孪生素数存在？我们现在仍然不知道答案，孪生素数或许会在某处止步，或者继续出现，直到无穷无尽。

　　这个问题有过很多重要突破。其中一个是 1915 年由挪威数学家维戈·布朗（Viggo Brun）做出的。当时他已经知道，不断地将素数分数加起来（$\frac{1}{2} + \frac{1}{3} + \frac{1}{5} + \frac{1}{7}\cdots$），结果会变得越来越大。布朗则证明，如果你将孪生素数分数都加起来，结果并不会变得越来越大。它将趋向一个固定值，约为

1.902160583…（这个数不是在这里终止的，但我认为给出 9 位小数已经足够了，有需要的话，你可以查到更多数位）。这个数被称为布朗常数（Brun's constant）。它虽然没有解决孪生素数问题，但却给我们提供了非常重要的线索：它意味着孪生素数要么在某处停止，要么越来越稀疏。

2013 年出现了巨大突破，这一年对于素数领域而言是非常重要的一年。5 月 13 日，网上有传闻称数学家张益唐［Yitang（Tom）Zhang］成功证明了有无限多对间距小于 70,000,000 的素数对。虽然 70,000,000 与 2 相差甚远，但这是数学家第一次为素数的间距设立了明确的上界。如果张益唐是正确的，那就意味着不管数多大，你总会遇到间距小于 70,000,000 的素数对。当天下午 3 点，张益唐在哈佛大学公布了自己的成果，并被认为是正确的。

张益唐的巨大贡献在于，他为素数对的间距设置了一个与数值大小无关的上界。他证明的确切上界是 63,374,611，但他将它约等于 70,000,000，因为细节不重要。至少在成果刚公布时无关紧要。在数学领域，一个问题的大本营一旦建立，就会不断有人去挑战更高的高度。一些人便从张益唐的工作起步，获得了早期相对较容易的成功。同年 5 月底，蒂姆·特鲁德盖恩（Tim Trudgian）将上界降到了 59,874,594。接着，斯科特·莫里森（Scott Morrison）又将上界继续缩小到 59,470,640。莫里森说："我只是忍不住想要摘下最小上界的皇冠而已。"

随后，莫里森又在 5 月 31 日将上界继续缩小至 42,342,946，这是当时最佳的结果。但是紧接着，陶哲轩（Terence Tao）在第二天公布了新上界 42,342,924。在澳大利亚出生的陶哲轩是一位数学奇才，16 岁便获得数学学士学位，然后前往美国继续攻读数学博士学位。2006 年，他获得数学界的最高奖项——菲尔兹奖（Fields Medal）。这相当于数学界的诺贝尔奖，但实际上比诺贝尔奖更难获得。正如很多过去和现在的数学大师，陶哲轩可能会一不小心给你一个感觉——只有超级天才才可以玩数学，但事实绝不是这样。

陶哲轩通过博学项目（Polymath project）平台发起了一个对所有人开放的项目，邀请所有数学家共同缩小"素数间的有界间距"（bounded gaps between primes）。经过通力合作和不懈努力，2013 年 7 月 20 日，上界已经缩小到 5,414。博学项目平台是由另一位菲尔兹奖获得者蒂姆·高尔斯（Tim Gowers）发起的，以鼓励数学家之间大力合作。我曾向他询问过项目的运行情况，他告诉我业余数学家的水准让他印象深刻，不管是写代码、运行程序的能力，还是提出一些非常有意思的看法。这并不仅仅是数学家的游戏，所有人都可以参与进来，贡献自己的力量。在缩小素数对间距上界的例子中，业余数学家们倾注了他们的热忱。用高尔斯的话说，"他们从来没有放弃对数学的热爱，但是由于不在学术圈，他们没有追求数学的正规途径。"

当然，并不是所有人都可以在那样的高度做出贡献，但我们仍然有事可做。每个月，全世界的人都会相聚数学吧（MathsJam）①，一起玩数学游戏和解数学谜题。你也可以成为

---

① https://mathsjam.com——译者注

他们中的一员。不管数学有多高深，它原本的目的永远是寻找规律、探索新事物，即使最终得到的结果并没有什么合理的应用。谷歌（Google）非常善于将纯理论数学应用到实际中，但它没有忘记，是数学的趣味本源驱动公司的顺利运营。2011年，在一场专利拍卖会上，谷歌出价 1,902,160,540 美元，其他竞拍者看得丈二和尚摸不着头脑。这其实是在致敬布朗，以及他的素数。

具有讽刺意味的是，千百年来，素数研究一直被认为是"无用数学"的典范，但现在它们已经与现代生活的方方面面息息相关。1940 年以前，G. H. 哈代将素数视为无用又无害的数学的完美典范，但自从数字通信出现，一切都变了。如果没有对数的理解，从互联网到手机，一切都不可能运行。

素数可以用于加密信息，因为如果没有解密提示，几乎不可能找到它们。将两个足够大的素数相乘，然后将结果告知他人，如果他们不知道你最初采用的其中一个神秘素数，基本不可能逆向算出另一个。这就是为什么寻找 $2^{67}-1$ 的因子足足花了 27 年的时间，尽管人们一直知道它一定有因子。素数乘法很难逆运算，这正是现代密码学的根基。

这意味着不仅数学家想要理解素数，满足自己对数的好奇心，还有很多其他人出于邪恶的目的也想发现素数中的规律。在接下来的数十年，素数研究一定会越来越有趣——这正是数学研究的"素材"繁荣昌盛的好日子。

第 8 章

"纽"转局面

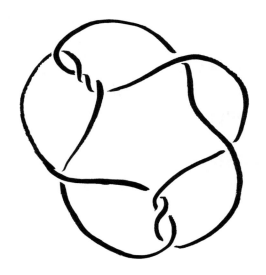

　　细菌在一个非常重要的数学领域中更胜人类一筹：解纽结（knot）。当细菌进行繁殖时，它们的 DNA 会变得非常混乱，纠缠在一起。如果无法顺利解开、整理好 DNA，它们就会停止活动并死亡。所有生物都会使用拓扑异构酶（topoisomerase）来解开 DNA，但细菌使用的是 II 型拓扑异构酶。这种酶非常擅长定位 DNA 长链自相交的地方，然后将相交处的一条片段剪断，再在另一片段的另一侧将被剪片段黏合。

纽结

这就是一个纽结。为了避免一上来就引起混淆，还是多说几句。数学上所有的纽结画出来都是闭合的环，两头是连在一起的，因而你在摆弄这个纽结时，不会掉出一根线头来。纽结也不会自行解开。另外，在画纽结的时候，用一根线代表绳子，断掉的地方表示这根线是从另一根线的下面穿过去的。

将此处的绳子剪开，再在另一侧接上

不再是纽结

改变某一处的重叠关系，纽结会自己解开

　　II 型拓扑异构酶能够找到剪切改变 DNA 的最优位置。细胞内的这些化学分子解纽结的效率比顶级数学家还要高。要赶上它们，我们还要努力。

　　赶上它们可以为人类带来巨大收益。人类和细菌具有不同的拓扑异构酶，所以在理论上可以区分并定位细菌没有解开的 DNA。如果细菌因 DNA 没有解开而停止增殖，那么它们引起的感染就可以控制。同样道理，当人类的细胞癌变并疯狂增殖时，将它们的 DNA 形成纽结，便可以遏制肿瘤增长。未来一系列的抗菌药物以

显微镜下互相缠绕的 DNA

及医学疗法都将依赖于数学家对纽结的理解。

数学中的纽结

严格来说，纽结问题似乎不属于数学范畴，但是，正如我们在前面多次看到的，遇到各种情况，使用数学方法解决问题都是非常合适的。在历史上很长一段时间里，只有水手才认真研究过纽结，直到一本纽结界的权威指南——1944年出版的《阿什利纽结大全》(*The Ashley Book of Knots*) 出现，这种状况才彻底改变。这本书包含了 2,000 多种不同纽结，并将纽结按照类型和用途分类。这是一本非常实用的书，本意是指导人们去打各种各样的纽结，但数学家也开始对这个问题感兴趣，他们想知道是否能找到最好的方法解开纽结。

事实证明，从数学上理解纽结远比我们想象的难。即使

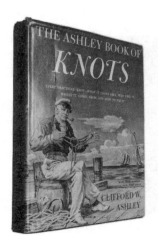

像第 153 页这个看起来很简单的纽结，也使数学家挠头不已。你不妨用细绳亲手打一个这样的纽结，然后像拓扑异构酶分解 DNA 那样在某些地方剪断和重新连接来解开它。绳子自交的地方被称为交叉点（crossing），将交叉点的一段绳子剪断，并将它移至交叉点的另一侧接合，这种操作被称为交叉置换（crossing switch）。我们已经知道，对这个纽结进行 3 次交叉置

换，我们就可以解开这个纽结，但是还没有人发现利用两次交叉置换解开纽结的方法。

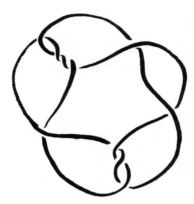

你可以通过少于 3 次的交叉置换解开这个纽结吗

现实中的纽结

在我们开始探索纽结中的数学理论之前，我们可以先尝试用物理方法来解决纽结问题（或者说绕来绕去的问题）。有一个永恒的难缠问题是：解开耳机线。每当我掏出耳机，它的线总是纠缠在一起，我一直在尝试寻找方法来避免这个问题。数学家声称他们有方法减少缠绕的可能：将耳机线的首尾相接，形成一个回路。回路猜想（loop conjecture）认为，与一根抻开的长线相比，封闭的回路更不容易打结或纠缠在一起。

教程

1. 找一根绳子。

2. 将绳子在手心揉乱大约 10 秒钟。

3. 找到绳子的两端，将它们拉开，检查绳子是否打结了。

4. 反复实验，直到你感到厌烦为止，计算打结的频率。

5. 现在将绳子两端系起来，再反复以上实验，比较打结的频率。

验证回路猜想的一个方法是亲手实践它。将系成环的绳子和没有系成环的绳子揉乱，然后比较打结的频率。这个方法虽然无法确定回路猜想正确与否，但是可以让你直观地感觉它的对错。一个人用真实的绳子反复实验会觉得枯燥无味，何不召集几百个学生，让他们在数学课上帮你实验，然后再将结果汇总起来？这正是 2010 年的大英纽结实验（Great British Knot Experiment）所做的事情。

在其中的一所学校——考文垂的康顿中学（Coundon Court），学生们利用 11 种不同长度的绳子，分别系成环和不系成环，进行了 5,000 多次实验。他们的结果表明，不系成环的绳子打结的概率是系成环绳子的 2.09 倍，这极其符合回路猜想预测的结果。但我们仍然要在数学上证明它，因为无论实验多少次，结果都可能只是巧合。但就实用性而言，我们确实能够看到，将绳子系成环可以减少绳子缠成一团的可能性。

在大多数耳机的末端，你都可以找到一个小小的卡扣，它可以将耳机末端连接在一起。我觉得没有多少人可以确切说出这个卡扣的作用。我最近使用的耳机的说明书也没有提及这个结构的作用。我想可能是耳机制造商知道或者无意中发现了回路猜想，于是设置了一个卡扣，从而使两个耳塞可以连在一起形成回路。自己试试看：它百分之百有效……或者至少在一半的时间里有效。

下面我们要做我们自己的大规模纽结实验了，要解开第153 页图中的纽结。各位读者朋友们，如果我们联合起来，一定可以完成数学家难以完成的事情。我们需要找一段绳子，然后按照图中的样子打出纽结。

我们的问题是：解开这个纽结，我们需要进行多少次交叉置换？

刚开始的时候，你的纽结看上去应该和图中的纽结一模一样。我们已经知道，在这个形态下，你无法仅通过两次交叉置换将这个纽结解开。变换纽结的形态，把交叉处换到纽结的其他地方，才有可能在两次交叉置换下解开纽结，但纽结的形态太多了，要找到交叉置换次数最少的方法非常困难。但是如果我们所有人一块儿来试，就能检验极大量的情况。我们一起努力，就有可能找到它。

教程

1. 用绳子打出这个纽结。

2. 把它平放在桌子上，拍一张照片。

3. 选择两个要进行置换的交叉点，用某种方式做上标记。

4. 完成交叉置换，检查纽结是否解开。

5. 如果成功解开纽结，将照片和置换交叉点通过电子邮件发给我。

6. 等待着自己成为数学界一座不朽的丰碑。

纽结理论

最早的一些有关纽结的数学理论是由物理学家建立的，他们希望通过了解纽结来理解宇宙的本质。在 19 世纪初，科学界出现了一场激烈的争论。由于我们已经熟知正确的结果，这场争论的焦点对我们来说可能有些奇怪，甚至大多数人未曾听闻过这场争论。关于宇宙由什么组成，一直以来有两个相互矛盾的理论：一个理论认为宇宙由原子构成，另一个理论则认为宇宙由纽结构成。你没有看错，曾经有很长一段时间，人们认为宇宙充斥着无法探测的以太（ether），我们能感受到的物质仅仅是附着在以太上的纽结。当这些纽结相互缠绕、连接时，就会形成分子。

提出这个纽结理论的人是我们再熟悉不过的好朋友——开尔文勋爵。现在我们会对这个理论不屑一顾，因为我们已经知道原子是真真切切存在的。但在很长一段时间里，纽结理论看上去就是答案。那个年代，在试图解释物质的构成时，无法探测的以太产生的纽结，和无法探测的细小颗粒听起来靠谱程度差不多（那时距离质子和中子的发现还很远）。因此，为了理解纽结如何形成宇宙，理解纽结刻不容缓。当时的人们相信，如果能找到分类纽结的方式，并将所有可能的纽结排列成表，就会得到纽结的某种周期表。

幸运的是，数学家们无须考虑所有可能出现的纽结，因为他们发现了素纽结（prime knot）。研究纽结的数学理论被称为纽结论（knot theory），而研究纽结论的数学家被称为纽结论学家（knot theorist）。在数论中，数学家利用素数研究其他所有数；同样，在纽结论中，数学家也只关心素纽结，因为只要理解素纽结，就能理解所有纽结。

不断地对一个数做除法直到它不能再变小，你便会得到这个数的素分解。类似的，如果不断地将一个纽结分割成更小的纽结，直到它不能再细分，我们便得到纽结的素分解。具体的做法是，取一个纽结，在中间的某处将纽结捏起来，使捏合处形成瓶颈状，然后在瓶颈处将纽结剪断，再把分离的两部分开口系住，这样你就将一个纽结分成两个了。按照上面的步骤逆向操作，便是将两个纽结连接在一起的操作。

纽结组合和分离既有点像我们平常认识的加减法，又有点像我们平常认识的乘除法。出于简便，我们还是把它叫作了纽结的加法。为了和算术的加法区分开来，我们把"+"重叠一下，变成了更加复杂的"#"，并以此来表示纽结的加法。前面已经提到，如果分离出一个不能再分割的纽结，那这个纽结就是一个素纽结。如果你非要继续分割，只会得到一个和原来一模一样的纽结以及一个无结环。无结环被称为平凡纽结（unknot），有点像数字 1：一个纽结加上一个平凡纽结不会发生任何变化，如同一个数乘以 1；平凡纽结确实也是一个纽结，但通常被排除在素纽结行列之外。

纽结可以进一步简化，因为有些纽结互为镜面对称。最简单的纽结是一种自相交 3 次的纽结，即三叶结（trefoil）。一共有两种三叶结，它们互为镜面对称。但这两种三叶结的性质非常相似，所以我们只需要研究其中的一种就可以了。如

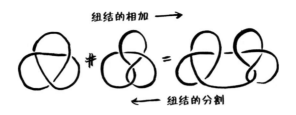

纽结的相加 ⟶

⟵ 纽结的分割

果需要同时探讨这两种三叶结，它们通常被区分为"左手三叶结"和"右手三叶节"。在数学中，这种区别被称为手性（chirality）。这个词源自"手"的希腊语"*cheir*"，1894 年由开尔文勋爵首次采用。

首次提出素纽结分类理论的人是彼得·格思里·泰特

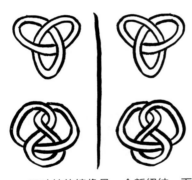

三叶结的镜像是一个新纽结；下面的纽结可以重新摆成自身的镜像

（Peter Guthrie Tait，他也是一名成绩显赫的橄榄球、高尔夫球运动员）。他根据纽结最少拥有的交叉点的个数对纽结进行分类，比方说三叶结就是 3 个。你可以通过变形使三叶结的交叉点数大于 3，但是它仍然是同一个纽结，只不过重新摆成了一下。三叶结的交叉数为 3，它不能变换成交叉数小于 3 的纽结。

对于一个纽结，你有无数种方式将它平铺在平面上，但所有平铺结果都是同一个纽结的不同变体。数学家喜欢用具体事物具体命名的方法避免潜在的歧义，因此每个平铺结果都被称作这个纽结的一个投影（projection）。本书中所有纽结的图都仅仅是二维平面上的投影，它们实际上都是一个个三维空间中打出来的纽结。正如立方体可以投影成六边形或者正方形，纽结也可以有无穷多种不同投影。

一个纽结（如三叶结）投影的镜像便是相反手性纽结的投影。有趣的是，有这么一些纽结，把它的任意一个投影镜像过来，得到的是和原来一样的纽结。你可以将这种纽结拿起，把它重新摆成自己的镜像。这些同时具有两种手性的纽结被称为双向纽结（amphichiral knot）。

交叉数为 3 的纽结只有三叶结，因此它被正式命名为 3_1。交叉数为 4 的纽结也只有一种（4_1），但交叉数为 5 的纽结有两种（5_1 和 5_2）。脚标没有什么特殊的含义，仅仅是为了区分交叉数相同的不同纽结。下图列出了交叉数小于等于 8 的所有素纽结（以及一个平凡纽结），一共有 35 种纽结。随着交叉数增大，素纽结数目呈现爆炸式增长。哪怕只是将这张表拓展到交叉数 16，素纽结会增加 1,701,900 种。

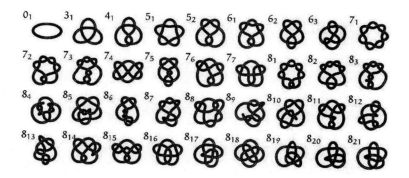

从最简单的三叶结（纽结世界的氢元素）开始，物理学家已经构建了一张不断增长的素纽结表，这些素纽结构成了其他纽结。但遗憾的是，在完成这些分类和制表的工作后，宇宙

却被证实不是由纽结构成的。具有讽刺意味的是，正是1872年元素周期表的发表否定了关于物质构成的纽结理论。在元素周期表中，不同元素的质量之间存在着数量关系，这暗示了质子的存在，接下来的故事大家应该都知道了。科学家很快忘掉了纽结。但幸运的是，数学家并没有。

染色判别法

在下面的两个纽结中，哪个是平凡纽结，哪个是非平凡纽结呢？它们看起来都是一团乱麻（就像我家电视机后的电线），但是如果将它们提起来，抖一抖，你会发现其中一个是平凡纽结，另一个是交叉数为10的纽结。如果是一些更加复杂的纽结，你又不能用绳子做出来，判断它们能不能解开会变得非常困难。当科学家都去摆弄他们的原子时，数学家接手纽结论，着手寻找一种方法，可以通过计算来解怎样的结能解，

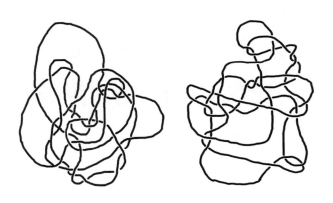

怎样的结不能解 [1]。

　　首先，他们借用了科学界的一些词汇。1913 年，化学家弗雷德里克·索迪（Frederick Soddy）在医生玛格丽特·托德（Margaret Todd）的建议下，将希腊语词根 "iso"（意为 "同等"）以及希腊语单词 "topos"（意为 "地点"）合成为新词 "isotope" ——同位素。他用这个词来描述质子数相同而中子数不同的原子。这些原子的化学性质完全一样，因此它们在元素周期表中的位置相同。将这种思想借鉴到纽结中来，便出现了 "isotopy" 一词，意为 "合痕"。它是指纽结的一个投影变换为另一个投影的过程。在投影变换的过程中，绳子虽然会动，但纽结还是同一个纽结。

　　同一个纽结不断变换形态，可以生成无穷多投影，这些投影组成的集合被称为合痕类（isotopy class）。一个纽结可以根据它的合痕类来定义。比如，三叶结可以定义为结成三叶结的绳子所有平铺形态组成的合痕类。数学家的首要目标是通过一个纽结的投影来判断它是不是非平凡纽结。但是，他们能否判断任意一个纽结的投影是不是平凡纽结合痕类中的一员？

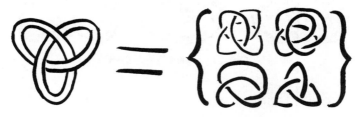

一个纽结相当于它的所有投影组成的集合

---

[1]　也就是说：解得的结果表明结能解，这个结就是平凡纽结；解得的结果表明结不能解，这个结就是非平凡纽结。希望我这次说清楚了。

为了实现这个目标，数学家们拿出了他们的彩笔。他们需要找到某个在纽结形态变化过程中不发生变化的性质，即某个与纽结有关的不变量。很快，他们便找到他们想要的性质：纽结的染色方式。数学家发现，如果你可以只用 3 种颜色给某个纽结的投影染色，那么这个纽结的其他所有投影都可以用这 3 种颜色染色。也就是说，一个合痕类中的所有元素要么都是三色的，要么都不是。

给纽结染色的规则只有一条，它与交叉点有关：在两段绳子交叉的地方，下面的绳段要么与上面绳段颜色相同，要么在交叉点两侧选用两种不同的颜色染色，且选用的颜色与上方绳段的颜色都不相同。没有结的平凡纽结不可能用 3 种颜色染色，不管你怎么扭曲它，它的投影都不可以用 3 种颜色染色。因此，如果一个纽结的投影可以如此染色，那么它一定是打结了的。它不可能变形成一个无结环。

一些可以用 3 种颜色染色的纽结

这项工作由数学家库尔特·赖德迈斯特（Kurt Reidemeister）最先开展，他曾是第一次世界大战期间德国军队的一名中尉，在第二次世界大战前夕，他因反纳粹丢了自己的学术职位。1932 年，他发表了一本只有 74 页的书。该书对纽结论具有革命性意义，但是这本书直到 1983 年赖德迈斯特的 90 周年诞辰才被译成英文。在这本书中，赖德迈斯特证明，同一个纽结的不同投影之间可以通过有限的 3 种变换来实现，这 3 种变换都不会改变纽结的三色性，因此被称为赖德迈斯特变换（Reidemeister move），它们构成了现今纽结论的基石。

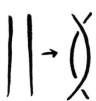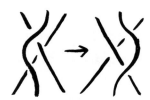

变换 1：解开直绳上的一个弯。 变换 2：把一段绳子摆到另一段绳子的上方。 变换 3：将交叉点上方的一段绳子移动到交叉点的另一侧。

遗憾的是，尽管所有可染三色的纽结都不是平凡纽结，但这个结论反过来却是错误的，如果一个纽结的投影不能染三色，并不一定意味着这个纽结就是平凡纽结。例如，右图中的纽结就不能染三色，但它并不是平凡纽结。从最上方的交叉点开始，不管这个交叉点染上三色还是一色，都不可能将这个投影的其他部分按规则染上三色。因此，虽然三色性可以让我们区分一些纽结，但不能区分全部纽结。

这个纽结不可以染上三色，但它不是平凡纽结

虽然你可以通过将一个纽结的

投影染三色来证明它是非平凡纽结，但你仍然不知道解开纽结的最佳方式。解开一个纽结所需的最小交叉置换数是这个纽结的解结数（unknotting number）。我们遇到的大多数纽结的解结数都比较小。第一个需要两次交叉置换就可解开的纽结是 5_1 纽结；7_1 纽结是第一个解结数为 3 的纽结；9_1 纽结是第一个需要 4 步才能解开的纽结。在交叉数为 10 的 165 种纽结（我们只谈素纽结）中，有 44 种可以通过一次交叉置换解开，有 93 种可以通过 2 次交叉置换解开，有 15 种需要 3 次交叉置换，还有 4 种需要 4 次交叉置换。

5_1 纽结、7_1 纽结、9_1 纽结

　　细心的读者可能已经发现，上面的数字总和只包含了 156 种交叉数为 10 的纽结，因为剩下的 9 种交叉数为 10 的纽结还没有找到最优的解结方法。第 153 页那个还未找到最优解开方法的纽结便是 10_{11} 纽结，它是目前最简单但还未发现最优解法的纽结。即使我们通过大规模纽结实验攻克它（但愿真的如此），还有 8 种没解决的纽结等着我们，更别说交叉数为 11 的纽结或者更复杂的纽结了。

　　从上面可以看出，数学家还没有找到一种普适的方法从一个绳结或者一段 DNA 的投影中判断其是否是非平凡纽结；

而且如果它是非平凡纽结，我们也不一定能找到交叉置换次数最少的解结方法。当今世界各地研究纽结论的数学研究所仍然在攻坚这些难题。如今，迫切等待纽结论研究成果的已不是物理学家，而是生物学家，他们期待从中获得发明新医疗手段的灵感。

纽结论学家发明了一系列研究纽结的绝妙技巧及方法，但他们仍然还有很长的路要走。正如卢卡斯革新了搜寻梅森素数的方法以及开尔文勋爵引入新方法探索空间填充图形，我认为想要彻底理解纽结，新的革命性数学技术还有待发明。我估计，新一代的小数学家们必须在大学专门研究纽结，成为一个个纽结论家，才能为人们带来这样的突破性进展。

解绳难题

纽结本来是用于把东西紧紧地系在一起，《阿什利纽结大全》介绍的都是尽可能强劲、尽量防止松结的纽结。然而有时数学家会设计一些容易解开的纽结和锁链。例如，将几个环连接在一起，成为一个解不开的整体；但如果其中一个环断裂，所有环都会彻底分开。

所以你的第一个挑战来了：取 3 个环，找到一种连接方式，使得当任意一个环断裂，其他两个环就会分开。以这种

方式互相连接的 3 个环名为博罗梅安环（Borromean ring）。它命名自意大利文艺复兴时期（Italian Renaissance）的一个家

族，他们将这种环绣在外衣的袖子上，代表家族的团结：一方不合，全盘皆散。后来，博罗梅安环被用来象征各种三方联盟，包括基督教的圣三位一体（Holy Trinity）。它还是巴兰坦啤酒（Ballantine's Ale）的商标，象征好酒的纯度（purity）、酒体（body）以及香醇（flavour）缺一不可。有趣的是，巴兰坦现在成了博罗梅安环的别名。

3D 打印的椭圆形博罗梅安环

　　这种连接关系可以推广到 4 个环、5 个环，甚至更多环，去掉其中任意一个环，其他所有环都会分开。如果你想象不出怎么连接，可以在书后的"疑难解答"中找到一些范例。我们很容易将 3 个柔韧的环构建成博罗梅安环，但对于刚性的正圆环，我们就无能为力了，因为它们无法互相穿插。不过，3 个刚性椭圆环可以构建博罗梅安环。

　　最后，我们来寻找一种方法，使得悬挂的画要多容易掉落就多容易掉。估计这不是你的日常家居所需，但是如果你想给朋友、敌人或者两者都是的人来一个精心设计的恶作剧，这种方法就能派上用场。如果一幅画只用一根绳子挂在一个钩子上，那它已经处于危险之中，因为一旦钩子滑落，画便会摔在地上。如果用两个钩子就不一样了，即便一个钩子滑落，另外一个钩子还能继续保证画的安全。因此，这就带来一个有些搞

笑的难题：只要一个钩子脱落，画就会摔到地上。

我们有很多偷懒的方法可以实现这个目的，它们都是一些物理小技巧。例如，你可以将画平衡地放在两个钩子之上，这样当一个钩子滑落，画就会因失去平衡而掉落。或者让两个钩子的距离足够远，使悬挂画的绳子足够长，这样当一个钩子滑落，画便会因为绳子太长而碰到地上。这两种方式确实都可以使画轻易掉落到地板上，但我想要的答案是：在两个悬挂点之间套上一段绳子，是否有可能在一个悬挂点脱落后绳子便自动解开？

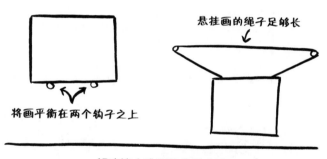

解决这个难题的偷懒方法

事实上，我们实现这个目的的方法不止一种，而且不仅如此，我们还可以推广到任意多个钩子，只要有一个钩子脱落，画就会脱离其他钩子摔落在地。我试验的钩子数最多达到了 5 个。我让 5 个人伸出手臂来代替钩子，然后在他们的手臂上缠绕一条长长的丝带来代表悬挂画的绳子。只要抽出一只手臂（不得不说，要把手臂抽出来，还是要花费些功夫的），丝带就会自然地从其他 4 条手臂上滑落。数学上的纽结论虽然没有太大的实际用途，但至少可以为我们带来片刻欢愉。

数学系鞋带法

穿鞋是日常生活中练习系绳结的绝佳机会（只要你不是魔术贴的狂热信徒）。每次都用同样的方式系鞋带简直是浪费机会。下面是一个更快更容易系出传统鞋带结的方法，但几乎所有人仍在用老套的慢方法。

教程

步骤 0：和往常一样，首先将鞋带交叉系紧，形成鞋带结的基础。有趣的是，这个基础是一个三叶结。

步骤 1：将其中一段鞋带向前形成环，捏住环的最高点的稍下方。

步骤 2：将另一段鞋带向后形成环，捏住环的最高点

的稍下方。

　　步骤 3：将两段鞋带同时穿过彼此的环。

　　步骤 4：用手抓住穿过环的鞋带，同时拉紧。

　　步骤 5：完成！

　　多练几次，就能在一眨眼工夫内系好鞋带。在他人看来，你只是将两个鞋带交叉了一下，鞋带就魔术般地打成了一个结。即使他们仔细观察系出的结，也看不出它与传统方式系出的结有何不同，因为它们确实是一样的。不妨一只鞋用传统方法系鞋带，另一只鞋用快速方法系鞋带，然后比较一下，你肯定无法区分它们。

第 9 章

一切只为图

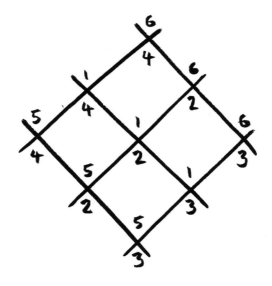

　　2010 年世界杯决赛，西班牙对阵荷兰，一些数学家成功预测了这场比赛的获胜者。不过说句公道话，由于只有两个队伍可选，大约 50% 的人都能预测对，正如那只章鱼明星。但伦敦玛丽女王大学（Queen Mary University of London, QMUL）的数学家的预测结果之所以备受关注，是因为他们采用了非同一般的预测方法。他们下载了每支队伍的传球数据，即有关每两个队员间传球次数的统计数据，然后绘制了两个球队球员之间传球频率的网络，从而知道传球次数最多

的一对球员。

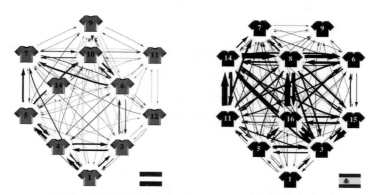

2010 世界杯时荷兰和西班牙两个球队的传球数据网络

　　根据这些传球数据的网络，他们能得到一些光看球队踢比赛没法立即看出的信息。在一场比赛中，往往只有进球的球员（前锋）才会吸引大家的注意力，但网络却显示了其他比较重要的球员是谁。位于中场的低调球员至关重要，他们可以确保球在第一时间被传给前锋。很少有人记得每次射门得分前球是怎么传的，更不用说仔细回忆并发现其中的一些规律，而网络却能够清晰地显示足球在球场传递的过程。不仅如此，数学家还对比了两个球队的网络，看它们如何叠加，并发现这可以成为预测比赛结果的非常有趣的工具。正是通过这种方法，他们成功预测了世界杯的决胜者。

　　如果一支球队在赛前绘制了对手的传球数据网络，就可以利用网络制订比赛策略。例如，看看把对方的哪个球员从网络中去掉后对其他队员带来的影响最大，然后分配更多球员防守那名球员，这会带来优势。至于如何寻找网络中最核心、最重要的点，数学家已经做了大量的研究工作。通常，这类研究是为了保护计算机或基础设施网络，防止它们受到恶意攻击，但同样适用于足球比赛。

因此，我们需要量化网络中每位球员与其他球员联系有多紧密，即计算出每位球员的中心性（centrality）。有很多方法可以计算中心性，每种方法都提供了不同的数学视角。最简单粗暴的做法是计算出每位球员传球的总次数，但这样就没有考虑到和网络其他部分的联系情况。一种更精细的方法是计算出每位球员与其他球员间的相对传球距离之和，即远离度（farness）。但是和英格兰足球队一样，我们还有进步空间。

在很多比赛中，大部分球员在某些情况下会把球传遍其他每位队员，但有些球员之间的传球次数很少，而其他一些球员之间的传球次数非常多。在 QMUL 的数学家制作的传球数据网络中，箭头越粗，表示球员间的联系越多，即传球的次数越多，而箭头越细，则表示球员间的联系越少。对于每一位球员，我们可以分别计算他与其他各球员间的联系次数。这些数值的平均值就是每位球员远离度的衡量指标。这个指标可以体现每位球员被传球维系的紧密程度，但无法告诉你如果没有这位球员，网络会发生什么变化。

更好的做法是：计算出一位球员在队友之间起到的桥梁作用有多关键。我们可以看看足球从一名球员传到另一名球员是否必须经过某些球员。体现这一点的指标是介数（betweenness）。为了计算它，你需要找到每两位球员之间的最短路径，从而得出对于每个给定的球员，有多大比例的传球会从中间经过他。QMUL 的数学家便是这样做的。对于每个足球队的 11 名球员，他们找出了所有可能出现的 55 对球员间的最短路径以及联系最强的路径。[①]

上述方法可以显示中场球员的介数中心性（betweenness centrality），找出最重要的中场球员。如果没有这些球员，传球将会变得很困难。重点防守这些中场球员，会比防守得分射手更容易打乱对方球队的阵脚。通过比较西班牙队和荷兰队的传球数据网络，QMUL 的数学家可以发现哪个队对另一方能造成更大的影响。就这样，他们正确地预测到西班牙队打赢了荷兰队。值得一提的是，发起这项研究的 QMUL 数学家哈维尔·洛佩斯·帕纳（Javier López Peña）是西班牙人，不过这个事实与他们做出的结论无关。

我们可以使用网络的数学原理来解决我们前面遇到的问题。在制作变脸多边形时，你得不断翻出新的面，估计你多半翻着翻着就找不着北了，花费了不少时间。例如，突然莫名其妙地找不到该标数字"5"的那一面。要想知道变脸多边形的正反面可能出现怎样的组合，你需要知道组合之间是如何跳转的——每个变脸多边形背后都藏着一张网络。画出这张网络，你就可以切换自如了。毕竟，为了让同事听从你的吩咐，你必须快速变到你想要的面，有时甚至有人在一旁监督。

以多边形的面可能出现的组合为点，连接各点，画出一张网络，你自会发现其中的规律。拉直连接线，使相同面处于同一条直线上，规律就会更明显一些。这些连接线形成一个菱形网络。利用这种方法，你会发现，虽然六面变脸四边形和六

---

① 你可以在以下网站中找到原始的网络、论文及成果：http://www.maths.qmul. ac.uk/~ht/footballgraphs/。

面变脸六边形都有 6 个面，但是它们的工作方式是不同的。在六面变脸四边形的网络中，一些连接线会戛然而止，而在六面变脸六边形的网络中，对应的连接线会延伸与其他直线形成新的交点。这些网络可以帮助你预测变脸结果，同时让你的同事更加相信它的随机性。

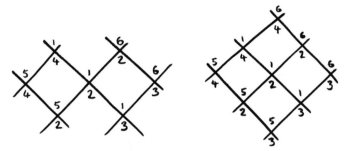

六面变脸四边形和六面变脸六边形的网络

变脸多边形的网络和前面的传球数据网络有几点不同。传球数据网络利用不同粗细的线条来表明联系的强弱，而变脸多边形的网络仅使用了某个特定方向的直线。这两种不同的网络可以解决不同的问题。一般来说，要形成一张网络，我们只需将一些元素以某种方式连接在一起即可。这正是数学网络的基础。

设施问题

现在，你要负责把 3 个房子和 3 种设施（电、水、气）都连接起来，唯一的要求是连线不能相交。这个问题被称为设施问题（utilities problem）。我非常喜欢这个问题，我的马克杯上就印有房子和设施的图案。马克杯的光滑釉层可以作为白板，你可以用马克笔在上面反复擦写，设法解决这个问题。当然，你也可以在下面的图上涂画。不过这道题有点怪异，因为它是无解的，是当之无愧的"无解之谜"。

大部分人会将房子和设施之间的连接称为网络，正如前面的传球数据网络和变脸多边形网络，但不知道为什么，数学家就是爱找事儿，又给它起了个名字叫"图"（graph）。实际上，研究传球网络的数学家被称为图论学家。如果你想找到他们的网站，要搜索"足球图"（football graph）。这个数学领域因此被称为网络论（network theory）或图论（graph theory），因人因时而异。为避免混淆，对于学校里通常意义上的图，数学家称其为曲线图（plot）或图表（chart），所以"图"（graph）一般特指网络。

回到白板，设施问题的棘手之处在于，我们要将其中的 3 个点（房子）与另外 3 个点（设施）的每个点相连。图中的点通常称为顶点（vertex），它们之间的连线称为边（edge）。在这个问题中，我们要保证边不相交。如果一个图的所有边都在同一平面且不相交，我们就称这个图为平面图（planar graph）。但遗憾的是，设施图不是平面图。

我们先将这个问题暂时放在一边，来看看另一个有解的网络图问题：将各数与其所有因子相连，且连线不能相交。对于 2 到 12 之间的数，因子连接图是平面图。继续加入 13、14、15 等数，新的因子连接图仍然是一个平面图。最终数会到达一个极限：再加入一个数，因子连接图就不再是平面图了。自己尝试一下看看能否找到这个极限。

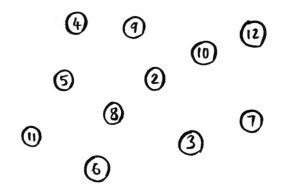

很多人发现当数到达 18 左右时，再向因子连接图中加入数就比较困难了。但是如果你改变一下数的位置，还是可以找到空间放下 18、19、20，甚至更大的数。要解这道题，需要反复画出同一个图的不同形态，但它们仍然是同一个图。正如同一个纽结可以有不同投影，同一个网络也可以有不同的布局。一个图只是一些物件以及物件之间的连接，和你在纸上如何画无关。

判断一个图是不是平面图，有点像寻找纽结的最小交叉数：很难找到一个交叉数最小的完美投影。一个平面图具有无数种布局，包含大量交点，但至少有一种没有交点的布局。

（强调一下：只要"能够"把图画成没有交点的形态，它就是平面图；平面图拥有没交点的可能性。）注意，从 2（前方有剧透）到 23，它们的因子连接图都是平面图，但是要找到平面图的具体形态却异常困难。若加入 24，因子连接图似乎再也无法维持平面图的形态了，但我们如何确定它确实无法保持平面图的形态了呢？会不会只是因为我们不够聪明，所以没有找到这种形态？

1930 年，波兰数学家卡齐米日·库拉托夫斯基（Kazimierz Kuratowski）证明，只有两种基本的非平面图，其他所有非平面网络图一定会在图中的某处包含其中一种基本非平面图。我们已经遇到了其中的一种基本非平面图：设施图。另

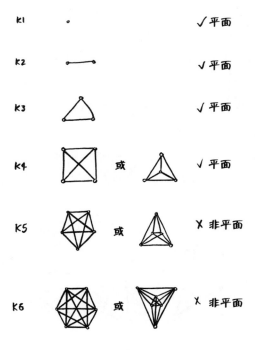

一种有个好记的名字：5 阶完全图，外号 K_5。这个名字的意思是，它有 5 个顶点，每个点都和其他所有点相连。它是最小的不是平面图的完全图（complete graph，所有点互相之间都相连的图）。其他更大的完全图都含有这么个 5 阶完全子图（subgraph），于是也都是非平面图。

在因子连接图的问题中，一旦加入 32，因子连接图一定含有 K_5 子图，因为子集 {32，16，8，4，2} 中任意两个数相连会形成 K_5 图。然而，因子连接图在此之前就已经是非平面图了：加入 24 之后，因子连接图就会变成非平面图。子图有那么一点像素因子，因为它们可以组合成更大的图，但它们和素因子又有很大的不同。数和纽结都有唯一的素分解，但图包含各种各样的子图。虽然图的子图分解并不唯一，不过仍然很有用。

子图的灵活性弥补了子图的不唯一性。一个图中可能隐藏各种各样有趣的子图，但找到它们同样不容易。在 24 加入因子连接图后，设施图就会出现在其中，不过会因一些边含有多余的顶点而被伪装起来。我们称这种图为设施图的一个细分图（subdivision）。因为设施图是 2~24 的因子连接图的一个子图，所以它一定是非平面图。反过来，如果你能证明某个奇怪的图不含 K_5 图、设施图或它们的任意细分图，那么你就可以确认它是一个平面图。

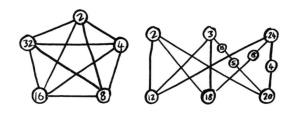

现在，只剩两件事没干了。第一，K_5 图和设施图为什么这么特别，以及为什么我们知道它们不是平面图。第二，设施问题实际上还是有方法解决的。（所以我才会把它印在马克杯上，这样我就可以在吃早餐或喝咖啡小憩的时候向他人展示这个问题的解了。）更重要的是，将图画在马克杯上和画在纸上会很不一样。其实刚才我们已经提示了问题的解法，但要接着讲下去，我们要先了解一下图和三维图形的联系。

图形与图，心心相印

将前面制作的十二面体找出来（如果你已经把你的得意之作当礼物送人了，或做成标本挂墙上了，那就重新做一个吧）。试试看，你能不能从一个顶点开始，沿着边移动，经过每个顶点仅一次，最后回到起点？这个难题最早由爱尔兰数学家威廉·哈密顿（William Hamilton）于 1857 年提出。他最初提出的版本是在每个顶点写上城市的名字，看能否规划出一条"环游"世界的路线，游历每个城市各一次。经过每个顶点各一次的路径被命名为哈密顿路（Hamiltonian path）。如果游历一圈还能再回到起始顶点，那么环游路径就是哈密顿圈（Hamiltonian cycle）。

要在真实的十二面体上找到这条路径是一件很恼人的事，因为你很难将路径在它们的表面上画出来。不过不用担心（尤其是如果你的十二面体已经送人或者上墙了），我已经将十二面体适当拉伸变形，使其平展在平面上形成一个平面图，你可以用它来替代十二面体。这对于任何多面体来说都很容易实现。只要在十二面体的一个面上刺个小洞，你就能把整个立体形状拉伸为平面图。（顺带一提，多面体和图都有"顶点"和"边"，这绝非偶然：在数学家的眼里，它们是同一件事物的不同版本。）除了面的形状会扭曲，图可以呈现所有多面体的几何结构和顶点间的连接。

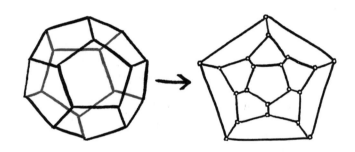

注意，又一堆术语来了。不经过同一顶点两次的路径被称为路（path）。如果一条路首尾相连，形成的环路被称为圈（cycle）。所有多面体都含有圈，但图不一定包含圈，也可能包含一个或很多个圈。长度最长的圈被称为周长（circumference），长度最短的圈被称为围长（girth）。数学家喜欢从自然语言中提取同义词，并利用它们来表达同一事物的不同版本。不包含圈的图被称为树（tree），树图组成的集合被称为森林（forest）。我真的没有开玩笑。

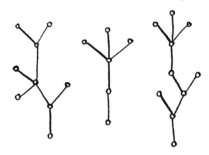

树图组成的森林

回想一下前面排列数

字的那道题（第 46 页）：将 1~16 重新排列，使相邻两数之和是一个平方数。当时你可能不会想到，你所做的事情，其实就是在寻找哈密顿路。以 1 至 16 作为顶点，将和为平方数的点对连接起来，你就能找到一条哈密顿路。在下面，你可以看到这个图的全貌，不过 17 也在其中。如果一个图中含有哈密顿路，我们就称这个图是可迹的（traceable）。正如 23 之前所有数（包含 23）的因子连接图是平面图，14 至 17 的和平方图是可迹的，17 之后的数的和平方图开始不可迹，但是到了 23，和平方图又变成可迹的了，加入 24 后，和平方图不可迹，但 25 及以上的和平方图又都是可迹的了。人们已经验证了包含 89 个数的和平方图仍然是可迹的，并猜想对于所有更大的数也都是可迹的。[①]

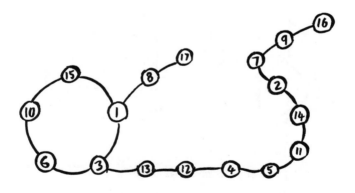

　　图和多面体之间的联系有时会令人瞠目结舌。假设桌上有

[①]　突发新闻：在我校对完这本书最终版后没多久，我的一个数学家朋友仅仅为了推翻我写的话，迅速证明了 90 和 91 对应的和平方图也是可迹的。她觉得这件事很好玩，这个突发新闻说的就是，数学家有时可能是笨蛋。你也可以随时加入进来（加入图的研究，而不是加入犯傻的行列），一起检验更大的数。

3 个物体，按照由来已久的传统，我们称其为 A、B、C，你想用图表示依次拿走这些物体的所有方法。图的顶点是所有可能的剩余物体的组合，边代表拿走物体的行为。和变脸多边形的图一样，我们可以有条不紊地画出连接线。将 ABC 置于最上方，从它们开始，连接线向左代表移去 A，连接线垂直向下代表移去 B，连接线向右代表移去 C。最终你会恰巧得到一个立方体。数学就是这样充满戏剧性的转折：谁会想到移去 3 个物体的所有方法对应的图和立方体图一样？你还可以将这个图重新排列，形成平面图（连接线向右代表移去 A，连接线向下代表移去 B，连接线向斜对角代表移去 C）。类似的，拿走两个物体的图是一个正方形，拿走 4 个物体的图……简直是一团乱麻。

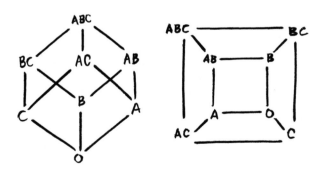

　　立方体图中含有哈密顿圈。实际上，所有柏拉图立体图都含有哈密顿圈。这些含有哈密顿路的图被称为哈密顿图（Hamiltonian graph），但是并不是所有多面体对应的图都是哈密顿图。最小的非哈密顿多面体图被称为赫舍尔图（Herschel graph），命名自天文学家亚历山大·赫舍尔（Alexander Herschel），但这个图并不是由他发现的（他确实研究过哈密顿路，

但并没有研究过这个形状）。你可以自
行证明它没有哈密顿圈，但实际制作这
个多面体有点困难。不过，纽卡斯尔
（Newcastle）的数学家克里斯蒂安·珀费
克特（Christian Perfect）在 2013 年把它
做了出来。他设计的赫舍尔多面体不仅是
凸多面体（这往往是我们希望的），而且
还是漂亮的对称图形。你可以将第 184 页
的展开图剪下来，自行组装一个。

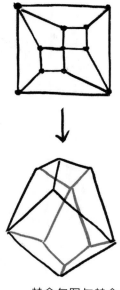

赫舍尔图与赫舍
尔多面体

　　我们已经看到，所有多面体都可以
看成图，但并不是所有的图都可以转变
成多面体（更确切地说，没有洞的简单
凸多面体）。有没有巧妙的方法让我们分
辨一个图是否可以转变成多面体呢？确
实有，而且是一个非常简单的判断方法。图是否可以转变为多
面体取决于图是不是平面图。所有多面体对应的图都是平面
图，反过来，所有平面图都可以转化为多面体（假设它们足够
大①）。这正是你先前在气球上随意画一个多面体时所做的事：
你其实是在画平面图。这让我们对图有了更深刻的理解。正如
我们先前看到的那样，所有在气球上画出的多面体的欧拉示性
数都是 2，这意味着所有平面图的欧拉示性数也是 2。这恰好
就是判断 K_5 和设施图是否为平面图所需的全部论据。功夫不
负有心人，我们找到了我们需要的！

①　"足够大"是指去除任意两个顶点不会导致图分解成两部分。但不管是否
足够大，所有平面图的欧拉示性数都是 2。

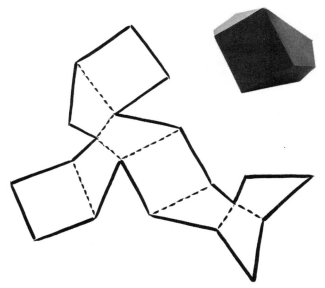

将这个展开图剪下，制作属于你自己的珀费克特−赫舍尔多面体
（Perfect-Herschel polyhedron）

　　我们仍然可以用公式"面数＋顶点数−边数"来计算图的欧拉示性数，但是数出非平面图的面数非常复杂。更好的方法则是证明，图中不可能产生这么多的面。例如，K_5 图有 5 个顶点和 10 条边，所以为了使欧拉示性数达到 2，面数必须是 7。假设每个面包含 3 条边（不能再少了），那么所有面的总边数为21。由于每条边会连接两个面，如果这个图是多面体，那么它至少要有 11 条边（21 ÷ 2 ＝ 10.5，向上保留到 11）。但是 K_5 只有 10 条边，显然边数不够，所以它的欧拉示性数一定不是 2，它一定不是平面图。同样的推理过程也适用于设施图，不过在这里我们需要证明设施图没有足够的顶点来形成足够的面，使其欧拉示性数为 2。很显然，它们都不是平面图。

因此我们就证明了不能将 24 加到平面因子连接图中，而且设施问题是无解的。看起来，为了证明一个如此简单的问题没有解，我们花费了太多力气，但这正是数学的运作方式。数学家进行严格的证明，所花费的时间往往超出你的预期。

然而，这并不是徒费力气，这些都是很有用的数学技巧。我们在第 5 章看到，有洞图形的欧拉示性数各不相同。到现在为止，我们只是证明了你不能在平面或者没有洞的多面体表面解决设施问题。如果一个图形包含一个洞，欧拉示性数会变成 0。而在甜甜圈上画设施图，面数 + 顶点数 − 边数 = 0 是可以办到的。这对于任意包含一个洞的图形都成立，比如马克杯。这就是为什么我会把设施问题印在马克杯上：杯柄就是一个天生的环面（即甜甜圈的形状）。你可以在杯柄上面画一条边，在下面画另一条边，从而避免两条边相交。这是一个数学漏洞，使设施问题不再是无解的难题。还是挺值得花工夫的，是吧！

派对与地图染色

现在，我们用图来处理一些其他问题，比如去参加派对。在一个派对中，有可能所有人都相互认识了，也有可能所有人都互相不认识（这会导致一场尴尬的派对）。当然，更可能的情形是一些人相互认识，一些人互相不认识。至于派对上哪些人彼此认识，我们可以利用图论说出一些确切的事实。例如，在任意 6 个人中，一定有 3 个人相互认识，或 3 个人相互不认识（为了方便，我们称他们为相互陌生的人）。

这似乎令人难以置信，但如果你下次恰好处于 6 个人的小组中时，不妨检验一下。他们之间的关系一定包含这两种情形中的一种。为了严格证明上述结果是正确的，我们构建一个完全图 K_6，利用边的粗细代表两个人是否相互认识，相互认识的朋友之间的边加粗。K_6 有 15 条边，每条边要么是加粗的，要么是普通边，所以在 6 人的关系网络中，一共有 $2^{15} = 32,768$ 种可能。这是一个非常庞大的数字，即使你能够以每秒一个关系网络的速度快速进行验证，你也需要 9 个多小时才能证明所有网络中一定包含 3 个互相认识的朋友或者 3 个互相陌生的人。逐一检查所有可能从而证明一个东西永远是对的，这种做法叫作穷举法（proof by exhaustion），英文可以直译作"筋疲力尽的证明"。如果你花 9 个小时来逐一验证，你自然就能体会到它的意思。

人数	网络数
1	1
2	2
3	8
4	64
5	1,024
6	32,768
7	2,097,152
8	268,435,456
9	68,719,476,736
10	35,184,372,088,832

不幸的是，对于人数更多的人群，穷举的时间并不是按比例增长的。若增加一个人，检验时间将从 9 小时跳跃到 24 天！若要穷举 12 人的关系网络图，即使全世界所有人以每秒 70 亿个关系网络的速度一起检验，也要花费 300 多年的时间，而且中间吃饭休息睡觉的时间还没有考虑在内。穷举法虽然在理论上可行，但是实际生活中往往不可行。它不属于我们所谓的"在合理时间之内"。

上图表列出了 1~10 人的关系网络数。从图中可以看到，随着越来越多的人加到派对中，关系网络数会以惊人的速度增长。第 7 个人加入后，关系网络数已经超过了 200 万；第 10 个人加入后，关系网络数竟然高达 35 万亿。如果要考察全球 70 亿人口的所有可能关系网络，仅仅是把这个数写下来都需要超过 700 亿亿（7 后面 18 个零）个数字。虽然这些数依然是有限的，但它们增长的速度非常快。在研究大规模网络时，即使你拥有非常强大的计算机，穷举法仍然会让你吃不消。

这就是为什么我们要发展图论。对于大规模网络，图论学家首先将其简化为几种简单的情形。在所有 32,768 种 6 人关系网络中，很多关系网络的结构是相同的，我们不需要一一检验它们。数学家设法将这些网络简化成 78 种不同情形，以便于我们更快地完成检验。感兴趣的话，你不妨自行检验一遍。当我们手动验证这 78 种可能时，采用的仍然是穷举法，只不过利用了一些技巧将可能情形大幅减少，从而确保在利用穷举法验证完之后，你还有力气去参加派对。

所有 78 种结构不同的 6 人关系网络，也许你想将它打印下来带去派对

图论学家有时甚至会彻底抛弃逐个检验的思路。如果这么做能成，将有很大的帮助。如第 189 页图，想象一下你在某个派对的一个 6 人小圈子中，为了缓和严肃的气氛，你向他们展示，为什么 6 人小组中一定有一个由 3 个互相认识或 3 个互相陌生的人组成的三角形。如果条件允许，借助图来说明会更加形象。

当你为身处 6 个人的小圈子中时，
用图论让他们瞠目结舌吧！

3 个你认识的人　　　　　3 个你不认识的人

你　　　　　或　　　　　你

先不管他们　　　　　　　先不管他们

在这 5 个人中，至少有 3 个人与你的关系（相识或陌生）
相同

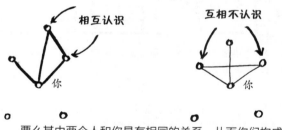

要么其中两个人和你具有相同的关系，从而你们构成三角形

要么其中的 3 个人互相之间都是相反的关系，形成他们自
己的恋爱三角（或者无爱三角）

　　这就证明了在 6 个人（以及更多人）的网络中，一定有一个全是朋友的三角形，或是一个全是陌生人的三角形。我们不需要检验所有情形就证明了这个结论。

　　但遗憾的是，图论学家往往需要花费很长时间才能想出非穷举的方法，这令人羞愧。穷举法确实可以证明某个命题的正确性，但它为什么正确？我们很难从穷举法中深刻洞察命题背后的数学原理。知道某件事实是正确的当然是好事，但是数学家更想知道这件事为什么是这样的。很多结论已经在数学中得到证实，但人们仍在苦苦追寻更好的证明方法，其中的一个问题就是如何给地图染色。

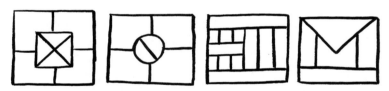

　　找找看，哪个地图不一样。其中 3 张只需要 3 种颜色就可区分所有区域，还有一张需要 4 种颜色

　　给地图染色是一件看起来非常简单的事。这里所说的染色是将相邻的区域染上不同的颜色，以便于我们区分不同区域。如果颜色足够多，我们肯定可以轻松办到。然而，早期的制图者发现并不需要太多颜色。实际上，直到现在，你看到的地图一般最多只有 5 种或 6 种颜色。制图者还发现有时甚至可以只用 4 种颜色或更少的颜色。你当然可以将地图染上五颜六色，但重点是，你不需要这么做。4 种颜色足以将所有区域区分开，可以确保相邻两块区域的颜色不一样。

我们甚至可以尝试 3 种颜色。试用 3 种颜色为第 190 页图染色，确保相邻区域的颜色不同。染色的难度级别分为简单、困难、不可能。没错，其中的一张地图不可能用 3 种颜色染色，需要第 4 种颜色。试试看，你能找到这张地图吗？但是 4 色问题就不能像这样提问了。正如我前面提到的，所有地图都可以用 4 种或少于 4 种颜色来染色。在一些可用 4 种颜色染色的地图中，我无法混进某张必须用 5 种颜色染色的地图。

很长一段时间里，数学家不知道是否存在必须用 5 种颜色染色的地图。虽然已知的地图都可以用 4 种或少于 4 种颜色来染色，但人们并不能排除在遥远的地平线外有一张非常复杂的地图，需要用更多颜色来染色。1975 年 4 月 1 日，马丁·加德纳在《科学美国人》上发布了一张地图，声称这张地图需要 5 种颜色染色。这当然是一个数学笑话，它可以用 4 种颜色染色，只不过要找到正确的染色方法非常困难。

四色猜想（four-colour conjecture）的正式提出是在 1852 年。到 1880 年，已经有了两种不同的证明。这时候四色猜想似乎足以成为四色定理（four-colour theorem）了。1880 年的证明由泰特（Tait，他和开尔文勋爵一样，是一位纽结论学家）提出，但更早的证明是在 1879 年，由一位名为艾尔弗雷德·肯普（Alfred Kempe）的英国律师提出。但遗憾的是，他们的证明都是错误的。1890 年，在达勒姆（Durham），年仅 28 岁的数学新星珀西·希伍德（Percy Heawood）发表了一篇名为《地图染色定理》（Map Colour Theorems）的论文，指出了当时"明显已被接受的证明中的缺陷"。这样四色定理又降级为四色猜想，这种状况一直持续了一个世纪。

1879 年的证明更值得仔细研究，因为它离成功只差一小步。艾尔弗雷德·肯普热爱数学和音乐，但却成了一名律师。然而，无论是在爱好层面还是在专业层面，他从没有放弃数学。他曾在英国皇家科学研究所（Royal Institution）举行了一系列讲座，名为"如何画一条直线"（How to Draw a Straight Line），后来他还出版了一本同名的畅销书。从 1881 年起，他一直是皇家学会（Royal Society）的会员，并且在 1898—1919 年担任了该学会的财务主管。他见证了拉马努金在 1918 年成为该学会的第二位印度籍会员。他在 1879 年提出的四色猜想证明包含了非常漂亮的数学思想，但存在小小瑕疵，他似乎一直以此为耻。1923 年，他的讣告中并没有提及这件事，尽管这是他对数学做出的最大贡献。

肯普证明的第一步是将地图转换成图。下面是一张澳大利亚地图，上面的各个州都进行了标记。将每个州看成一个点，并将相邻的州相连，我们就会得到一个图。于是问题就转化为如何给顶点染色，使得各边连接的两个顶点的颜色不同。

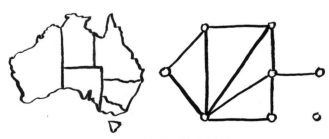

澳大利亚地图及其对应的图

肯普的证明是双管齐下的：一方面是可约性（reducibility），另一方面是不可避免性（unavoidability）。可约性是指许多复杂的图都可以简化成性质相同的小图，正如所有非平面图都可以简化成 K_5 图和设施图；不可避免性是指，任何图都一定含有若干子图中的一种。例如，在任意 6 个人的小组中，一定包含一个由 3 个相互认识或 3 个相互陌生的人组成的三角形，这便是不可避免性的体现。肯普证明，尽管地图有无数多种，但它们都不可避免地包含为数不多的子图中的某一种。一旦证明了这一点，你就可以利用穷举法来检验所有子图，然后证明它们都可简化为只需要 4 种颜色即可染色的图。利用这个方法，他证明了五色定理（five-colour theorem），但当他尝试 4 种颜色时，证明里的不可避免子图太少了，换句话说，他在穷举法中遗漏了一些图，这就是为什么后来有人发现了反例。

大约在 100 年后，数学家凯尼斯·阿佩尔（Kenneth Appel）和沃尔夫冈·哈肯（Wolfgang Haken）发现，要使肯普的证明奏效，需要利用穷举法检验 1,936 种不同的不可避免子图。依靠人力来证明这些子图都是可约的显然不切实际，所以他们利用计算机自动处理。在 20 世纪 70 年代，虽然计算资源很有限，但他们成功了，而四色定理也成了人类历史上第一个利用计算机证明的大定理，但人们对此并不满意。

证明过程的部分步骤由计算机自动完成，并没有发生在人眼皮子底下，这在数学证明历史上是头一次。直到今天，仍有一些数学家不能完全信服这个证明。1997 年，一个更直接的证明产生了（它证明了 633 种不可避免的情况，同时对其他过程做了简化），但它仍然需要计算机来完成。[①] 后来，1997 年的证明被计算机进行了二次验证，正如黑尔斯正在验证开普勒猜想的证明。（更新：他已经完成了！）虽然这增加了证明的可信度，但仍然没有消除人们对计算机的怀疑。

这就是四色定理如今的处境：大部分数学家相信它已经被证实了（虽然对证明很不满意），但是还有一些数学家更愿意称其为四色猜想。至今，在这个问题上，依然没有第二次突破，正如 6 人关系网问题那样，结论是建立在逻辑推理之上，而不是通过穷举所有可能的情况。当然，地图制造商现在可以高枕无忧了，因为他们知道他们不用买第 5 种颜色了。但是对数学家而言，事情还没有真正结束，他们要知其然，更要知其所以然！

---

① 参与 1997 年证明的一名数学家详细地讲解了证明过程，并解释了为什么我们不能通过人力对计算机结果进行二次检验：http://people.math.gatech.edu/~thomas/FC/fourcolor.html。

第四维度

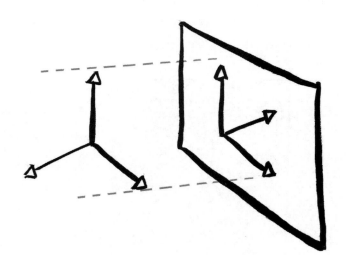

　　我们人类生活在一个三维世界中。作为三维生物，没有什么比四维生物更可怕了。对我们来说，它们就像神，如果它们稍稍有点邪恶，就可以随心所欲地摧残和毁灭我们。面对四维生物，人类没有任何物理装备和心理装备，所以任何更高维度的生物对我们来说都具有先天战术优势。

　　漫画集《奇幻故事之 1963》（*1963 - Tales of the Uncanny*，出版于 1993 年）在描述跨维度的战争时还算比较准确。在故事《它来自……高维空间！》（*It Came from...Higher Space!*）中，来自四维空间的生物攻击了一位三维空间的受害者。这本书

的作者是漫画界的传奇人物阿兰·摩尔（Alan Moore）。他是
《守护者》（*Watchmen*）、《V字仇杀队》（*V for Vendetta*）、《天
降奇兵》（*The League of Extraordinary Gentlemen*）等书的作
者。漫画中的怪物由很多悬浮、分离的肢体构成。它在空中飞
行，做出各种变形。每当这只怪物出现时，半空中先出现一缕
烟雾，然后烟雾像气球一样膨胀为三维体。作者将它描绘成一
个肉做的甜甜圈，真是倒胃口。

来自高维空间的四维怪物

　　想象一下三维生物攻击二维生物的情形，我们就可以解
释为什么四维怪物的身体可以分离。处于三维空间中意味着我
们可以在 3 个不同的方向运动：左右、前后、上下，而二维生
物只能在两个方向上移动：它们被限制在一个平面上。让我
们想象一个完全平的二维外星生物，姑且将其命名为平星人
（hypoflatical），假设它们生活的宇宙是一个极其薄的平面。
对我们来说，它们的宇宙就如同一张纸。我们可以从上方或下
方悄悄地靠近它们的宇宙。由于它们对第三维度没有概念，它

们不知道我们在哪里。三维
空间为我们提供了完美的伪
装。是时候向二维生物发
起我们的恐怖袭击了，我们
需要做的仅仅是从第三个方
向进入它们的二维宇宙。

　　现在切换到平星人的
视角。当我们的手指穿透
它们的二维世界，它们会
看到几个悬浮的圆盘渐渐变
大、接近，进而当手掌进入
二维世界，这些圆盘便会合
并起来。平星人只能看到我
们手的二维截面，它就像在
空中飞的肉饼。平星人躲起
来也没用：作为三维生物，
我们可以像看平面设计图一
样看到整个二维世界——阿
兰·摩尔故事中的四维生物

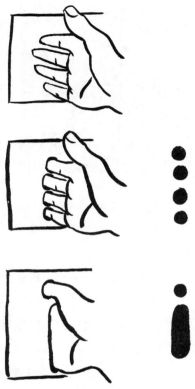

二维平面旁边的手不会被发现。
只有当手逐渐穿过二维世界，它与二
维世界相交的部分才会被平星人看到

也是这样看待我们三维世界的。

　　因此，平星人没法躲到什么东西后面，也没法把自己锁
进安全的角落。对我们来说，进出封闭的二维世界如同进出二
维正方形那样简单。我们还可以清楚地看到二维生物的内部：
它们体内的所有器官都会展现在我们面前，任我们摆布。这正
是四维生物对三维生物造成的威胁：它们潜伏在三维宇宙旁

边，静静地观察我们的一举一动和我们身体的所有部件；它们可以轻而易举进入我们的身体，并从内部将我们杀死。这些怪物是我们的噩梦，不过幸好，没有证据表明四维生物是存在的，但对四维空间多些了解并没有什么坏处，以防万一嘛。

假如我们是仁慈的三维生物，本着跨维度交流的善意，欲向平星人展示我们的三维世界——向它们讲解它们之外的世界是什么样的，例如，向它们展示三维立方体。如果我们将立方体移入平星人的二维世界，它们只会看到各种不同的截面。最无趣的方式是先推入正方体的一个面，这样只能让它们看到一个正方形突然出现，然后又突然消失。稍微有趣的方式是先推入一条棱，这样它们会看到一个长方形从无到有，慢慢变大，然后再慢慢缩小到无。不过最有趣的方式是先推入一个顶点，平星人会看到一个三角形从无到有，慢慢变大，接着三角形会发生各种形状的变化，最终又收缩到无。对于限制在平面上的平星人来说，这是再新奇不过的事了。而且我们还会发现，这种进入方式和我们提到过的一个数学问题有所关联：如果我们能够跟踪记录变化截面覆盖过的所有区域，它会是一个

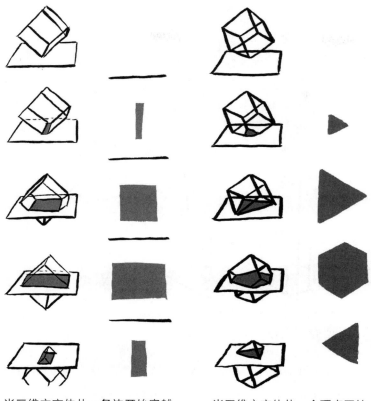

当三维立方体从一条边开始穿越
二维平面时，平星人看到的景象

当三维立方体从一个顶点开始
穿越二维平面时，平星人看到
的景象

完美的正六边形；不仅如此，它恰好是我们在解决鲁珀特王子
的立方体穿过难题时遇到的立方体截面图。

　　现在，让我们来仔细思考四维超立方体（hypercube）穿
越我们的三维世界会发生什么事情。假设一个友善的四维生物
也本着跨维度交流的善意，向我们展示四维超立方体。当超立
方体穿越我们的三维世界时，我们会看到它的一系列三维截

面。最无趣的方式仍然是从面开始穿越，我们只能看到一个普通的三维立方体突然出现，然后又突然消失。如果超立方体从棱开始穿越，事情就变得有趣得多了。我们会看到一个三棱柱从无到有，慢慢变大，然后变形为六棱柱，接着再变成与之前方向相反的三棱柱，最终慢慢消失。

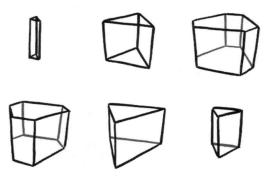

当四维立方体从棱开始穿过我们的世界时，三维截面的变化情况。其覆盖的所有空间会形成一个六棱柱

最有趣的仍然是超立方体从一个顶点开始穿越我们的三维世界。此时，一个四面体凭空出现并均匀地变大，然后变形成一个由六边形和三角形组成的奇怪图形，有那么一瞬间变成了正八面体，然后又倒着变回了之前的那些图形（只不过方向相反），直至缩小消失。我觉得这才能算作高大上的形象嘛。

我们再次探讨一下穿越过程中出现的各种形状。如果你把四维立方体分成完全相同的两半，去寻找最大的三维截面，你会得到一个正八面体的截面，也就是三维立方体的对偶图形。在穿越三维空间的过程中，四维立方体覆盖的所有空间会形成一个菱形十二面体（rhombic dodecahedron）。然而，所有这些都无法告诉我们四维立方体的全貌。多说无益，让我们一起动手做出这些形状的模型吧。

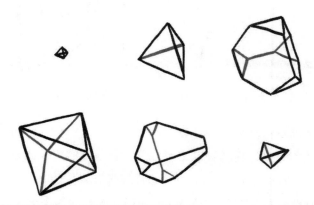

当四维立方体从顶点开始穿越我们的世界时，三维截面的变化情况。有趣的是：在穿越过程中，四维立方体覆盖的所有空间会形成一个菱形十二面体

构建自己的四维立方体

现在我们可以用吸管来构建一个四维立方体。和制作空间填充维埃尔-费伦模型时一样，我们仍使用彩色吸管，但在这里，不同的颜色代表不同的方向。让我们先从低维开始，然后不断增加维数。制作一个一维图形非常容易：一根吸管就是一个一维图形。我们用红色代表唯一的方向。制作二维图形也没有增加多少难度。和先前一样，我们用弯曲的吸管刷来连接红色吸管（代表水平方向）和蓝色吸管（代表垂直方向）的末端。这时我们可以在两个方向自由移动。其实对于平星人来

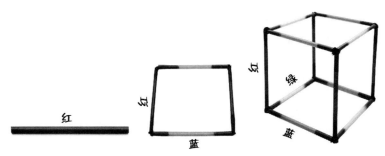

一维的线、二维的正方形、三维的立方体

说，这也是轻而易举的把戏。

我们可以这样理解二维正方形：将一维的边复制成两条，然后将它们用另外一方向的两条边连接起来。类似的，三维立方体可以理解为将二维正方形复制了一次，然后将两个正方形的顶点通过第三个方向上的新边连接起来。因此，你只需要按照刚才的配色再做一个正方形，然后用另一种颜色的吸管（比如绿色）将两个正方形的顶点对应连接起来，便能得到三维立方体模型了。出于习惯，你可能会将模型做成直立的。然而，为了向平星人展示立方体，我们可以将立方体压扁在一个平面上。

为了使立方体变成四维的，我们要复制一个立方体，然后将这两个立方体的顶点用另一种颜色的吸管（比如黄色）连接起来，这种颜色就代表第四个方向。这个模型和我们向平星人展示的立方体类似。在我们展示三维立方体时，第二个正方形本该被抬离二维平面变成三维，但是我们把它压到了第一个正方形的旁边。在这里，第二立方体本该被抬离我们的三维曲面，进入第四维，但是我们让它落在第一个立方体的旁边。这个模型是一个完整的四维立方体，只不过为了适应我们可怜的三维世界，被压平了。在书后的"疑难解答"中，我向大家展示了每增加一维，立方体的顶点数和边数的变化情况。

平面版的三维立方体形状和立方体的投影相同。如果我们利用光将三维立方体投影到一个平面上，就能看到它的二维投影，而这正是平星人看到的三维

四维超立方体

世界。仁慈的四维生物也可以用同样的方式将四维图形进行投影，向我们展示它的三维投影：你制作的四维吸管立方体模型便是四维立方体的一个三维投影。不过我们还可以通过另一种方式得到投影：引入透视。如果将三维立方体的第二个正方形缩小一点，使其悬浮在第一个正方形内部，便可得到立方体的平面投影，边与边之间不会相交。同样，我们也可以将四维立方体的第二个三维立方体做小一些，使其悬浮在第一个立方体内部，从而获得四维立方体在三维空间的投影，面与面之间不

加入些许透视，便可避免图形的自相交

会相交。是不是有似曾相识的感觉？你在这之前确实见过类似的四维立方体——立方体状肥皂泡。当时你已经在不经意间用肥皂膜做出了一个四维立方体的三维投影。

除了通过透视来研究高维图形，我们还可以通过研究旋转立方体的投影。为了获得旋转三维立方体的二维投影，将其中一组相对的面染上颜色，将其他 4 个相邻的面留白，这样可以帮助我们跟踪立方体的旋转。我们还可以利用这个旋转的投影向平星人展示三维立方体。虽然立方体在平星人二维宇宙旁边的三维空间旋转，但平星人能够通过正方形的投影做出判断。影子越来越大，表明正方体正在向它们靠近；反之，投影越来越小，表明正方体正在远离它们。不幸的是，在它们看来，两个正方形不断穿过对方。所有的解释都无法让平星人看到这两个正方形在更高的维度中没有相交，而是处于前后不同的位置。

同样，我们也可以将旋转的四维立方体投影到三维世界。我们仍然将其中一组相对的立方体染色，起连接作用的其他立方体则是透明的。当这个四维立方体在我们的三维宇宙之外旋转时，每个立方体离我们更近时都会变大，离我们更远时都会变小。遗憾的是，和平星人一样，在我们看来，这两个方体不断相交，但实际上，这两个立方体在四维空间中属于前后的关系，只是我们无法看到这一点。四维立方体旋转时，我最喜欢的一瞬间就是有的三维小立方体恰好侧对着我们的时候。当三维立方体的一个二维面刚好与影子所在的二维平面垂直时，它的投影会短暂地消失；同样，当四维立方体的一个三维立方体恰好与我们的三维宇宙垂直时，它也会从我们的视线中短暂消失。不可思议的第四维度！

旋转三维立方体的二维投影和旋转四维立方体的三维投影，上下两张图同时转完半圈

如果你想自己试着转一转四维立方体，我建议你尝试研究四维魔方（Rubik's Cube）。呵呵，这种玩意儿当然是有的。三维魔方需要将颜色相同的二维色块移动到三维立方体的同一个二维面上，但四维魔方有些不同，你需要将颜色相同的三维色块移动到四维立方体的同一个三维面上。你无法直接变换四维立方体，但是你可以通过拖拽四维魔方的三维投影来间接地进行变换，这种魔方可以在网上找到。玩的时候你脑子会特别晕，因为三维投影可以在我们熟悉的三个方向上运动，但四维立方体还能在第四个正交（orthogonal，即交角为直角）的方向上旋转（网站上是通过按住 shift 键实现的）。不过有点糟糕的是，因为你只能在电脑屏幕上看到四维魔方的三维投影，所以实际上你处理的是四维立方体的三维投

一个没有复原的四维魔方

影的二维投影，我只能祝你好运了。

被遗忘的柏拉图立体

除了三维立方体在四维空间中有对应的几何体，其他三维柏拉图立体也有，而且四维空间的柏拉图立体还要多一种。在四维空间中，有一种全新的柏拉图立体，名为超菱形（hyper-diamond）。这种图形在三维空间中是不存在的。四维空间不仅是可怕的外星怪物的栖息之地，更是我们大展身手的地方。在那里，我们可以探索三维空间中不存在的数学原理。第四维让物体的运动更加自由，同时也使得许多壮观的图形得以存在。超菱形〔更普遍的叫法是二十四面体（icositetrahedron）或八面立方体（octacube）〕是我最喜欢的柏拉图立体。

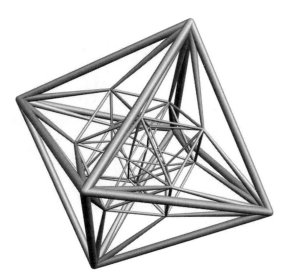

看，这就是超菱形！

　　我们首先要知道第四维到底是什么。众所周知，爱因斯坦的物理理论认为我们生活在四维时空里。除了我们熟悉的三维空间，还有一个时间维度，这意味着每一个物体不仅在三维空间中占据一个位置，也占据了时间轴上的一个位置。在数学上，这使得同一物理方程适用于空间位置和时间位置。其实，数学中已经建立了四维理论，专门用于处理四维空间，爱因斯坦只是把它用在了新的地方而已。在爱因斯坦之前，数学家早已开始思考三维空间加一个维度会发生什么。

　　正如我们前面所说的，可怜的平星人生活在二维世界，无法想象第三个维度是什么样的。我们可以将第三维度解释为与二维世界垂直的方向，但这其实并没有什么意义，因为这超出了它们的认知范畴。如果我们将水平方向和竖直方向的坐标轴拿到三维空间内（或者说三维空间外）转一下，在平星人看来，第三个方向看上去就像二维中的一条对角线。我们知道，所有多面体都可以转化为二维平面图，所以我们可以向平星人展示多面体的平面版本，但永远也无法让它们理解多面体在真实三维世界里的样子。

　　第四维度对我们来说同样如此。就数学层面来说，它只是一个与我们熟悉的三维空间垂直的新方向，使我们的移动多一个新的自由空间。听起来似乎很简单，但是我们无法想象第四维度具体是什么

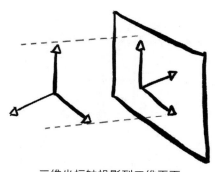

三维坐标轴投影到二维平面

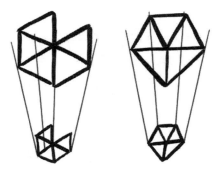

缺口在三维中的闭合会引起二维投影的形变

样的。如同平星人无法想象移出它们的平面去往新的方向意味着什么，我们也无法想象如何移出三维现实去往新的方向。但在数学上，这一切都不复杂。平星人也可以理解第 5 章中有关三维图形的所有数学理论，只不过它们

没办法直观地想象具体的几何图形。我们可以向它们说明 5 个正三角形组成的平面图形如何消除缺口形成一个三维顶点，进而组合成一个正二十面体，甚至可以向它们展示这个正二十面体的投影，但它们永远没法把正二十面体端在手里。

　　取 5 个正四面体，它们无法覆盖一个点周围的所有空间，会出现一个缺口。但是如果把这些四面体提升一个维度，使它们变形进入四维空间，便能消除上述缺口。不断重复这样的操作，我们可以把 600 个正四面体完美地拼成一种四维柏拉图立体——超二十面

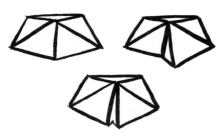

3 个、4 个、5 个正四面体在三维空间中组合会形成一个缺口，但在四维空间中，这些缺口可以通过弯折闭合

体（hyper-icosahedron）。同样，在四维空间中，每 4 个共用一条棱，16 个正四面体就会组成一个超八面体（hyper-octahedron）；每 3 个共用一条棱，5 个正四面体就会

组成一个超四面体（hyper-tetrahedron）；每 3 个立方体共用一条棱，8 个立方体会组成超立方体；每 3 个共用一条棱，120个正十二面体会组成超十二面体（hyper-dodecahedron）。

　　通常如果不知道四维空间中某个图形的名字，我们可以在其对应的三维图形的名字前面加上词头"超"（hyper-），以此来命名它，这至少不会错得太离谱。不过，四维空间里也有一些专门的术语：对应二维多边形和三维多面体，四维空间中的图形被称为多胞体（polychoron）。二维多边形相连形成三维多面体，这些二维多边形被称为多面体的面；三维多面体相接可形成四维多胞体，这些多面体被称为多胞体的胞（cell）。因此，我们有时称超二十面体为正六百胞体，称超十二面体为正一百二十胞体。只有两种四维柏拉图立体被赋予了专有的名字：超四面体被称为正五胞体（pentatope）；超立方体被称为正八胞体（tesseract）。在美国漫威公司（Marvel）的真人电影——《复仇者联盟》（*The Avengers*）、《美国队长》（*Captain America*）、《钢铁侠》（*Iron Man*）、《雷神》（*Thor*）中，你会反复听到"正八胞体"这个词[①]。当我第一次在电影中听到这个词时，震惊得差点把爆米花掉到地上。他们居然在寻找四维立方体！遗憾的是，和我同去看电影的人对我的发现并不感到惊奇。

---

① 　中文翻译为宇宙魔方。——译者注

6 种四维柏拉图立体

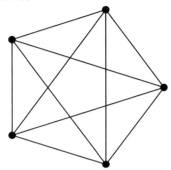

正五胞体 {3，3，3} 的投影和图，正五胞体又名超四面体

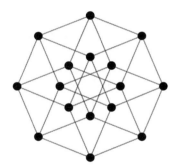

正八胞体 {4，3，3} 的投影和图，正八胞体又名超立方体

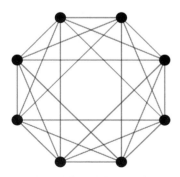

正十六胞体 {3，3，4} 的投影和图，正十六胞体又名超八面体

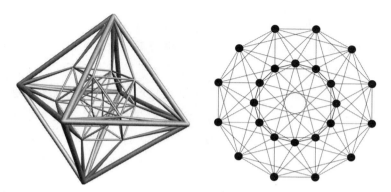

正二十四胞体 {3，4，3} 的投影和图，正二十四胞体又名超菱形

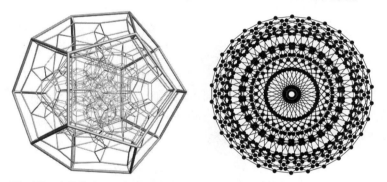

正一百二十胞体 {5，3，3} 的投影和图，正一百二十胞体又名超十二面体

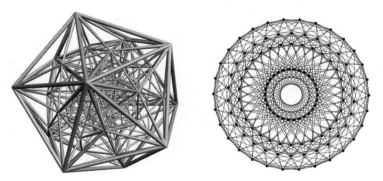

正六百胞体 {3，3，5} 的投影和图，正六百胞体又名超二十面体

　　现在，让我们回到超菱形。超菱形由 24 个正八面体组成，每 3 个共用一个顶点，所以它又被称为正二十四胞体。之所以命名为超菱形，是因为它与三维空间中的菱形十二面体有很多相似之处。菱形十二面体的每个面都是菱形，但它在三维空间中并不是柏拉图立体。菱形十二面体和三维立方体、超立方体的关系非常紧密：将一个三维立方体的内部往外翻出来，就会得到菱形十二面体；另外，我们先前说过，超立方体穿越三维空间时覆盖的所有空间会形成一个菱形十二面体。类似的，如果将一个超立方体的内部往外翻出来，就会得到一个超菱形。

将一个三维立方体的内部往外翻出来，就会得到一个菱形十二面体

　　我之所以喜欢超菱形，是因为我认为它是第一个名副其实的四维图形。其他四维柏拉图立体仅仅是三维柏拉图立体的四维版本，而超菱形在三维空间中没有对应图形，只存在于四维空间中。

　　四维柏拉图立体由一位瑞士数学家于 1850 年首次发现，他就是路德维希·施莱夫利（Ludwig Schläfli）。他不仅是一位数学家，还是一位语言学家和中学老师。但当时他的成果过于超前，所以他的论文一直被当时的数学家排斥。直到他在 1901 年逝世后，他的论文才被完全发表。现在，他的论文被人们视为神作。在论文中，施莱夫利发现并描述了所有高维柏拉图立体。数学家如今用一种符号来描述这些高维物体，为了纪念他，这种符号现在被称为施莱夫利符号（Schläfli Symbol）。这种符号使用大括号括起边数，以描述通常意义下的正多边形，所以正方形表示为 {4}，正七边形表示为 {7}。对于三维图形，大括号中包含每个二维面的边数和每个顶点的面数，并用逗号将这两个数隔开。例如，三维立方体的每个顶点处有 3 个正方形相交，所以我们用 {4，3} 来代表立方体；正二十面体的每个顶点处有 5 个三角形相交，所以用 {3，5} 来表示。同样，正四面体表示为 {3，3}，正八面体表示成 {3，4}，正十二面体表示为 {5，3}。对于四维图形，我们再加上第三个数，它代表每条棱处有多少个三维胞相交。抓住这里的超要点了吗？例如，超立方体的每条棱处有 3 个立方体相交，所以我们将其表示为 {4，3，3}；超二十面体的每条棱处有 5 个正四面体相交，所以表示为 {3，3，5}。

　　施莱夫利符号是描述图形的有力工具，能揭示图形的本质属性，而且非常神奇的一点是，将一个图形的施莱夫利符号中的数字逆向排列，就可以表示这个图形的对偶图形。例如，在三维空间中，立方体 {4，3} 的对偶图形是正八面体 {3，4}；在四维空间中，正六百胞体 {3，3，5} 的对偶图形是正一百二十胞体 {5，3，3}。从中我们可以看出，自对偶图形的施莱夫利符号一定是回文的（palindromic），比如正四面体 {3，3}。[①] 超

---

① 二维正多边形的施莱夫利符号只有一个数字。在理论上，它们也是回文的。事实上，所有正多边形都是自对偶的。

菱形的每条棱处有 3 个正八面体 {3，4} 相交，所以它的施莱夫利符号是 {3，4，3}。我们不需要做什么四维空间中的复杂计算，就已经知道它是自对偶图形了。

　　欧几里得证明三维空间里只存在 5 种柏拉图立体；2,000 年后，施莱夫利则证明四维空间中只有 6 种柏拉图立体。但在三维空间中，除了柏拉图立体，我们可以把玩的图形还有千千万万。同样，在四维空间中，除了 6 种柏拉图立体，还有许多非常有趣的图形。但在开始探索之前，我们要仔细了解一下四维生物到底是什么样的。

超星人的世界

　　在《它来自……高维空间！》的故事中，主角最终利用低维物体少有的一个优势战胜了四维怪兽，这个优势便是低维物体相对高维生物来说非常锋利。作为三维生物，我们知道我们很容易被非常锋利、几乎是二维的刀刃所伤。想象一下二维物体的切割力量，如果一个二维物体以合适的角度朝我们冲过来，它不费吹灰之力就可以穿透我们的身体。同样道理，对四维生物来说，三维物体也是非常锋利的，所以我们的三维英雄直接穿透四维怪物，摧毁它的大脑，从而拯救了全世界。但是四维怪物眼中的四维世界到底是什么样的？要是我们的四维外星邻居非常友善呢？和四维图形的词头一样，我们暂且将四维外星人命名为超星人（hyperthetical）。

　　人类花费很长时间才发现了四维空间中的数学。几千年前，人们就已经知道二维正多边形和柏拉图立体，这甚至可以追溯到史前时期，但直到 19 世纪 50 年代，人们才认识到四维空间中有更多图形。即使现在，我们在数学上对四维空间本质的认知仍然很浅显。我们的大脑只演化了处理三维物体的能力，但超星人就不一样了。也许在一个遥远的宇宙中，四维才是常态。超星人生于四维空间，发展出四维空间中才有的特点，它们的生活与我们的截然不同。

首先，它们无法系纽结。是的，四维空间里是打不了结的。三维空间中的所有纽结在四维空间都是平凡纽结，因为三维空间中用于解结的交叉置换操作在四维空间中可以自动完成。在三维空间中，交叉置换需要费劲地将绳子剪断，然后在交叉处的另一侧将绳子接上。但在四维空间中，多出来的那个维度创造了大量的额外空间，我们只需要让绳子从中溜到另一边就行了。拥有 4 个运动方向的四维空间的主要问题是，束缚和牵制物体将会极其困难。[①] 我确信，超星人的生物学及控制 DNA 这类长链大分子的有机化学一定会提出一些微妙且复杂的问题，但至少我们知道了，超星人的鞋必须用魔术贴。

另一个差异是，空间填充在四维空间会发生巨大变化。不同维度下的空间填充似乎并没有多少关联，我们不能从其他维度的填充中获得比较有用的信息。康威（以及他的同事）曾试图将第 6 章中提到的一个八面体和 6 个小四面体结合的空间

---

① 虽然我们没有亲眼看到过三维世界中物体的环绕运动，但地球公转产生了规律性的年年月月，可见地球的轨道是非常稳定的。但是在四维空间中，多出的一个自由度会导致稳定的轨道不复存在，所以超星人的太阳系应该是混乱不堪的。

填充方法推广到四维空间中，但这种方法一点也不奏效。用他们的话来说："我们还没发现四面体–八面体填充模式类比到其他维度的非平凡方案。这些观察说明空间填充问题一般都只能针对特定的维度，在其中一个维度中奏效的方法无法简单地推广到其他维度。"

　　但有一些四维图形是可以用来填充四维空间的：超立方体和超菱形都可以无缝填地充整个四维空间。四维超球体（hypersphere）在四维空间中的填充效率依然很低，但比三维空间中的情况好。如同二维空间中存在比圆还差的填充图形（即圆角八边形），四维空间中也存在比超球体更低效的图形。只有在三维空间中，球体才是最低效的图形。水果店老板不仅堆砌的是最糟糕的形状，而且还是在最糟糕的维度中堆砌！

　　一些图形难题依然可以顺利地推广到四维空间。我们在三维空间中可以用非常薄的纸张来裁剪出近似二维的图形，所以超星人也可以使用非常薄的四维图形来产生三维物体。它们可以让一个超硬币成功穿过一张超纸上的小洞。当然，还有很多其他难题可以完全推广到四维空间。如果超鲁珀特王子声称一个超立方体可以穿过一个与它同样大小的超立方体，他仍然是正确的，只不过冗余的空间变小了一点。我们已经知道，一个三维立方体的二维截面最多可以容下一个边长比它大 6% 的立方体，但一个四维超立方体的三维截面只能允许一个比它大 0.7435% 的超立方体穿过。甚至会有一些能在思维空间中变形的三维变脸多面体，只不过这对我们来说实在是太违背直觉了，会让你的脑子变得完全不成形。

　　有一种玩具在他们的世界里肯定存在，那就是四维等宽图形。我知道三维等宽图形可以在两个二维平面之间滚动后，便想知道四维等宽图形是否也可以在两个平行的三维超平面间滚动。我很想知道如何得到这种四维等宽图形。从二维空间到三维空间，我们有两个选择：将二维勒洛三角形旋转得到全新的三维图形，或直接产生全新的三维图形——迈纳斯四面体。于是我就想，从三维空间到四维空间，是否可以通过旋转迈纳斯四面体得到四维等宽图形，或者直接在四维空间中产生全新的四维等宽图形？事实证明，这两种方法都行得通。

　　在托马斯·拉尚-罗伯特（Thomas Lachand-Robert）和爱德华·乌代（Édouard Oudet）的数学论文《任意维度的等宽图形》（*Bodies of Constant Width in Arbitrary Dimension*）中，上述两种方法都可以产生四维等宽图形。将三维迈纳斯四面体旋转一周，或者对四维正五胞体（即 {3，3，3}，这么说不知有没有帮助）的三维面做平滑处理，都可以得到四维等宽图形。后者得到一个全新的图形，我不知道是否有人给它命过名，但我一直称其为罗伯特-乌代体（Robert-Oudet Body）。迈纳斯四面体的任意二维投影都是二维等宽图形；同样，罗伯特-乌代体的任意三维投影都是三维等宽图形。研究这个图形的最好方法是观察它穿过三维空间时的截面，如下图。

　　尽管四维空间中的数学非常令人费解，但并不是我们不能理解的。诚然，我们的大脑不具备直观想象四维图形的能力，但是我们仍

四维罗伯特-乌代体穿越三维空间时的截面变化

然可以探索其中的数学。此外，我们已知的数学在四维空间里
仍然奏效。我们的算法对二维生物和四维生物同样具有意义。
纵使超星人在四维空间中的移动能力再怎么超自然，超出我们
的理解能力，它们的加减运算依然和我们一样。假设它们不是
一群混蛋，我们仍然可以用数字（任何进制都可以）与它们交
流。尽管超空间对我们来说是完全陌生的，但它们的数学依然
和我们的一样。即使有一天我们遇到了外星人，不管它们来自
几维宇宙，数学永远是我们共同的语言。只是，我们得非常非
常友善才行。

第 11 章

算法之道

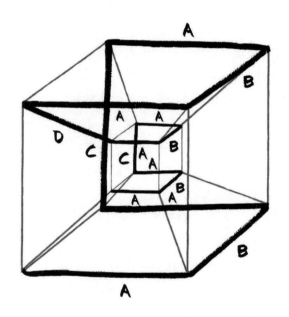

　　我有一台极其精密的厨房秤，因为按食谱做菜时，我喜欢用它精确地称量食材。生活已经充满各种复杂的选择和决定，但至少烘焙蛋糕这种事有完备详尽的操作说明，你不必担心做出不正确的决定，同时我也非常喜欢测量。

　　但遗憾的是，生活中大多事情都没有"食谱"可循，不过这并不意味着你不能把同样的思考方式用于这些事情。有一些情况，比如选择终身伴侣，也能用上这种有条不紊的决策方式，就像食谱才有的写法一样。事先确定好的行事指南在数学上称为算法（algorithm）。制作蛋糕的食谱就是一种算法。当然，算法并不是一板一眼地毫无自由，它允许你选择，然后根据你的选择，指导你后面该做什么。

寻找终身伴侣是一种非常微妙的平衡。一般来说，在第一次约会前，你不知道他（她）与你有多匹配。由于没有比较基准，你很难知道他或她是否比大部分人更理想，你是否应该与其建立家室。因此，与第一次约会的对象建立永久的伴侣关系有一点点赌博的意味。只有和几个人约会了，你才能摸清情况，但如果约会了太多人，你又很可能错过理想伴侣，被迫和最后剩下的人将就一辈子。这是一个棘手的问题。最理想的情况是，你约会了适当的次数，对择偶有了最佳的感觉，同时还没有错过理想伴侣。

幸运的是，数学让这件事情变得非常简单：上述"适当"的次数等于你一生中约会总次数的平方根。如何估计你一生的约会总数取决于你的统计技巧和你的自信程度，取决于你如何获得样本。"自愿回应样本"（voluntary response sample）是大众普遍接受的方法，而"随机分层样本"（stratified random sample）可能会把你送进监狱。

不管怎样，下面就是最佳伴侣寻找之谱。

步骤 1：估计你一生中能够约会的总人数 n。

步骤 2：计算这个数的平方根 $\sqrt{n}$。

步骤 3：约会并拒绝前 $\sqrt{n}$ 个人，将其中最理想的人作为择偶基准。

步骤 4：继续约会，与第一个超过此前根据约会$\sqrt{n}$个人确定的基准的人约定终生。

谁曾晓得这件事情会这么简单呢？诸如确定婚姻伴侣的问题在数学上有一个有点令人不安的名字——最优停止问题（optimal stopping problem）。最优停止问题最早被称为秘书问题，下面就是它的最初版本。

假设你要聘请一位新的个人助理，公司的人力资源部门已经根据官方多样化政策发布了招聘广告。现在办公室外有 10 位候选人，他们涵盖不同的性别和种族，已经准备好为这份工作接受你的面试。你要逐个面试他们，并评估他们的资历。面试之后，你需要当场决定是聘请他们还是请入下一位应聘者。没有被你聘用的人会被对手公司抢走，所以你无法再聘请他们。

这样的处境非常有趣。理性告诉你不应该聘用第一个应聘者，因为你不知道候选人的总体水平；你肯定也不会等到面试第 10 个人时才做出决定，因为到那时，不管他（她）是否适合这个职位，你都必须聘请他（她）。在面试过程中，在这中间一定有一个不能再光看不招，得赶紧见好就收的理想时刻，这便是最优停止位置。这些限制条件和寻找终身伴侣的时候一模一样。如果你跟某个人分手，后来又发现对方是理想的候选人，你几乎不可能回去重新面试对方。

20 世纪 50 年代，秘书问题在美国的数学家之间传来传去，我们无从查证具体是谁最先解决了这个问题，不过人们猜测是美国数学家梅里尔·弗勒德（Merrill Flood）。第一个正式发表的解决方案出现在 1961 年，由英国统计学家丹尼斯·林德利（Dennis Lindley）做出。在这个问题中，将 10 个候选人从最好到最坏排序，然后随机打乱顺序。有 10% 的可能性会出现，第一个进门的候选人就是最好的那个人，但问题在于，你不知道这一点。

通过计算分析 10 个人的能力分布情况，林德利得到结论：如果面试前 37% 的人，然后选取后面第一个比前 37% 都好的人，你将有 37% 的概率选到最好的候选人。他的算法和选伴侣的算法差不多，只不过原来算法里的 $\sqrt{n}$ 变成了 $0.37 \times n$。0.37 的反复出现是因为它是自然常数 e 的倒数，即 $\frac{1}{e}$。e 等于 2.718281828…，最先由雅各布·伯努利（Jacob Bernoulli）发现，后面我们还会提到他。为什么 e 这个数突然闯了进来，简单地说就是因为，估计最佳候选人的位置可能在哪儿时会用到它。使用这种方法，你选到最合适候选人的概率超过 $\frac{1}{3}$。

然而，最初的秘书问题假设你抱着非好即坏的二元态度，只有选到最好的那位候选人才开心，选到其他人则不开心。在这样的假设下，林德利在数学上证明，他的 37% 算法是最优的。但在现实中，选到稍微低于最优标准的人只是让我们稍微没那么开心一点。更好的方案应该是找到排名尽可能靠前的人选，而不是强求最佳人选。2006 年，心理学家尼尔·比尔登（Neil Bearden）计算出拣选相对最优候选者的最佳算法，这就是 $\sqrt{n}$ 算法。在十选一的情形中，采用 $\sqrt{n}$ 算法，你平均会得到一个大约 75% 理想的人；在百选一的情形中，这个数字会达到 90%。

从找伴侣到购物，在面临生活中的各种选择时，你都可以使用这个算法。我曾经在买二手车时使用了这个算法。我先估计自己有时间筛查的车辆总数 n，然后在决定购买一辆二手车之前，筛查了前 $\sqrt{n}$ 辆车。这个算法的最大优点是让人们学会等待，而不是一时冲动接受他们的第一个选择。根据我们对实际生活中各种决策过程的分析，人们往往没有权衡足够多的选择就太早做出决定（线上约会平台可能是例外，有些人总想着有更好的选择，即使面对比较好的选择仍犹豫不决）。最优停止算法会消除我们的所有犹豫。（参见书后的"疑难解答"。）

对于寻找伴侣来说，这一切听起来似乎都太没人情味，但真的有数学家用它来寻找真爱。开普勒（开普勒猜想中的开普勒）因霍乱爆发失去了第一位妻子，然后他决定利用数学算法寻找第二位配偶。在 1613 年的一封信中，他描述了他计划用两年时间来约会及评估 11 位候选者，然后通过计算做出选择。虽然我们不知道他采用什么样的"妻子适合度函数"来评估他的候选者，但我们知道，他肯定感受到了秘书问题里的限制条件带来的压力。他曾想追回第 4 个候选者，并向她求婚，但那时她已经放下了过去，因而拒绝了他。最终，他与第 5 个候选者结了婚，收获了幸福的生活。这才叫缜密的爱情哟！

舍九魔术

除了找伴侣，算法也可应用到数上，效果甚至更好。不过，根据预设的算法按部就班进行数字运算听起来并不那么有趣，事实也确实如此，但这不是重点，单纯地执行算法的确没有什么趣味。数学家对算法感兴趣，不是因为他们喜欢做重复的工

作，虽然确实有很多人喜欢，就像有人喜欢烹饪，仅仅是因为
喜欢测量和搅拌原料（比如我）。数学家享受算法，是因为可以
利用算法做一些事情。数学家喜欢计算过程，也喜欢应用它。

> 步骤 1：任取一个数。
> 步骤 2：将数中的所有数字加起来。
> 步骤 3：如果结果不是一位数，重复步骤 2。
> 步骤 4：写下最终得到的一位数。

　　这个算法是提取任意数并找到该数除以 9 的余数的"食
谱"。你可以拿任意数来验证它，最后总能得出这个数比它下
面的第一个 9 的倍数大多少。反复对该数的所有数字求和，最
终得到的一位数被称为原数的数根（digital root）。这个过程本
身被称为舍九法（casting out nines），因为它把一个数中的 9 的
倍数都消去了。舍九法是数学中最古老且最重要的算法之一。
　　在一千多年前，在现今伊朗的地方，科学家伊本·西纳
［Ibn Sina，也以他的拉丁名字阿维森纳（Avicenna）而知名］
曾提到，舍九法是"印度人的方法"。这说明这个方法在很久
以前就被人们应用。欧洲会计人员采用舍九法的时间远远早于
斐波那契（Fibonacci）引入印度-阿拉伯数字（Hindu-Arabic
number）的时间。《翠维索算术》（Treviso Arithmetic）出版于
1478 年，是现存最古老的金融数学书籍。该书中提到了一种
方法：在做复杂的加法运算时，确保结果的数根等于各加数的
数根之和。他们利用舍九法来复核一些重要的财务计算结果。
下面我们用这个原理设计一个小魔术。

志愿观众

步骤 1：随便想一个数。

步骤 2：将该数乘以 9。

步骤 3：念出结果中除了一个数字以外其余所有的数字。

魔术师

步骤 1：计算志愿者说出的所有数字的数根。

步骤 2：知道志愿者未读出的那个数字等于上一步的数根与 9 的差值。

步骤 3：宣布志愿者未读出的数字是什么。

观众

步骤 1：惊呆。

　　这是一个非常棒的魔术。不管志愿者选择的数是什么，只要他们将这个数乘以 9，新数的数根一定是 9。通过计算观众志愿者说出的数字的数根，就能知道还需要什么数字才能使原数的数根成为 9。另外，舍九法很容易心算，因为你永远不需要处理超过一位的数。这一切听起来特别简单，但效果非常惊人。我曾经在伦敦哈默史密斯阿波罗剧院（Hammersmith Apollo）的舞台面对 3,000 多名观众表演这个小魔术。表演过程中最紧张的地方就是祈祷志愿者在使用计算器时不要出错。

　　这个魔术的进阶版是将乘以 9 的操作隐藏起来，不过我担心出差错，所以不曾在众多观众面前表演过。让志愿者拿出一个计算器，不断将随机数字相乘，直到结果充满整个屏幕，他们很有可能乘了 9 或者乘了至少两个含有因子 3 的数。准确地来说，对于只显示 8 位数字的计算器来说，单个随机数字相乘，最后的乘积是 9 的倍数的概率是 96.75%。[①]然而，我不想冒这 3.25% 的风险，让自己在这么多人面前看起来像个傻瓜。

这种由算法赋予魔力的魔术被称为自动魔术（self-working trick）。只要魔术师一步一步按照指示行事，魔术总会得到最终的效果。几乎每个人的一生中都会碰到这样一种自动纸牌魔术，它通常被称为三牌堆魔术（Three Pile Trick）。这个魔术通常使用 21 张牌，我不知道为什么这样设定，因为同样的方法对 27 张牌也适用。开始表演前，魔术师当众吹嘘，他能找到志愿者随机选取的那张牌。

步骤 1：志愿者从 27 张扑克牌中随机抽取一张，记住它，然后放回，魔术师洗牌。

步骤 2：魔术师将牌发成三堆，牌面向上（每次往一个牌堆中发一张牌，始终遵循相同的顺序）。

步骤 3：志愿者说出其选择的牌位于哪个牌堆中，但不要说出具体是哪张牌。

步骤 4：魔术师将 3 个牌叠摞在一起，将志愿者指出的牌堆放于中间。

步骤 5：重复步骤 2—4 两次。

步骤 6：此时志愿者最初选择的牌恰好位于 27 张牌

---

① 为了计算出具体的概率，我写了一个计算机程序，随机生成 100 亿个这样的 8 位数。在这 100 亿个数中，有 9,674,919,018 个数是 9 的倍数。用计算机程序来验证一个魔术算法让我非常有成就感。

的正中间，即从上往下数第 14 张。

现在，魔术师只需将第 14 张牌展示出来。当然，展示的戏剧性取决于魔术师的创造力。我个人喜欢的做法是从上往下，将扑克牌一张一张翻过来，展示给志愿者，声称正在通过志愿者的表情进行判断。在第 14 张不要停，继续切到第 17 张或者其他张，然后宣称下一张翻过来的牌就是志愿者选择的牌。这时，他们甚至会跟你赌一杯酒或者其他，因为他们确信你一定会猜错。然后你把手伸向已经翻开的第 14 张牌，再次把它翻个面，这仍算是实现了刚才吹的牛。如果你事先打了赌，那肯定赢得了你的赌注。不过要注意一点，如果志愿者没有告诉另外一个人或者在某处写下他们选择的扑克牌是什么，他们就很可能在这场赌博中撒谎。

这是一个非常好的魔术，但纸牌魔术的圣杯是"任何牌，任何数"。在纸牌魔术中，志愿者选择的扑克牌应该可以灵活出现在不同的指定位置（而不是总出现在牌堆的正中间）。再思考一下，稍微调整流程，三牌堆魔术也可以做到这一点。在我的版本中，当我将牌分成牌堆时，我会不经意地询问志愿者在 27 之内最喜欢的数是什么。在魔术的最后，他们选择的牌会恰好出现在那个位置。

新版本和旧版本的唯一不同在于，不再每次都将志愿者选择的牌堆放在中间，有时也会把它放在上部或下部。为了方便地表达牌的去向，我们记上面为位置 0，记中间为位置 1，记底部为位置 2。然后将志愿者的牌上方的牌数转化为三进制。第一次合并牌堆的时候，根据个位的数值，把志愿者选择的牌堆放在位置 0、位置 1 或者位置 2，第二次根据 3 的个数[1]，第三次根据 9 的个数[2]。例如，如果你想要志愿者选择的牌之上有 7 张牌，7 的三进制表示为 021（0 个 9，2 个 3，1 个 1），那么你应该在三次合并时依序将志愿者选择的牌堆放在中间、底部和顶部（从个位开始倒着来）。在魔术的最后，从上往下数 7 张牌，下一张即第 8 张就是志愿者选择的牌。

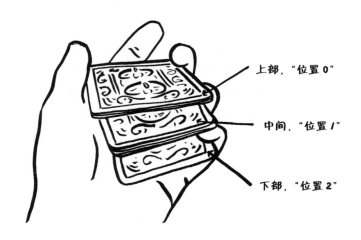

上部，"位置 0"

中间，"位置 1"

下部，"位置 2"

　　我思考良久才决定在这里将这个魔术解密，因为这个魔术曾让很多观众甚至是专业的数学家和魔术师都为之叹服。我第一次看到这样的魔术是在马丁·加德纳 1956 年出版的《数学、魔术与秘密》（*Mathematics, Magic and Mystery*）中。这是他的第一本数学书。在书中，他将这个魔术称为热尔戈纳牌堆问题（Gergonne's Pile Problem），并提到这个魔术在一个半

---

① 　即三进制中右起第 2 位上的数值。——译者注
② 　即三进制中右起第 3 位上的数值。——译者注

世纪之前就已经非常有名了，但在之后的半个世纪里，它似乎被遗忘了。重新挖掘其背后的数学知识，并把它变成我最喜欢表演的魔术，让我获得了许多乐趣。（参见书后"疑难解答"。）

在书中，马丁·加德纳用一个章节探讨了 27 张牌魔术的各种变体，但主要讨论了如何表演好魔术。这个章节以加拿大人梅尔·斯托弗（Mel Stover）写给他的注记结束。斯托弗指出了这个魔术用到的进制技巧，以及如何将这个魔术推广到其他牌数。他给出了一个将魔术推广到 100 亿张扑克牌的教程。理论上，被选择的扑克牌可以出现在 100 亿张牌的任何位置，只需将整个牌堆分成 10 个子牌堆，并重复 10 次。如果你每秒钟操作一张牌，变完整个魔术需要 3,169 年。斯托弗先生特意强调要仔细地操作魔术中涉及的 100 亿张牌，因为任何一张牌的失误都可能毁掉整个魔术。用他的话来说："这样一来你就得重新变一遍魔术，但不会有什么人想要看第二遍。"

汉诺塔

让我们先暂时告别魔术，来玩一个不那么费时的小游戏，这个游戏名为汉诺塔（Tower of Hanoi）。我第一次遇到这个游戏是在大学的一堂编程课上。这个游戏的背后有一个很古老的传说：远古时，一个寺庙的祭司要将不同大小的石盘堆叠成一座塔。尽管这个游戏可能早就存在，但我能找到的有关这个游戏的最早记载是在 19 世纪后期的书中。一本名为《趣味数学》的书将它介绍给西方世界。这本书就像我之前提到的

《数学、魔术与秘密》的 19 世纪版本，它的作者是 19 世纪的
"马丁·加德纳"——不是别人，正是爱德华·卢卡斯。与这
个名字相关的数学不仅包括弹堆数和素数，更有很多现在仍然
很流行的数学游戏。也许正是他发明了汉诺塔游戏。

　　游戏开始时，大小不同的石盘要按从大到小的顺序依次
向上堆叠成一个塔。按照游戏最原始的版本，有一根柱子从这
些石盘的圆心穿过，将它们固定住。另外还有两根柱子：一根
是目标柱，你最终要将塔转移到这里；另一根是"储存柱"，
你可以将石盘暂存在这里，之后再移走。游戏的唯一规则就是
大石盘永远不能落在比它小的石盘之上，即每根柱子上的塔都
必须是石盘从底部开始按照从大到小的顺序排列。

　　这个游戏背后的各种传说总是提到寺庙里的祭司。某地
有一座寺庙，祭司被授予圣职，要将一座巨大的塔从一个位置
移动到另一个位置。他们日复一日将石盘从一根柱子移到另一
根柱子。出于某种神秘的原因，一旦移动工作完成，世界将走
到尽头。这些祭司的动机很令人费解，但我想如果这些祭司的
人生仅仅是不断重复这些单调乏味的工作，那世界末日未尝不
是一种解脱。

　　汉诺塔，或者引用卢卡斯的命名——"La Tour d'Hanoï"，
只占用了《趣味数学》的 3 页。其中 $\frac{1}{3}$ 的内容是一张展示游
戏设置的巨大示意图。由于那本书已经不受版权保护了，我直
接把那张图复制了过来。我尝试去搜集卢卡斯的作品，想对他
有一个全面的了解；对于所有我崇拜的已故数学家，我都是这
么干的。幸运的是，网上有免费的《趣味数学》电子书，很容
易下载下来，但不幸的是，正如我前面提到的，这本书全部由

法语写成。于是我将书中关
于汉诺塔的 3 页内容电邮给
我的姐夫（他是一名法语老
师），请他帮我翻译。

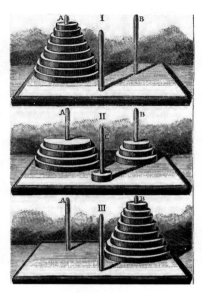

当他把译文返给我时，
我意外发现在这些文字中，
有一半内容与汉诺塔无关，
但与小麦和棋盘问题（Wheat
and Chessboard Problem）有
关。这个问题要计算棋盘上
的麦粒总数：在第一个方格
里放 1 粒小麦，在第二个方格
里放 2 粒小麦，在第三个方格

《趣味数学》中的汉诺塔

放 4 粒小麦，以此类推，每个方格的小麦粒数是上一个方格的 2
倍，直到填满 64 个方格。（hint. subtlety = 'blatant.'，这个问题
和汉诺塔问题有着很微妙的联系。）在那 3 页文字的第一部分，
卢卡斯谈到了 N. 克劳斯［N. Claus，来自暹罗（Siam）］教授在
1883 年制作的汉诺塔玩具。奇怪的是，克劳斯在玩具的说明书
上却说，更详细的说明请参阅卢卡斯的《趣味数学》。这似乎是
一个循环引用，但仔细观察 "Claus"（克劳斯）这个名字，你会
发现它实际上是 "Lucas"（卢卡斯）的字母重排。全名 "N. Claus
（de Siam）" 是 "Lucas d'Amiens" 的重排，卢卡斯是在法国亚眠
（Amiens）接受教育的，[①] 这似乎暗示着卢卡斯和他的笔名一直

① 另外，克劳斯教授在 Li Sou-Stian 大学工作，而卢卡斯在圣路易斯（Saint-
Louis）学校学习。看来他并没有努力隐藏笔名的真实身份。

在进行长期互动。

　　让我们再返回到游戏中。两个圆盘的情形很好处理。我们记小的圆盘为 A，记它下面的大圆盘为 B。将 A 移到存储柱，然后将 B 移到目标柱，最后再将 A 移到 B 上方，简单的 3 步即可完成。我们还可以用"A B A"来表示移动的顺序。对于 3 个圆盘的情形，需要 7 步才能将整个塔移到目标柱；对于 4 个圆盘的情形，则需要移动 15 步。你可以找一些不同大小的圆盘自己试试。逐渐增加圆盘，直到你尝到成功转移 5 个圆盘的喜悦。大多数在售的汉诺塔玩具含有 7~10 个圆盘，这会让"世界末日"很快到来。幸好，传说中的祭司要在世界末日前移动包含 64 个圆盘的塔，这为我们争取了更多时间。

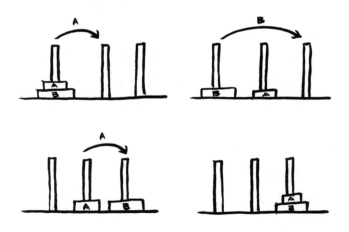

　　如果我们想帮助那些祭司，可以用算法来解决汉诺塔问题。有一种选择是写一个很长的算法，指明每一步该怎么移动。例如，对于两个圆盘，算法可以写成"顺次移动 A B A"（假设每一步都移动到了正确的柱子上）。我们可以将这种做

法推广到任意多个圆盘的情形中：给每个圆盘标注一个字母，然后依次写下圆盘的移动顺序。这是一个显式算法，就像烤蛋糕的食谱，详细说明每一个微观操作。

<blockquote>
1 个圆盘： A

2 个圆盘： A B A

3 个圆盘： A B A C A B A

4 个圆盘： A B A C A B A D A B A C A B A

5 个圆盘： A B A C A B A D A B A C A B A

E A B A C A B A D A B A C A B A
</blockquote>

但我们有更好、更高效的方法——解决汉诺塔问题是递归算法（recursive algorithm）的绝佳范例，这就是为什么我第一次遇到汉诺塔问题是在编程课上。递归算法是一类非常聪明的算法，是当代富有创造力的程序员必须掌握的强大工具。当时我的老师以一个小汉诺塔做辅助教具，帮助阶梯教室里大学一年级的原始程序员们直观地理解递归算法。

递归算法有点取巧的意味。它不会把每一步都告诉你，而是告诉你解答过程的一小部分，然后丢下一句"用这个算法解出答案"便拍屁股走人。这就像我写"马特·帕克的蛋糕烘焙食谱"时，在关键步骤注明"请按照'马特·帕克的蛋糕烘焙食谱'中的指示操作"。看到这样的食谱，你一定会气炸，但这就是递归算法所做的事。稍稍调整递归算法的自参照步骤，即可解决比原问题稍小的问题。所以，更准确的类比应该是，食谱写明"首先烤出蛋糕的一小部分，剩下的部分请按照'马特·帕克的蛋糕烘焙食谱'中的指示进行"。

对于汉诺塔，递归算法中有一步便是"解汉诺塔问题"（不要脸的那一招）。下面就是这个算法的详细步骤。

汉诺塔递归算法

步骤 1：数一数有多少个圆盘，把个数记为 n。

步骤 2：使用针对 $n-1$ 个圆盘时的汉诺塔递归算法把它们移开。

步骤 3：将最大的圆盘移到目标柱。

步骤 4：使用针对 $n-1$ 个圆盘时的汉诺塔递归算法把它们移回顶部。

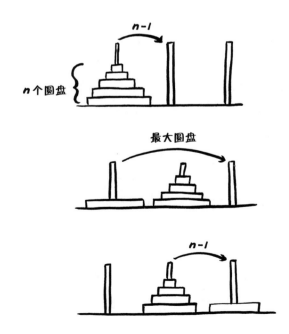

　　神奇的是，这个算法确实奏效。尽管算法没有具体告诉你怎么解汉诺塔问题，但如果你按照这个算法一步一步进行，真的能够解决汉诺塔问题。对我来说，这就像魔术一样神奇。

有多少种洗牌的方式

　　数学中有一个非常可爱的函数——阶乘函数（factorial function），它会将输入数乘以所有小于它的正整数。例如，factorial (5) = 5 × 4 × 3 × 2 × 1 = 120。通常阶乘的结果惊人地庞大，顺其自然地，阶乘简记为一个感叹号。当一个数学家写下 5! = 120 或者 13! = 6,227,020,800 时，感叹号既代表阶乘，也传达了兴奋之情。阶乘在数学中备受关注有很多原因，其中一个最普遍的原因是它代表了打乱物品方法的总数。假如你有 13 张扑克要洗，那么第一张牌就有 13 种可能，第二张就剩下 12 种可能，第三张剩下 11 种可能，以此类推。仅仅 13 张牌就有超过 60 亿种排列方式。

　　对于一副包含 52 张牌的扑克，数字非常庞大。手动计算 52! 会花费很长时间，这就是最适合让计算机帮我们的事了。为了让计算机帮我们干活，你需要将计算过程表达成一个计算机可以执行的算法。下面便是我写的一系列指令，将输入数乘以所有小于它的数。

　　　　步骤 1：将初始值 n 设置为运行结果。
　　　　步骤 2：将 n 减去 1。

步骤 3：将运行结果乘以新的 n。

步骤 4：重复步骤 2 和步骤 3，直到 n 减小至 1。

步骤 5：返回运行结果。

计算 52! 时，我们可以试着按照算法手动执行前几个循环：

```
运行结果=52
52-1=51
运行结果=52×51=2,652
51-1=50
运行结果=2,652×50=132,600
50-1=49
运行结果=132,600×49=6,497,400
49-1=48
运行结果=6,497,400×48=311,875,200
48-1=47
运行结果=311,875,200×47=14,658,134,400
...
```

我们只运行了 6 个循环，运行结果已经超过了 140 亿！（这个感叹号不是阶乘的意思，我只是想强调这些数字增长得多快。）这绝对是我们希望计算机为我们做的那种冗长的计算。最后一步是将算法翻译成计算机能够接受的语言。对于计算机而言，算法是什么样的？正如人类可以说不同的语言，计算机也可以明白不同的编程语言。我选择了 Python 语言，因为它的语法非常简单，也是最接近英语的计算机语言之一。在程序中，我还在右侧添加了注释，以解释每一行代码的作用。

下面就是我用 Python 实现的阶乘算法。如果你愿意，不妨在计算机上运行一下。与我们之前命名函数的方式类似，我们可以赋予每个算法一个名字，然后在旁边的括号中写上要输入的东西。

```
def factorial(n):        #定义一个名为"factorial"的函数，
                         #它将着手处理数值 n
  running_total = n      #将运行结果的初始值设为 n
  while n > 1:           #当 n 大于 1 时，一直循环执行下方代码
    n = n - 1            #将 n 减去 1
    running_total = \    #将运行结果
      running_total * n  #乘以 n
  return running_total   #返回运行结果的数值
```

我再三检查了这个程序，确保它可以正常运行。我将这个程序载入到计算机中，输入"factorial (13)"来验证 13!。6,227,020,800 再次出现在我的屏幕上。于是我计算了 52!，屏幕上的结果如下：

```
>>> factorial (52)
80658175170943878571660636856403766975289505440883277824000000000000
```

这是一个包含 68 位数字的数，是一个真正庞大的数。也就是说，我们有 8,000 亿亿亿亿亿亿亿亿种方式来洗 52 张扑克牌。可观测宇宙中只有 1 亿亿亿颗恒星；我们的宇宙目前的年龄是 40 亿亿秒。这意味着，即使每一颗恒星都有 10 亿

颗行星，每颗行星上有 10 亿个外星人，每个外星人从宇宙诞生开始以每秒 10 亿次的速度洗牌，我们现在最多只能洗完所有可能方式的一半。这只是 52 张牌，幸亏我们还没有加入大小王！

无论如何，我们现在知道答案是什么了。我们还可以用另外一种方法计算：递归算法。我们只需要用这个算法本身来描述算法，例如："n 的阶乘就是 n 乘以 n-1 的阶乘。"唯一还需要知道的就是，1 的阶乘是 1 这是算法中的"退出条款"，可以防止递归无限地进行下去。

步骤 1：注意 1 的阶乘等于 1。

步骤 2：n 乘以 n-1 的阶乘。

翻译成 Python 语言：

```
def factorial(n):              #我把这个算法叫作 factorial，它
                                将着手处理数值 n
    if n==1:return 1            #1 的阶乘是 1
    return n*factorial(n-1)     #计算用 n-1 的阶乘乘以 n 的结果
```

拿到"factorial (13)"后，我的计算机便开始生成递归链，直到它计算 factorial (1)，然后返回，最终输出 6,227,020,800。同样，运行"factorial (52)"会输出包含 68 位数字的怪物。实际上我并没有告诉程序到底如何计算阶乘，只是告诉程序一个数的阶乘是如何与更小的阶乘联系在一起的。再一次，递归算

法展现了它的魔力：从看似空洞的代码中变出答案。

现在有两个不同的程序以不同的方法计算出相同的答案。于是我们只有一个选择：让它们竞争！我花费了一小段时间，同时运行这两个算法，进行比赛：最先计算出 100 阶乘的算法获胜。计算出 100! 的全部 158 位数字，递归的 Python 程序花费了 0.000068 秒，而普通的算法只用了 0.000046 秒。[①] 因此，毫无疑问，非递归算法取得了胜利！

然而，递归算法并不是总输给显式算法，这取决于算法计算什么，递归算法非常适合于计算某些问题。在第 1 章中，我非常自信地给出了不同进制的累进可除数。找这些数需要用到不少计算量，我的程序本来得花相当长的时间才能把所有十六进制的情况都跑一遍，但用上几句稍加改动的递归代码后，几秒钟即可完成。

最后，我们利用递归算法算算移动圆盘的祭司们需要多长时间才能引发世界末日。每移动一个圆盘到目标柱，需要将其上方的所有圆盘移动两次，所以每增加一个圆盘，总移动次数就要变成原来的 2 倍，再外加一步将最底圆盘移动到目标柱，所以将含有 n 个圆盘的塔移到目标柱所需的步数是移动 $n-1$ 个圆盘的步数的 2 倍再加 1。

```
def Hanoi_moves(n):    #我把这个算法叫作 Hanoi_moves，它将着
                        手处理圆盘数 n
```

---

① 计算结果是 93,326,215,443,944,152,681,699,238,856,266,700,490,715,968, 264,381,621,468,592,963,895,217,599,993,229,915,608,941,463,976,156,518,286, 253,697,920,827,223,758,251,185,210,916,864,000,000,000,000,000,000,000,000。

```
if n==0:return 0   #如果没有圆盘，就不需要移动了
return 2*Hanoi moves(n-1)+1   # 将 n-1 个圆盘的移动步数
                              # 乘以 2 再加 1
 >>> Hanoi_moves(7)
 127
 >>>Hanoi_moves(10)
 1023
 >>> Hanoi_moves(20)
 1048575
 >>> Hanoi_moves(32)
 4294967295
 >>> Hanoi_moves(64)
 18446744073709551615
```

　　因此，如果你有 10 个圆盘，就需要移动 1,023 次（这个数其实就是 $2^{10}-1$，是一个梅森数！所有形如 2^n-1 的数都是梅森数，即使它们不是素数）。如果每秒移动一步，那么需要大约 17 分钟来完成所有的移动。即使一个人将一生的所有时间全部用于移动圆盘，最多只能完成包含 31 个圆盘的汉诺塔的移动。所以如果一个人的空闲时间比较多，那么包含 32 个圆盘的汉诺塔是一个不错的礼物。与完成 100 亿张牌的魔术相比，完成这个"快速游戏"所需的时间长多了。

　　回到祭司们的任务，Hanoi_moves（64）= 18,446,744,073,709,551,615。即使每秒移动一步，也需要 5,840 亿年的时间，这远远超过我们太阳系的期望寿命。或者，正如卢卡斯所说，"超过 50 亿个世纪"。这也是他为什么要提到棋盘和麦粒问题，不管棋盘上有多少小方格，麦粒总数也都是梅森数。标准的国

际象棋棋盘有 64 个方格，所以麦粒总数恰好是移动 64 个圆盘的汉诺塔所需的步数——超过 1,800 亿亿。这是一个庞大的数字，即使祭司在 46 亿年前太阳系刚形成的时候就开始搬运圆盘，每秒钟移动 50 步，从现在开始向后推 50 亿年，他们依然无法完成这项工作。到那时，太阳将变成一个红巨星，将地球吞噬。所以我想，现在我们很安全。

代码背后的价值观

算法看起来是冷漠而爱算计的，但请记住，它们都出自人类之手，并且没有"绝对正确"的书写方式。尽管我们要顺应计算机的刻板要求，但程序和算法中总是包含了人类的情感。写一手好代码不仅需要严谨的数学思维，还要求一个人充满创造力。

写出高效的算法在很大程度上是一门艺术，是很多人梦寐以求的事情。2004 年的夏天，"{e 的小数展开的连续数字中的第一个 10 位素数}.com"悄然出现在美国的一个广告牌上。找到隐藏在 e 的无尽数字序列中的第一个 10 位素数需要非常巧妙的算法。但如果有人能够写出一个算法来找到这个数，并连接到 URL，他们便会看到谷歌公司招聘程序员的网站。

后　记

如果你觉得解决汉诺塔问题的字母串很眼熟，那是因为你用同样的步骤解决了另外一个难题。"ＡＢＡＣＡＢＡ"不仅仅可以解决包含 3 个圆盘的汉诺塔的移动问题，如果我们将Ａ、Ｂ、Ｃ看成方向，它们也可以描述立方体中的一条哈密顿路。因此，解决 4 个圆盘的汉诺塔问题即是在四维超立方体中寻找一条经过所有顶点一次的路。

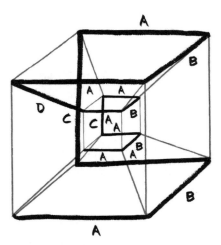

超立方体中的哈密顿路

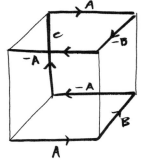

带符号的立方体哈密顿路

但我们还可以做得更好。

字母 A、B、C 只是告诉你要移动哪个圆盘，但没有告诉你将圆盘移到哪根柱子，或者说只是告诉你要经过哪条边，但没有告诉你经过的方向。我们可以给"ＡＢＡＣＡＢＡ"添加符号，表明我们从哪个方向经过某条边。在这个意义下，A 代表一个方向，而 -A 代表相反的方向。对 B 和 C 也是如此，增加一个负号来代表相反的方向。因此，三维立方体上的哈密顿路就可以写成"A B -A C A -B -A"，四维超立方体的哈密顿路就是"A B -A C A -B -A D A B -A -C A -B -A"。当然，我们还可以写一个生成这些字母序列的算法。

n 维立方体中的哈密顿路

步骤 1：列出 n-1 维立方体的哈密顿路。

步骤 2：写出新方向。

步骤 3：逆序列出 n-1 维立方体的哈密顿路，并调换符号。

这个算法不仅可以解决汉诺塔问题和超立方体的哈密顿路问题，还可以解决我们前面遇到的另一个难题：如何悬挂画，只要一个钩子脱落，画就会随之脱落。解决这个问题的算法也需要重复先前的结果两次，并在两次中间增加一个步骤。只不过对于画悬挂问题来说，我们还需要在最后增加一步。在这个问题中，我们记 A 为将悬挂线以顺时针方向绕过第一个钩子，记 -A 为将悬挂线逆时针方向绕过第一个钩子。

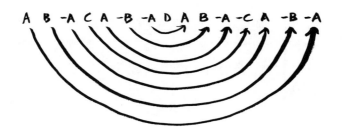

将一幅画悬挂在 n 个钩子上

步骤 1：列出将画悬挂在 $n-1$ 个钩子上的方法。

步骤 2：写下悬挂线缠绕新钩子的新方向。

步骤 3：逆序列出将画悬挂在 $n-1$ 个钩子上的方法，将调换符号。

步骤 4：写下悬挂线缠绕新钩子的新方向的反方向。

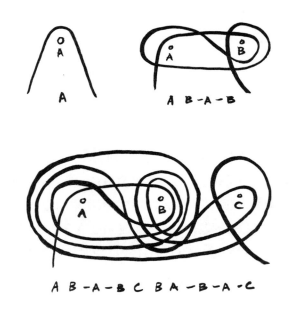

19 世纪法国一个玩具的解法和超立方体上的路径问题以及画悬挂问题的解法几乎一模一样。尽管它们的表现形式完全不同，但它们背后的逻辑却如出一辙，并且它们全都可以通过算法来解决。

第 12 章

如何构建一台计算机

如果说学习数学就像徒步探索一片茂密的森林，披荆斩棘、摸索前进，那么计算机就像你突然获得的一架直升机。虽然你要在地上才能摸清地形，但是如果可以跳上直升机，在森林上空盘旋片刻，你很快就会对这片景观有一个整体的认识，而且还会发现更多人类足迹还未到达的有趣地方。人类依然需要探寻数学的本质，毕竟，数学的宗旨是学习并理解宇宙背后的逻辑，但是计算机可以显著加速这个过程。

我们已经从梅森素数看到计算机和人的计算能力之间的巨大差距：计算机检查一个数是不是素数的速度是人类手动检查的千万倍。古希腊人只知道 4 个梅森素数，直到卢卡斯的时代，梅森素数也只增加到 10 个（最后一个发现于 1883 年）。

直到 1914 年，人们才发现了全部 12 个最小的梅森素数，填补了前人的空缺。每千年发现 6 个梅森素数，这个发现的进程实在是太慢了。1952 年，计算机首次在素数搜寻中运用，仅在当年就发现了 5 个梅森素数。后面的梅森素数越来越大，也越来越分散，找到它们也就越来越困难，但到 1971 年，梅森素数个数仍然翻倍到 24 个。不到 20 年的时间，计算机发现的梅森素数个数已经和过去 2,000 多年发现的一样多。到 1997 年，梅森素数个数已经达到了 36 个；到 2014 年，这个数字又增长到 48。1914 年，已知的最大梅森素数包含 39 位数字；到了 100 年后的 2014 年，梅森素数的长度已经超过 1,700 万位。

但这并不意味着计算机可以揭示更多有关梅森素数本质的信息，我们仅仅是发现更多梅森素数而已。GIMPS 项目仍然在运行卢卡斯和莱默提出的素性检验算法。数学原理并没有改变，改变的是计算能力。同样，黎曼猜想对理解素数的分布至关重要，计算机可以检查黎曼发现的素数分布规律，确保它适用于越来越大的数，但并不能证明黎曼猜想，从而解释素数为什么会这样分布。相反，如果我们能够发现这个分布规律的反例，这个猜想就会被推翻，这个反例会对现代数学产生巨大影响。但目前而言，在检验黎曼猜想时，人们已经试过了超过 10 万亿个不同的值，一切都排列得整整齐齐。

最后，我还是要说，确实有一些数学猜想，比如四色猜想和开普勒球体堆砌猜想，在某种程度上是由计算机证明的。在这些问题中，计算机不仅仅是计算器，还进行了大量的自我检验，因为单靠人力是不可能完成这些检验的。我们现在还有一些项目，比如污点计划，正在利用计算机检验计算机完成的证明。无论是否把计算机执行的穷举证明当作"真正"的数学，我们都必须承认如今计算机在数学领域中占据举足轻重的地位，而且我们越来越依赖它们。

计算机对于数学前沿领域至关重要，我们需要好好了解计算机的工作原理，但没有多少人这样做。是的，我们或许了解一些算法，也知道怎样编写程序来告诉计算机我们想做什么，但它到底是怎样执行这些命令的呢？它怎样读取和理解你的指示？如果你询问周围的人，或许有人试图从硬盘、内存、处理器以及其他部件之间的交互来解释这些问题，但是我真正想问的问题不是我们怎样构建如今这样的计算机，而是为什么我们最初可以构建出计算机这样的东西。为了解释计算机为什么具有思考能力，就大多数人对计算机工作原理的了解程度而言，早就解释不通了。

人类天生喜欢赋予非生命体以动机，就好像那些碍手碍脚、制造麻烦、躲躲藏藏的事物可以"独立思考"似的，但有一些物理系统确实可以。我们被各种电子设备包围着，从计算机到智能手机，从自动检票机到洗衣机，它们都可以做一些基本的"思考"，对环境做出反应。但你在犹豫这些东西算不算"会思考"的话，它们内部的电路确实在自动地做各种基础运算。

它们内部的电子电路是计算的核心。正是这样的导线、电子元件集成体在响应输入、进行运算和最终输出。物理实体如何响应输入并做出正确响应令很多人感到困惑，但这就是所有计算的基础。其实这并不神秘，你完全可以不用电子元件而采用大约 10,000 张多米诺骨牌（domino）来构建基础的计算机。如果你只能搜集到 100 张［一套双十二多米诺骨牌（doubletwelve domino）包括 91 张，足够了]，至少可以开个头。

机器或物体自主思考的概念在很早以前就有了，自动机的故事可以追溯到史前时期。早在公元前 4 世纪，数学家阿契塔斯（Archytas，他还是毕达哥斯拉学派的成员之一）便设计了机械鸽，而且他可能真的制作了实体。到了 1739 年，人们对自动化设备的推崇因"消化鸭"的诞生而达到了超现实的巅峰。这只机械鸭出自法国机械狂热爱好者，可以自动吞吃谷粒并排泄废物。它一定是当时各大疯狂派对的明星。但我们关心的不是这些仅仅模拟生物运动的无生命体，而是那些可以复制认知活动的物体。

机械计算装置同样可以追溯到史前时期。当无聊的加法运算成为生活的必需时，人们找到了各种用机器代为完成的办法，其中有些古老的装置可以预测天象。或许最令人惊叹的要数公元前 150 年至公元前 100 年的安提凯希拉机械装置（Antikythera Mechanism）。它通过复杂的计算跟踪太阳和月亮在天空中的运动（可能还包括当时已知的五大行星），并遵循复杂的历法。更令人惊奇的是，我们甚至知道它的存在。

1900 年，现存唯一的安提凯希拉装置发现于希腊安提凯希拉岛外海底部的一艘古老沉船中，这艘船沉没于大约公元前 70 年。这个装置看起来像是从一艘落难轮船上脱落的齿轮，卡在大岩石间，但随后这个装置的其他几个部分不断被人们从海底发掘出来，裹满海泥，包含大约 30 个不同齿轮，每个都做工精细，细节达到惊人的水准。这表明它是经过精心设计的，不是一个实验品，而是众多精巧装置中的一个。这些部件没有多余的钻孔或者反复雕琢的痕迹，这说明安提凯希拉装置不是逐渐完善的，而是定制的，易于打开和使用。虽然它使用的青铜材料和工艺完全符合那个时代的科技水平，但设计中体现的天才智慧在一千多年以来从未出现在其他计时机械中。

在过去的一个世纪，人们利用反向工程，试图恢复该装置的原貌。现代的成像技术帮了大忙，我们可以窥探到这个装置现存部分的内部精细结构。CT 扫描仪可以成像安提凯希拉装置三维部件的二维切片，通过动画生动地向我们呈现这个装置的全部细节。在动画中，不同大小的齿轮具有不同数量的等边三角形传动齿，它们反复出现、消失，一些齿轮相互啮合，另外一些齿轮堆叠在上方。装置的重现使我们破解了这些齿轮预测天象的原理。这个装置可以提前很长时间预测天文事件的发生。至于为什么没有其他相同的装置幸存下来，各种说法莫衷一是（似乎用贵重的金属制造也无济于事，但沉船的保护阻止了它被打捞）。我最喜欢的假说是，安提凯希拉装置是当时的秘密军事装备，所以很少有人听闻过它。准确预测日食、月食的来临是掌控其他人的强力武器。

安提凯希拉装置计算的秘

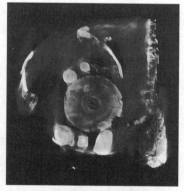
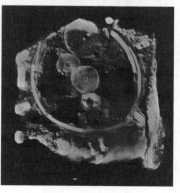

安提凯希拉装置的 CT 扫描图

密就隐藏在齿轮的齿数和齿轮之间的连接方式当中。一旦所有齿轮就位，只需向前摇动手柄，便可窥探未来的天空。人们已经用同样的齿轮多次重现了安提凯希拉装置，它们可以进行同样的运算。我最喜欢的复原品是我在谷歌［是真的谷歌公司（Googleplex），不是网站］的展览上看到的，它完全用乐高积木搭建。然而，虽然安提凯希拉装置非常不可思议，但它还不能算是一台计算机。每次你摇动手柄，它输出的结果都是一样的，这更像是钟表发条装置的工作方式。第一个建造可以运行算法的计算机的人是 19 世纪的英国数学家查尔斯·巴比奇（Charles Babbage）。

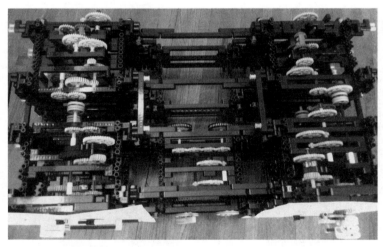

如果古希腊人有乐高积木，那么安提凯希拉装置会是这样

在 19 世纪以前，最常用的一种计算工具是写满数表的书，这些书中包含大量前人计算的结果。对于困难的计算，你可以将其分解成较小的计算，然后从书中查到答案。不过编写这些

标准答案的过程非常耗时耗力，而且不能保证完全正确，毕竟书里包含成千上万个答案，极有可能出现差错。你很难确定你所查找的答案是正确的，而很小的差错都可能毁了整个漫长的计算过程。正是这些错误带来的挫败催生了世界上第一台计算机。

第一台计算机由巴比奇发明。他宣称发明计算机的灵感来自他上大学时做的一个白日梦。那时他在剑桥大学上学，有一天，同学发现他趴在一本数表参考书上睡着了。当被问及梦到了什么，巴比奇回答："我在思考，这些数表或许可以利用机器来生成。"巴比奇坚信利用机器生成数表会更快、更经济、更准确。他或许曾想过制造一台由齿轮组成、由蒸汽驱动的大型机器，但最终的模型更贴近于现代的智能手机，而不是安提凯希拉装置。

后来，在他毕业多年后，巴比奇确实设计出了这种机器，并将其取名为差分机（Difference Engine）。我们可以把它看作一个非常复杂的发条系统，它可以根据设置生成各类方程的解。它可能还不能称作计算机，但它确实解决了数表的出错问题。他说服英国政府资助他建造一台这样的机器，但是在建造过程中他想到了一个更好的设计，不过最终并没有实现。他称自己设想的这种新机器为分析机（Analytical Engine），它比差分机更加复杂，是一台真正的计算机。

分析机之所以如此具有创新性，是因为它可以运行不同的算法，而不是专门搭建以解决特定的问题。巴比奇借用当时最前沿的科技成果——织布机，使他的机器具有编程功能。自动织布机有可以插入穿孔卡片（punch card，之所以这么叫，是因为卡片上有按照某种模式排布的孔洞）的输入槽。卡片上的孔洞像原始开关一样控制着织布机钩子的运动，从而使其织出不同的纤维图案。巴比奇借用穿孔卡片的原理，告诉分析机执行算法步骤，而不是控制织布机编织的图案。

利用分析机，你可以运行任意设定算法，输入任意数据。因此，分析机满足计算机要具备的所有条件，就像现代计算机一样，这就是为什么巴比奇被称为"计算机之父"。但遗憾的是，我们并不知道他的构想是否真的可行，因为巴比奇没有将其建造出来。在他于 1871 年去世（享年 79 岁）之后，没有人能够按照他的设想成功地建造这样的机器。直到伦敦科学博物馆耗费数年时间，于 1991 年成功地按照巴比奇的设想建造了一台差分机，而且仅使用了 19 世纪巴比奇可以用到的工具和工艺。它确实可以工作！这预示着分析机不仅仅在理论上可行，在实际中也可行。

伦敦科学博物馆制造的差分机

你可能注意到，在第 1 章中，我将"计算机之父"的头衔给予了艾伦·图灵，这是因为虽然巴比奇设计了一台可能可行的计算机，但图灵在 1936 年用抽象语言对计算机进行了严格定义。图灵不仅从理论上解释了计算机，还在第二次世界大战期间加入了英国密码破译中心的布莱奇利园（Bletchley Park）。在那里，他们建造了世界上第一台数字可编程电子计算机——巨型机（Colossus）。因为它的设计和建造采用了高度机密的战时技术，所以直到数十年后人们才知道它的存在。战争结束后，布莱奇利园的科学家很快分散到世界各地的研究所，以惊人的速度纷纷建造出世界上"第一台"计算机，就如同他们早就知道这种计算机能够建造出来。图灵也参与了其中的一些项目，最后在曼彻斯特大学安顿下来，建造了世界上第一台具有数字储存功能的计算机。

但分析机早于以上所有计算机。虽然它不是电子的，但它是可编程的。尽管它一直没有实现或运行，但有一些为它而写的算法。巴比奇在意大利开展了一系列演讲之后，需要翻译一些有关他的机器的注记，于是他找到了阿达·拜伦（Ada Byron）。她更为世人所知的是她的头衔——洛夫莱斯伯爵夫人（Countess of Lovelace）。翻译结束后，她增加了一小章——"译者后记"。在这一章中，她说她不仅翻译了这些文字，而且完全理解了这个机器是如何工作的，甚至能更进一步地展开论述它的潜力。她最先提到的是分析机相对于差分机的巨大改进，用她的话来说："差分机只能给出某个特定函数的数表，而分析机可以运算任何你想计算的函数。"

这些注记的重大历史意义在于最后一节——"G 注记"（Note

G）。可能用洛夫莱斯夫人自己的话来描述它更合适："在注记的最后，我们来具体看看这台机器如何计算伯努利数（numbers of Bernoulli），这是一个能展现它强大计算能力的复杂例子。"伯努利数形成一个非常复杂的序列，要计算它们极其困难。在注记中，洛夫莱斯夫人写出了现今公认的第一个计算机程序。分析机运行这个程序后可以计算出伯努利序列。也就是说，洛夫莱斯夫人和巴比奇在第一台计算机诞生之前就为它写了算法。这为阿达·洛夫莱斯赢得了"世界上第一位程序员"的称号，而此时仅仅是 1842 年。

同样因为此事，卢卡斯在《趣味数学》中也提及了洛夫莱斯。《趣味数学》发表于巴比奇和洛夫莱斯去世后的数年（洛夫莱斯于 1852 年死于子宫癌，享年只有 36 岁）。在书中，卢卡斯讨论了他们的工作，而当时的人还不知道未来计算机会变成什么样。正如你现在正在阅读的这本书，卢卡斯也用了一章的篇幅来讨论计算设备，章名为"计算与计算机"（Le calcul et les machines à calculer）。其中一些内容是关于分析机的，显示了卢卡斯的惊人先见之明——他预见了分析机在未来的重要地位。在随后的章节"电子算术"（Arithmétique électrique）中，他的预见更是飞跃到另一个高度。

不久前，我随意翻看了《趣味数学》中讲述巴比奇和洛夫莱斯的那部分内容。虽然我对法语知之甚少，但"*arithmétique électrique*"这个词跃出纸面吸引了我的注意，当时我立即把这个词组翻译为电子算术（electric arithmetic）。在卢卡斯写这本书时，电灯才刚刚发明。此时距格奥尔格·欧姆（Georg Ohm）首次分析电子电路也仅仅过去了半个世纪，比第一个开关器件（switching component）的诞生早 50 年。在 19 世纪末，现代电子电路是不可能实现的，甚至是不可想象的，但是卢卡斯却预见了它的潜力。他还谈及了发明家亨利·热纳耶（Henri Genaille）的想法："他发明了一种新型但还不够完善的设备，但是一个新的概念已经形成，那就是电子计算机。"卢卡斯预言，电子电路必将在某一天为计算机所用。

电子大脑

感谢上帝，卢卡斯是对的，电子机器确实可以计算，如果没有电子电路，我们将寸步难行。虽然巴比奇设计了一种通用计算机，洛夫莱斯夫人也为它写了程序，但是这种由蒸汽或摇柄驱动的机械装置几乎不可能拓展出如今这样惊人的计算能力。一台分析机高达 2 米，重达 10 吨，只能存储大约 1,000 个 40 位数（相当于内存不到 20KB），并且每秒只能计算 7 次。这是一条死路，照这样的思路走下去，是不可能发展出如今我们习以为常的计算机的。这种类型的机器再怎么做也不可能拥有上亿倍的数据储存空间，同时还能以上亿倍的速度运行，同时还能小到可以握在掌心，让我们随时刷社交网站。

对于现代计算机，电子电路必不可少。但遗憾的是，它们的尺寸非常小，运行速度非常高，大多数人对它们能够做什么一无所知。一个计算机处理器看起来就像一小块灰色的矩形塑料，但事实上它的内部包含错综复杂的电子电路，电子信号在其间疯狂地穿梭。如果你想从人类的视觉上看看具体发生了

什么，我们可以用多米诺骨牌构建类似的线路。现在准备 100
张多米诺骨牌，我们一起构建基本的计算线路。

我们要从逻辑门（logic gate）开始做起。它们是线路的
基本构成单位。每个逻辑门都可以接受一定的二进制输入，然
后返回标准的二进制输出。我们之所以要使用 0 和 1 组成的二
进制数，是因为线路中要么有信号，要么没有信号，计算机
的导线要么带有高电压，要么带低电压。（我们又回到了第 1
章……）对应到多米诺骨牌链，多米诺骨牌要么倒下，要么直
立。在现代计算机中，高电压是 1，低电压是 0。同样，我们
可以将多米诺骨牌的倒下看作 1，将直立看作 0。我们已经知
道，所有数都可以转换为二进制数，所以我们只需用二进制来
表示数，并直接按二进制进行运算。

我们首先要构建与门（AND gate）和异或门（XOR gate，
"XOR" 是 "exclusive or" 的缩写）。这两个门都包含两个输入端
和一个输出端。只有当两个输入端（这一个"与"另一个）都有
信号时，与门才会继续输出信号；仅当一个输入端有信号时，异
或门才会继续输出信号。这就是为什么在"或"前加"异"——
两个信号不能并存。我们可以用表格的形式来展现这两个逻辑门
的作用，并且我还附上了多米诺骨牌如何构建与门和异或门。

与门

输入端 1	输入端 2	输出端
0	0	0
0	1	0
1	0	0
1	1	1

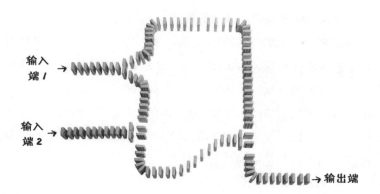

异或门

输入端 1	输入端 2	输出端
0	0	0
0	1	1
1	0	1
1	1	0

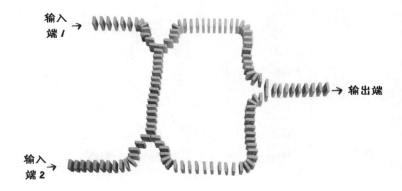

我们可以使用这些逻辑门来做一些运算。请牢记：异或门只在有且仅有一个输入端被激活时才会有输出；与门只有在

两个输入端都被激活时才会有输出。如果将这些逻辑门纳入一个包含两个输出端的线路中，形成一个网络，便能计算具体有几个输入端被激活，输出端会以二进制表示这个数。这个线路被称为半加器（half adder），"半"是因为它只能计算一位二进制数的相加。将两个半加器组合起来，我们就得到一个全加器（full adder）。它有 3 个输入端，2 个输出端，输出结果是被激活输入端的总数的二进制之和。

半加器

输入端 1	输入端 2	输出端 1	输出端 2
0	0	0	0
0	1	0	1
1	0	0	1
1	1	1	0

全加器

输入端 1	输入端 2	输入端 3	输出端 2	输出端 1
0	0	0	0	0
0	0	1	0	1
0	1	0	0	1
0	1	1	1	0
1	0	0	0	1
1	0	1	1	0
1	1	0	1	0
1	1	1	1	1

　　有了全加器，任意二进制数的加法就都可以计算了，因为二进制数的加法非常简单，它们只有很少的选择。在十进制中，你可能要计算 4 加 7 或 2 加 9，但是在二进制中，你只要计算 0 加 1 或者 1 加 1（当然还有 0 加 0，不过这没什么可算的）。仅有的几种情况使整个运算非常简单。下面我就来演示一下 11 和 30 在二进制下的相加。11 的二进制表示是 1011，30 是 11110。和十进制的加法运算一样，我们将两个数上下对齐，然后从个位开始，从右往左把每一列的数字加在一起。

$$\begin{array}{r}
{}^{1}0\,{}^{1}1\,{}^{1}0\,1\,1\ \text{（十进制数 11）} \\
+\quad 1\,1\,1\,1\,0\ \text{（十进制数 30）} \\
\hline
1\,0\,1\,0\,0\,1
\end{array}$$

　　个位那一列的加法非常简单：1 + 0 = 1，所以我们在横线下方写 1。下一列就稍微复杂一点：我们要计算 1 加 1，通常答案是 2，但在二进制中没有表示 "2" 的符号，所以我们不能写 2。2 在二进制中是 10，所以类似于十进制加法，我们需要进位。这很好理解：我们现在操作的这一列是二位，所以我们将一个 2 加到另一个 2 上，结果是 4，所以以下一位就得到 4。下下一步就真的很复杂了，我们需要将 3 个 1 相加。当然这也很简单，写下一个 1，然后向下一位进 1。从中可以看到，每一步的加法只涉及 3 个数字——0 和 1 相加，并且只有两个输出——横线下方的数字和可能的进位。所有这些计算我们都可以用全加器实现。所以要将两个二进制数相加，你只需要一个长长的全加器链，每个全加器执行二进制数的一位相加运算。

构建一个半加器，你需要 2,000~3,000 张多米诺骨牌。没错，我已经试过了。我第一次产生利用多米诺骨牌构建逻辑门的想法是在几年前，当时有人发给我一个从理论上描述如何构建逻辑门的链接。我在网上进行了彻底的搜索，也没有找到有人利用多米诺骨牌搭出哪怕一个半加器。YouTube 上倒是有一些比较类似的视频，但是视频中的做法有些作弊，他们将多米诺骨牌粘在了一起，并且线路不稳定，运行起来很不可靠。多米诺骨牌要在精确的时机倒下，但在实际中很难掌控这一点。我想设计一个能在现实生活中工作的全加器。最终，我成功了。线路设计附在书后的"疑难解答"中。现在我只需要找到足够多的多米诺骨牌，便可以真正构建一些全加器，然后将它们连接起来。

所以我买了 10,000 张多米诺骨牌。

在 2012 年 10 月曼彻斯特科学节（Manchester Science Festival）的一个周末，我和其他十几位自发组织的"多米诺计算机搭建者"一起将上万张多米诺骨牌排成一系列错综复杂

的线路，准备完成一些计算任务。设计半加器就已经够难的
了。就像真正的集成电路得刻蚀在一块板子上，多米诺骨牌连
成的链条也不能交叉。计算机线路都是平面图。每条多米诺骨
牌线路的长度也很重要，你可以看到我们不得不搭建了很多向
前或向后的蛇形线路，这些"延迟线路"可以减慢信号的传输
速度，从而确保前面的计算在下一步计算开始之前已经完成。
当然在构建这个由 10,000 张多米诺骨牌组成的线路的过程中，
还有很多其他困难，不过我有一个由数学家组成的攻坚队伍。

在第一天的最后，我们完成了线路的排布，只比计划晚
了 1 小时。它可以计算任意两个 3 位二进制数的加法，输出 4
位二进制结果。为了输入相加的数字，我们在多米诺骨牌的输
入链中留下了缺口，输入 0 时留空，输入 1 时连接。蛇形多米
诺链很长，沿着线路基部延伸，分岔形成 6 个分支，碰到全部
6 个输入链。我们随机选择了两个加数——4（100）和 6（110），
进行加法运算。对于 4，个位和二位留空，并把四位的链条里
的空缺填上；对于 6，个位留空，二位和四位的链则都补全。

此时，我们的周围已经聚集了一大批人。我们是在曼彻
斯特科学与工业博物馆的主大厅中央搭建完成的。一天中，不
断有过往的人驻足观看，期待多米诺骨牌链被不小心触发。这
个多米诺骨牌计算机耗费了 48 秒运行所有逻辑门，完成整个计
算过程。当只有二位和八位倒下时，它给出了最终的结果——
10（1010），全场爆发出了疯狂的欢呼声。我们一共花了 6 个小
时来搭建整个线路，这一定是计算 6 加 4 的最低效方式。正如
一些打趣的旁观者所说，我们用了一整天来证明 6 + 4 = 2 + 8。

我们所做的事情的最大意义在于，我们构建了所有计算机

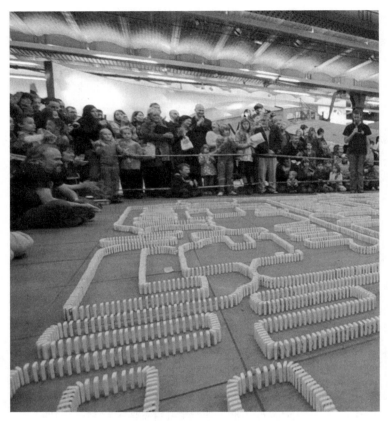

10,000 张多米诺骨牌已经准备就绪

依赖的基本元件。如果我们有无穷多张多米诺骨牌，我们可以搭建更庞大的线路，实现一些更复杂的运算。一旦可以计算加法，多米诺骨牌线路就可以实现乘法、除法甚至求平方根的运算。当然，还有一些其他技术问题需要克服，例如，如何构建多米诺骨牌计算机的内存，如何自动重置，但理论上，大鹏展翅只恨天网低。

正如我们前面所说的，这样的物理系统很难再进一步放大。如果我们想要在多米诺骨牌计算机上进行二次运算，我们必须再花一天的时间将骨牌重新立起来，但真正的线路在执行计算的过程中是不会被摧毁的。一旦某项计算通过了所有逻辑门，你就可以让下一项计算进场了。现代处理器每秒可以完成上亿次这样的过程。当我在笔记本电脑上打下这些字时，

照片的分辨率真是糟糕

2.7GHz 的处理器正在后台安静地空闲着。(2.7GHz 表明处理器每秒可以运行多少次逻辑门。)[①]我的笔记本电脑还是比多米诺骨牌系统快一些的。

① 实际上，更准确的说法应该是，处理器每秒可以执行的指令数。每条指令的执行会涉及多步运算，所以我刚才还估计少了。我所说的每秒计算次数被称为每秒浮点运算次数（floating-point operations per second, FLOPS）。

　　非常粗略地估计，我们耗费 6 个小时搭建的多米诺骨牌计算机每天最多只能进行 4 次运算，即使多米诺骨牌计算机搭建团队昼夜不停地工作。每 21,600 秒计算一次的速度是非常糟糕的，相当于处理器以 46.3 微赫兹的速度工作。我的笔记本电脑的计算速度是多米诺骨牌计算机的 58 万亿倍，而我的计算机每秒实现的计算量需要多米诺骨牌计算机团队昼夜不停地

工作大约 200 万年。即使我有一个了不起的多米诺骨牌志愿者团队，但这似乎也超出了团队的能力。

但我们确实在第二天重新设计了线路，使其可以执行两个 4 位二进制数加法的运算，输出一个 5 位二进制数。但遗憾的是，我们没有多余的多米诺骨牌和空间了，因此线路必须更高效、更紧凑。这也是现代集成线路设计所关注的问题。我们得寸进尺，又开始忙活起来，结果在最终的计算中，两件事出错了。首先，为了节省多米诺骨牌，我们缩短了延迟线路，但是有一个线路缩短太多，导致信号的时序错乱——阻断信号在另一个信号通过后才到达。第二，一些线路排布得太紧凑，导致线路之间发生"信号泄露"［专业术语应叫作串扰（crosstalk），它听起来喜气洋洋的］。线路拐弯处的一张多米诺倒下时触发了相邻的多米诺骨牌链，引发了一个虚假信号。

但令我高兴的是，这些问题正好是实际的计算机线路微型化时遇到的技术难题。除了时间问题，如果两条线路排布得太紧密，一条线路中的电流会引发另一条线路产生感应电流。加上信号泄露问题，因此，无论是电子电路还是多米诺骨牌线路，设计高效的线路都是一门艺术。你或许已经知道，大多数集成线路本身就是由计算机设计的，但有时还是需要一些人类的智慧。苹果公司在 2012 年发布了 iPhone5，它的 A6 处理器内部的一些构件便是人为手动设计和排布的。线路设计也是应用数学要研究的一个大问题。如果你想自己探索一下，我这里有 10,000 张多米诺骨牌可以借给你……

第 13 章

数字搅拌机

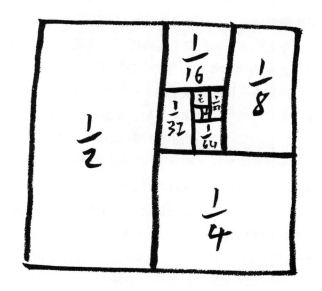

　　数本身就很伟大。它们一旦联合起来，还会有整体大于部分之和的效果。如果你更愿意把它们乘起来的话，甚至是整体大于部分之积。抑或是各部分的平方、倒数、比值……无论你怎样组合它们，它们总会产生一些令人难以置信的结果，如果没有这些不可思议的结果，就不会有现代科技。

　　游戏和电影产业中的现代计算机图形学便是如此。在屏幕的背后，成群的数字密集聚在一起，生成你看到的图像。但如果这些数字以错误的方式组合，图像便会被破坏。2014 年，

《声名狼藉：次子》（*inFAMOUS Second Son*）在 PlayStation 4 推出后，便获得了巨大成功。仅在发行后 9 天，游戏销量就达到了 100 万，并促使 PlayStation 游戏机在英国销量猛增，但是它的成功发行却依赖于一个数字组合故障的修复。

　　开发者在编写游戏时，遇到了一个问题。在生成游戏主角的三维图像时，一切看起来都非常完美，除了他们的脖子出现了一个小问题：主角的脖子上出现了一道黑线。并不是这道黑线有多么恐怖和不详，而是它不符合人们对高画质的期待。经过一系列排查，最终发现是由于一些程序员用了差异非常细微的方式来组合数字，这种不匹配便体现在脖子上。

　　相较于其他部位，主角的面部更加复杂，需要更精细地处理。它的计算和生成由稍微不同于生成其他部位的程序来进行，所以在整个软件中，控制面部和其他部位的子系统各不相同，它们的控制范围在脖子处相交。软件的每个部分都需要组合各种各样的数（如每个像素在三维空间中对应的位置、亮度、物体的真彩色、视角等），最终屏幕上的每个像素点都被赋予一个数值，从而决定其颜色。在理论上，不同子系统精确计算出的图像应该可以无缝衔接，但由于某些原因，它们在边界处产生的图像存在一些小差异。我曾经和其中一个程序员交谈过，他向我解释了原因：其中一部分程序对结果做了向下取整，另外一部分则对结果做了向上取整。

　　为了系统地约定数的组合方式，数学家创立了函数（function）的概念。即使是简单的向上取整或向下取整也可以表示为不同的函数。向下取整的函数为 floor 函数，通常由一对丢失了顶部的方括号来表示，例如 $\lfloor 7.9 \rfloor = 7$；向上取整的函数为 ceiling 函数，通常由缺少底部的方括号来表示，例如 $\lceil 3.1 \rceil = 4$、$\lceil -5.6 \rceil = -5$。也就是说，在《声名狼藉：次子》的代码中，有一部分子系统采用 floor 函数来取整，而其他子系统则采用 ceiling 函数。

注意：一大波图像来袭

用一种系统化的方式接收一个数，将其加工处理，再把它吐出来，本质上就形成了一个函数。虽说是这样，但函数与它们的图形化表示法有着密切的联系。绘制函数的图形是一种将输出结果可视化的方法，许多数学家称这种图形为图像（plot），因为图已经用来指代网络。两者我会交替使用。下面就让我们来详细说说函数图象，以下是 4 种我最喜欢的绘制函数图象的方法。

1. 匹配输入与输出

这是绘制函数图象的经典方法。举一个优美但乏味的例子：函数 $f(x) = x^2$。这里的 f 为函数名，括号中的 x 为函数的输入。对于任何输入 x，我们会得到输出结果——x 的平方，即 x^2。画图时，依次将横轴（x 轴）的每个值作为输入，将纵轴（y 轴）的值视为输出结果，在两者对应的地方画点。最终，所有点会形成一条连续的曲线。你可以把图纸的表面想成是两个数能形成的所有组合。每个点都有两个坐标。这个图象标出了所有合乎函数要求的（输入，输出）坐标对。这种方法也适用于其他不同的函数，例如 $f(x) = 10x - x^2$。

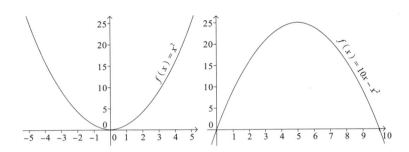

看起来不是很有趣？我也这么认为。

为了让事情变得更有趣一些，我们找来一个网球、一对金属钳、一些易燃液体和一台摄像机。不过我必须强调，你千万不要自己尝试这个实验，毕竟我们的清单里面包含了易燃液体和摄像机，你只需知道好戏就要上演了。但是，如果你真想尝试（其实你并不想），请按照以下步骤进行：用钳子夹住网球，浸入易燃液体，然后找个人帮忙固定摄像机，并将镜头对准你；然后将球点燃，扔向空中，摄像机将录下整个过程，相机的镜头要一直固定不动，而且最好能在黑暗环境中做实验。摄像机会记录网球的飞行过程。你可以将视频的所有帧合

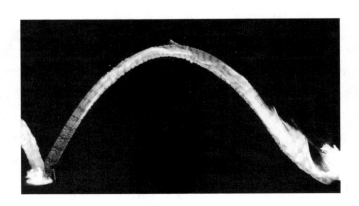

成一张图，从而得到球的飞行轨迹。这个轨迹是球的高度随时间变化的函数图象，它的形状和 $f(x) = 10x-x^2$ 的图象相同！

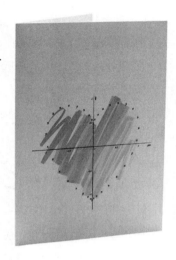

2. 一个输入，两个输出

如果一个函数有两个输出，你可以往函数里灌进各种输入值，然后把每一对输出值当作一对坐标，标在图上。下图是我自创的一个函数，如果你到 0 到 2π 之间的输入值产生的输出都画出来，它们会形成一个心形，函数的图像是一条心形曲线。你可以用电子表格将这些函数值算出来，画出图象，将它通过邮件发给你的心上人，以表达你的爱意，或者干脆发送"我［图象］你"。现在你也有了属于自己的缜密的爱情爱情。

$$\text{坐标} = \left(\sin^3(t), \cos(t) - \frac{1}{3}\cos(2t) - \frac{1}{5}\cos(3t) \right)$$
$$\text{从 } t = 0 \text{ 到 } t = 2\pi$$

3. 经过检验的点

还有一些函数可以检验坐标，只有符合要求的坐标才会成为图象的一部分。下面的这个表达式将告诉你一个坐标能否出现在图象上。取任意一对坐标 (x, y) 代入下面的表达式中，向下取整，如果最终的结果大于 $\frac{1}{2}$，就可以将这个数对画在图像上。最终，你画出的图像就会是……会是下面的图像。这个表达式被称为塔珀自指公式（Tupper's self-referential formula），如果你画出它的图象，会得到一张写有这个式子本身的图片。说实话，我一开始并不相信，但在尝试之后发现，它确实是这样。

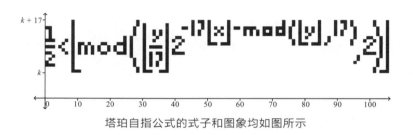

塔珀自指公式的式子和图象均如图所示

4. 三维图像：两个输入，一个输出

在一些函数中，两个输入和一个输出对应。如果你玩 21 点（blackjack），应该知道，当你手上已经有两张牌时，如果再要一张牌，总点数就有可能超过 21，你将因此输掉所有赌注。输掉赌注的概率是你手上现有两张牌的函数（假设你没看过这副扑克牌中的其他牌），它也可以用图像表现出来。我们像之前那样从二维平面开始，利用平面的坐标来代表你手上所有可能的两张牌，利用它们对应的三维高度来代表在该情况下输掉赌注的

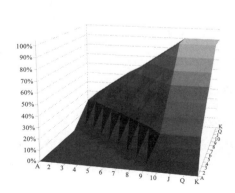

概率。画出来的图像就像堆在一角的山峰，我称其为"失望山"，这个叫法对于某些热衷于 21 点牌的玩家是不是很恰当？

递归函数

我们已经介绍过递归算法，所以你应该已经知道了一些递归函数。递归算法在计算过程中调用自己（回想一下第 11 章那个令人恼火的蛋糕食谱），同样，递归函数也将自己的输出作为输入继续进行计算。最有名的递归函数是生成斐波那契数列（Fibonacci number）的函数，其他的还包括生成卢卡斯数列（sequence of Lucas number）的函数。后者虽然不是最有名的递归函数，但更优秀，至少我这样认为。卢卡斯通常让人们联想到弹堆数和素数，在我们这个年代没有什么名气，但正是他以数学家列昂纳多·斐波那契·皮萨诺（Leonardo "Fibonacci" Pisano）之名来命名斐波那契数。斐波那契数列和卢卡斯数列都是从两个数开始，之后函数的每次输出都等于前两个输出之和。只不过两个数列的初始值不一样：斐波那契数列是 1 和 1，卢卡斯数列是 1 和 3。

斐波那契数列

1; 1; 2; 3; 5; 8; 13; 21; 34; 55; 89; 144;
233; 377; 610; 987; 1,597; 2,584;
4,181; 6,765; 10,946 ···

卢卡斯数列

1；3；4；7；11；18；29；47；76；123；199；
322；521；843；1,364；2,207；3,571；5,778；
9,349；15,127；24,476…

我们从这类函数得到一串越来越大的数，熟悉了这一点后，现在我们还可以将该过程反过来。从数列中任取一个数，减去该数前面的一个数，你就会得到更前面的数。试着用这种方法一直倒推到起点的另一侧，你最终应该会得到一个正负交替的数列（参见书后的"疑难解答"）。你也可以找到联系这两个数列的函数。将斐波那契数列中位置间隔为 1 的两个数相加，就会得到这两个数所在位置中间的卢卡斯数。例如，3、8 分别是斐波那契数列的第 4 项和第 6 项，它们的和 11 是卢卡斯数列的第 5 项。

斐波那契是 13 世纪初一位活跃的数学家。他向欧洲引入了十进制计数法，并且利用几何和代数研究了许多有趣的事情。然而，按道理说，他的这个数列，最多只能算他人生中的一个小小的注脚。他确实列出了数列，但并没有再做更多的工作。直到 19 世纪初，卢卡斯才开始更深入地研究这个数列，并发现了其中的奥妙。现在几乎每个人都知道斐波那契数列，而卢卡斯和他的卢卡斯数列却默默无闻，真是太遗憾了。

众所周知，斐波那契数列与黄金分割比（golden ratio）有关。黄金分割比（1.618…）由希腊字母 φ 表示，它在数学上具有重要的意义，人们给这个数瞎编乱造的事情比其他所有事都要多。不要误会我的意思，黄金分割比还是包含许多美妙的数学性质的，比如它是唯一一个比自己倒数多 1 的正数，但将它与艺术和建筑联系起来，我实在觉得太牵强。整个人的身高与肚脐距离地板的高度成黄金分割比，这也是老生常谈了，但也从来没有人给过我任何解释或者证据。

斐波那契数之所以和黄金分割比联系在一起，是因为随着斐波那契数不断变大，数列前后两项的比值越

$$\phi = 1.61803398874989\ldots$$

$$\frac{1}{\phi} = 0.61803398874989\ldots = \phi - 1$$

这真是了不起

这没什么了不起的

来越接近黄金分割比。在某些人看来，这种联系如此明显，以至于他们将斐波那契数列当成黄金分割比的同义词。但问题是，只要一个数列是在递归地把两数之和当作下一个数，这个规律都成立。我试过不从 1、1 开始，而是从 1,000 万以内随便选两个数，果然要不了 20 项，比值全都成了 1.618034。任意相邻两项相加生成下一项的数列都体现了黄金分割比。要问哪个数列的黄金分割性质最明显，我们可以用黄金分割比的幂运算来逼近。从黄金分割比的 2 次方开始，不断增加指数，然后将每个结果四舍五入取整。你会发现，它们恰好组成卢卡斯数列。

更神奇的是，卢卡斯数可以做粗略的素性检验。如果一个数是素数，那么这个位置的卢卡斯数一定等于这个素数的某个倍数加 1。例如，第 7 个卢卡斯数是 29，恰好等于 7 的某个倍数（即 28）加 1，而 7 正是素数。但问题是，尽管这个规律

$$\phi^2 = 2.618 \approx 3$$

$$\phi^3 = 4.236 \approx 4$$

$$\phi^4 = 6.854 \approx 7$$

$$\phi^5 = 11.090 \approx 11$$

$$\phi^6 = 17.944 \approx 18$$

$$\phi^7 = 29.034 \approx 29$$

黄金分割比的幂给出了卢卡斯数列

对所有素数都成立，但是对一些非素数也成立。也就是说，不符合这个规律的数一定是合数（即非素数），但是符合这个规律的数也不一定是素数。伪装成素数并通过这个检验器检验的合数被称为卢卡斯伪素数（Lucas pseudoprime）。如果我们要百分之百确定一个数是素数，就需要一个更强的素性检验器。对于梅森素数来说，我们有卢卡斯-莱默素性检测。

卢卡斯-莱默素性检测也使用一个递归函数来产生数列——卢卡斯-莱默数列（Lucas-Lehmer sequence）。这个数列从 4 开始，其后的每一项都是前一项的平方减去 2（如下图）。对于任意梅森数（如 $2^3-1 = 7$ 和 $2^8-1 = 255$），提取出其中 2 的指数（即前例中的 3 和 8），将这个指数减 1（前例中是 2 和 7），如果该对应位置的卢卡斯-莱默数是原梅森数的倍数（即相除没有余数），那么这个梅森数一定是素数。

卢卡斯 - 莱默数

4; 14; 194; 37,634; 1,416,317,954; 2,005,956,546,822,746,114 ; 4,023, 861, 667, 741, 036, 022, 825, 635, 656, 102, 100, 994...

我们可以检验一下前面举的例子。例如，梅森数 7 比 2 的 3 次方小 1，所以我们要看第 2 个卢卡斯-莱默数——14。它是 7 的倍数，所以 7 是梅森素数。我们可以再看看第 8 个梅森数——$2^8-1=255$，我们要看第 7 个卢卡斯-莱默数（这个庞然大物已经超过 40,000 亿亿亿亿），它不是 255 的倍数，所以 255 不是梅森素数。

如果检验没有通过，我们可以非常确定这个数不是梅森素数。这就是为什么卢卡斯可以在不知道具体因子的情况下确认第 67 个梅森数不是素数。这也是卢卡斯证明第 127 个梅森数就是素数的方法，它是至今通过人力找到的最大素数。（关于梅森素数的更多内容，请阅读书后的"疑难解答"。）

我们已经看到，卢卡斯-莱默数会以非常荒诞的速度增大到非常荒诞的地步，所以计算它们是一个不小的挑战，但其实只要计算出每个卢卡斯-莱默数除以待检测梅森数的余数即可。例如，如果你想检测梅森数 $2^{13}-1=8,191$ 是否为素数，那么你只需计算出每个卢卡斯-莱默数除以 8,191 的余数即可。这样，数值的大小就变得可控了。在这个例子中，余数数列的第 12 项是 0，这便证明 8,191 是素数。卢卡斯当年便是这样手动算出 $2^{67}-1$ 和 $2^{127}-1$ 对应的余数数列，证明前者是合数，后者是素数。如果你想挑战一下自己，不妨用卢卡斯-莱默数列证明 $2^{17}-1=131,071$ 是素数。

卢卡斯-莱默数列除以 8,191 的余数序列

4；14；194；4,870；3,953；5,970；1,857；36；1,294；3,470；128；0

全都加起来

现在让我们先看一个数学笑话放松一下心情。

假设有无限多位数学家走进一家酒吧。第一位数学家点了 1 杯啤酒，第二位数学家点了 $\frac{1}{2}$ 杯，第三位数学家点了 $\frac{1}{4}$ 杯，接下来的数学家点了 $\frac{1}{8}$ 杯，以此类推。酒保被惹恼了，倒了 2 杯，啪地放到吧台上，说道："你们这群数学家应该知道你们酒量的极限！"

是否有函数可以接收无穷多个输入而返回一个结果？答案是肯定的，确实存在这样的一个函数，它可以求取无限长序列的和，返回一个数。这似乎有点违背直觉，无穷项求和的结果竟然不是无穷。如果将所有正整数相加，得到的总和显然是无穷。因为这些数越来越大，而且和的增长速度会越来越快。得数将爆炸式增长，大到离谱。用数学的术语，这个现象被称为发散（divergent），因为答案就这样飞走了。然而，如果将无穷个越来越小的数相加，最终的结果可能会收敛（converge）为一个有限的数值。因此，我要再强调一下：无穷序列的和有可能是有限的。

无穷多个数学家点啤酒的笑话之所以能成立，就是因为后面每个人点的啤酒量都是前面那个人的一半。虽然有无穷多个人买酒，但他们的购买量的总和却并不是无限的，而且恰好是 2 杯。如果用一个面积为 1 的正方形代表 1 杯，我们可以很直观地看出这是为什么。因为每次新点的啤酒是上一次的一半，所以它会占据剩余空间的一半。因此，所点啤酒的总量不会超过两个正方形（见右图）。想让所点啤酒的总量达到 2 杯，队伍里需要有无穷多个数学家。我们称像这样无穷多个数之和的得数为和的极限（limit）。

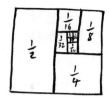

但请注意：要确定一个无穷序列的和是否收敛往往非常困难。只凭序列越来越小还不足以确定其敛散性。对于这一点，我们来看一个非常有名的例子：求取所有单位分数（unit fraction，分子为1、分母为正整数的分数）的

$$1 + \frac{1}{2} = 1.5$$

$$1 + \frac{1}{2} + \frac{1}{4} = 1.75$$

$$1 + \frac{1}{2} + \frac{1}{4} + \frac{1}{8} = 1.875$$

$$1 + \frac{1}{2} + \frac{1}{4} + \frac{1}{8} + \frac{1}{16} = 1.9375$$

$$1 + \frac{1}{2} + \frac{1}{4} + \frac{1}{8} + \frac{1}{16} + \frac{1}{32} = 1.96875$$

$$1 + \frac{1}{2} + \frac{1}{4} + \frac{1}{8} + \frac{1}{16} + \frac{1}{32} + \frac{1}{64} = 1.984375$$

$$1 + \frac{1}{2} + \frac{1}{4} + \frac{1}{8} + \cdots + \frac{1}{1024} = 1.999\cdots$$

和，即计算 $1 + \frac{1}{2} + \frac{1}{3} + \frac{1}{4} + \frac{1}{5} + \cdots$。每个加数都比前一项小，但它的和不会收敛为一个有限值。这个和被称为调和级数（harmonic series）[1]。法国数学家尼克尔·奥里斯姆（Nicole Oresme）于 14 世纪初首次证明了它是发散的。

奥里斯姆和斐波那契一样，在数学史中都被边缘化了。古希腊人在那个遥远的时代取得卓越的数学成就，但在那之后直到 16 世纪，欧洲几乎没有出现任何数学成果，奥里斯姆和斐波那契是少有的例外。调和级数的发散性便是在这段时间发现的。尽管世界上其他地区的数学在不断发展，此时的欧洲却已经沉寂了 1,000 年。尼克尔·奥里斯姆不仅证明了调和级数

---

① 数学家用级数（series）来指一个数列的和。

是发散的，还提出了函数图象的概念，这具有划时代的意义。早在牛顿时代的几个世纪之前，他便已经开始使用速度-时间图像了。

奥里斯姆的天才智慧在于，他构造了一个比调和级数小的新级数。他找来所有的单位分数，并把分母不是 2 的幂的分数都替换成一个更小的满足此要求的分数。这样新级数的每一项都小于或等于原调和级数的对应项，所以新级数的和肯定小于原调和级数的和。但是当奥里斯姆将其中一些和为 $\frac{1}{2}$ 的项组合起来时，他发现对新级数的求和就变成了对无穷个 $\frac{1}{2}$ 求和，这个级数显然是发散的。这意味着比它大的调和级数也是发散的。因此，奥里斯姆证明了一个递减数列的和可能是发散的，但他的证明在历史中消失了一段时间，同样的结果在 17 世纪初才被重新发现。

$$和 = 1 + \frac{1}{2} + \frac{1}{3} + \frac{1}{4} + \frac{1}{5} + \frac{1}{6} + \frac{1}{7} + \frac{1}{8} + \frac{1}{9} + \frac{1}{10} + \frac{1}{11} + \cdots$$

$$和 > 1 + \frac{1}{2} + \underbrace{\frac{1}{4} + \frac{1}{4}}_{=\frac{1}{2}} + \underbrace{\frac{1}{8} + \frac{1}{8} + \frac{1}{8} + \frac{1}{8}}_{=\frac{1}{2}} + \underbrace{\frac{1}{16} + \frac{1}{16} + \frac{1}{16}}_{=\frac{1}{2}} + \cdots$$

$$和 > 1 + \frac{1}{2} + \frac{1}{2} + \frac{1}{2} + \cdots$$

证明所有单位分数之和会变得巨大无比

然而，即使你知道无穷序列的和是收敛的，要计算和的极限往往极其困难。数学家很早就知道平方分数（square fraction，即分母是平方数的单位分数）是收敛的，但是在很长一段时间里都无法计算它的和的极限。1644 年，意大利数学家皮彼得罗·门戈利（Pietro Mengoli）正式提出了这个问题。这个问题现在被称为巴塞尔问题（Basel problem），命名自瑞士小镇巴塞尔——欧拉就出生在那里。他是史上最伟大的数学家之一，之前计算点、边、面的数目的人也是他。欧拉正是因为解开巴塞尔问题而一举成名。1735 年，欧拉向人们展示了：

$$1 + \frac{1}{4} + \frac{1}{9} + \frac{1}{16} + \cdots = \frac{\pi^2}{6}$$

这个结果至今还会让我头脑发蒙。平方分数（平方数的倒数）的和竟然是 π^2 的 $\frac{1}{6}$。这里完全看不到圆的存在，但 π 就这么神不知鬼不觉地跳了出来（这是 π 的一贯作风）。这使我们看到了数学领域的深层联系！发现并证明这个伟大的结果是数学中一项了不起的成就，理应让欧拉名垂青史，但直到一个世纪后，数学家才发展出可靠的工具来处理这类包含无穷个输入的函数。

遇见伯努利数

你可能发现我们已经很长时间没有用过剪刀和纸了，更别提气球和吸管了。这可能会让人心慌。我很清楚，把数摆成序列，塞进函数，可能会触碰到某些人的神经。他们可能会想起学校里暗无天日的数学课，甚至会在半夜突然惊醒，大喊"奇变偶不变，符号看象限"，全身冒冷汗。

没关系，请拿出你万数莫当的勇气。我不会把你送回学校，我要讲的东西和学校的数学非常不一样（尽管表面上有一些相似）。坦白说，数学家绝不会将自己困在现实生活的形状和谜题中，因为在现实之外，还有一片更大的游乐场。我们现在就要加入它们！从现在开始，我们体验的乐趣将会变得有点抽象，我们要做的事只存在于我们的大脑中。不要因为小时候被二次方程咬了一口就错过哟！

好了，我们要开始了！

快，你能不能迅速回答出：

- 前 4 个立方数的和是多少？
- 前 10 个奇数的和是多少？
- 为什么这两个问题的答案是一样的？

在这一节，我将向你介绍我知道的最强大函数。虽然有些函数更加优雅，有些函数更有用处（如本章最后介绍的函数），还有一些函数可以撼动数学的根基，但是接下来要介绍的函数却是我最喜欢的，我被它的力量折服。虽然这个函数看起来十分粗犷，但是它可以解决你扔给它的任何问题。我会先教你怎么使用这个函数，再给你展示一些歪门邪道的用法。

正如我前面提出的几个问题，对序列求和有时会得到一些有趣的结果。从 1 开始对连续有限个整数（1，2，3，4，5，…）求和，你会得到三角数（第 46 页）。前 n 个正整数的和恰好等于第 n 个三角数。稍微有意思一点儿的是，如果对一个从 1 开始的奇数序列求和，你总会得到一个平方数。更神奇的是，立方数序列的和是三角数的平方。注意：前 10 个奇数的和是 $10^2 = 100$，前 4 个立方数的和也是 $10^2 = 100$。

$$1 + 2 = 3 \qquad 1 + 3 = 4$$
$$1 + 2 + 3 = 6 \qquad 1 + 3 + 5 = 9$$
$$1 + 2 + 3 + 4 = 10 \qquad 1 + 3 + 5 + 7 = 16$$
$$1 + 2 + 3 + 4 + 5 = 15 \qquad 1 + 3 + 5 + 9 = 25$$

三角数和平方数的产生

求和的过程可能会很无聊，还好我们有捷径可走。

有一个广为人知但也有可能是虚构的故事，德国数学家卡尔·弗里德里克·高斯（Carl Friedrich Gauss）小时候计算了一个序列的和。在故事中，老师让学生计算 1 至 100 的和。话音刚落，少年高斯便立即回答 "5,050"。当被问及如何能计算得这么快，他解释说，1，2，3，4，…，98，99，100 可以分成和相等的数对 $1 + 100 = 101$、$2 + 99 = 101$、$3 + 98 = 101$ 等。采用这种方法，我们可以求取 1 至任何数的和。技巧就在于从两个这样的数列出发，对数值进行配对。你对这个结果是不是很熟悉？这正是计算第 n 个三角数的表达式。

$$\text{两倍的和} = \begin{cases} 1 + 2 + 3 + 4 + \cdots + (n-1) + n & \text{正向排列} \\ n + (n-1) + (n-2) + (n-3) + \cdots + 2 + 1 & \text{逆向排列} \end{cases}$$

$$\begin{array}{c} \text{两倍} \\ \text{的和} \end{array} \left\{ \begin{array}{l} \overleftarrow{} \text{一共} n \text{个} \overrightarrow{} \\ 1 + 2 + 3 + \cdots + (n-1) + n \\ n + (n-1) + (n-2) + \cdots + 2 + 1 \\ n+1 \quad n+1 \quad n+1 \qquad\quad n+1 \quad\; n+1 \end{array} \right.$$

$$\begin{array}{c} \text{两倍} \\ \text{的和} \end{array} = (n+1) \times n$$

$$\text{和} = \frac{n(n+1)}{2}$$

接下来登场的就是求出此类得数的终极技巧了。这个函数会使上述求和问题变成小菜一碟。用这个函数可以计算出任何长度、任何幂次的序列之和。不管是前 15 个立方数之和、前 50 个 4 次方数之和，还是前 87 个 13 次方数之和，这个函数都可以轻松解决。这个函数基于瑞士数学家雅各布·伯努利的研究成果。他出生于 1655 年（也在巴塞尔），是数学世家伯努利家族的一员。他不是因流体力学中的伯努利原理（Bernoulli's principle）而闻名的伯努利［那是他的侄子丹尼尔·伯努利（Daniel Bernoulli）］，也不是发现洛必达法则（L'Hôpital's rule）和担任欧拉导师的伯努利［那是他的兄弟约翰·伯努利（Johann Bernoulli）］。雅各布·伯努利有专属于自己的出色成果，他在概率和代数领域作出了重要贡献，还提出了自然常数 e。尤其是，他还给出了下面这个函数赖以安身立命的数据。

$$1^m + 2^m + 3^m + 4^m + \cdots + n^m = \frac{(B+n+1)^{m+1} - B^{m+1}}{m+1}$$

如果你想计算前 n 个正整数的 m 次方之和，只需要将它们输入伯努利等式（Bernoulli equation），便可得到答案。但请注意，等式中的字母 B 不能用通常意义下的代数运算来处理。我们以一种全新的方式将数值代入等式：你可以自由地挪动、处理字母 B，就像正常的式子里那样，然而一旦取了它的幂，情况就不太一样了。一般来说，B^2 和 B^3 的分别代表 B 的平方和立方，但在这里，它们代表伯努利数（Bernoulli number）序列中的第二和第三项（即 B_2 和 B_3）。你可以将伯努利数看作 B 在另外一种意义下的幂次，下表给出了其中的一些项。

B_1	B_2	B_3	B_4	B_5	B_6	B_7	B_8	B_9	B_{10}
$-\frac{1}{2}$	$\frac{1}{6}$	0	$-\frac{1}{30}$	0	$\frac{1}{42}$	0	$-\frac{1}{30}$	0	$\frac{5}{66}$

B_{11}	B_{12}	B_{13}	B_{14}	B_{15}	B_{16}	B_{17}	B_{18}	B_{19}	B_{20}	①
0	$-\frac{691}{2730}$	0	$-\frac{3617}{510}$	0	$\frac{43867}{798}$	0	$-\frac{174611}{330}$	0	$\cdots$	

我们无法确切知道雅各布·伯努利什么时候发现伯努利数，但它们的首次出现是在他的书《猜度术》（*The Art of Conjecturing*）中。这本书发表于 1713 年——伯努利死后的第 8 年。伯努利数列并不是一串整齐漂亮的数，不像斐波那契数

---

① 伯努利数的偶数项是正负交替的数，原文表中的数据有误，B_{14} 项应该是 $\frac{7}{6}$。B_{16} 应为 $\frac{-3617}{510}$，B_{18} 应为 $\frac{43867}{798}$。——译者注

列那么友善：除了第一项，奇数项全都为 0；偶数项正负交替，而且都是笨重的分数。这就是为什么我说这个函数很粗犷。你肯定不会在《性感数学月刊》（我瞎编的一本刊物）光鲜的封面上看到它们。当然，这是我杜撰的期刊啦。但是伯努利数列的粗犷中透露着一种奇异的美。为了感受这种美，你需要把这个函数拖出来亲自试一下。不妨利用这个函数计算前 4 个立方数之和。不过我必须得提醒你：计算过程会涉及多项式相乘及其他代数运算，这可能会引发重回学校的噩梦。

　　利用这个等式确实需要一点计算量。为了计算前 4 个立方数之和，我们将 m 设置为 3（即将指数设置成立方），将 n 设置成 4，最终等式会告诉我们正确答案是 100。诚然，简单地直接求和（$1 + 8 + 27 + 64 = 100$）会更快一些，但这不是重点。这个等式的意义在于，它可以算出任何指数序列之和。这个方法是通用的，可以囊括我们前面使用过的所有求和方法。如果你将 m 设为 1，直接把 $1 + 2 + 3\cdots$ 加起来（没有平方，没有立方，就只是 1 次的），并保持 n 不变，等式的右边就会得到我们熟知的三角数的表达式 $\dfrac{n(n+1)}{2}$（详情参见书后的"疑难解答"）。这足以摘得数学界的大奖：一个简洁的理论将无数方法联系在一起。这就是为什么阿达·洛芙莱斯编写了世界上第一个计算机程序来计算伯努利数。它的美让人赏心悦目。

　　接下来就来看看我们能不能打破伯努利数。

　　数学家发现的第一个漏洞是伯努利数可以计算无穷序列的和。下面这个新函数可以计算所有指数为偶数的单位分数序列之和。你只需要用一个偶数替换 m，就能自动地得到一个无穷级数之和。例如，如果我们将 m 设置为 2，等式右边就会得到 $\dfrac{\pi^2}{6}$，这和欧拉的计算结果相同。但你可以算的远不止如此，

你还可以计算指数为 4、6 等对应的单位分数无穷序列之和。公式中 $|B^m|$ 的两个竖线代表绝对值函数，意思就是忽略伯努利数的符号，全部当作正数考虑。

$$1 + \frac{1}{2^m} + \frac{1}{3^m} + \frac{1}{4^m} + \cdots = \frac{2^{m+1}|B^m|\pi^m}{m!}^{①}$$

　　第二个漏洞看起来就有些荒谬了。数学家找到了一种活用伯努利数的方法，可以计算正整数任何次方的无穷序列之和。我们认为这个结果应该是无穷的，但有种办法可以让我们偷一个答案过来。数学家将求取幂的倒数之和的函数推广到了 m 取负值的情形，但负数次幂的倒数就是正常的幂，所以我们可以用这种方式来计算正整数某幂次的和。

$$\frac{-B^{m+1}}{m+1} = \frac{1}{1^{-m}} + \frac{1}{2^{-m}} + \frac{1}{3^{-m}} + \frac{1}{4^{-m}} + \cdots$$

$$= 1^m + 2^m + 3^m + 4^m + \cdots$$

　　首先我们可以先看看 $m = 1$ 的情形，即求取所有正整数之和。显然，答案应该是无穷，但这并不是伯努利数给出的答案。它们给出的结果是 $-\frac{1}{12}$，也就是说 $1 + 2 + 3 + 4 + \cdots = -\frac{1}{12}$。

---

① 原文图中的公式有误。等式右边的分子，2 的 $m + 1$ 次方应为 2 的 $m - 1$ 次方。——译者注

当然，你可以认为这个答案没有意义。这样我们似乎已经打破了伯努利数，因为只有疯子才会认为所有正整数的和等于 $-\frac{1}{12}$。但是我们也可以铤而走险地去设想一下这个可能性，这是另一种对所有正整数之和更深刻的理解。

还记得吗？拉马努金在写给英国数学家的信中声称：$1 + 2 + 3 + \cdots = -\frac{1}{12}$。他很意外哈代竟然对此如此认真。他在 1913 年 2 月 27 日的回信中写道：

> 我本来以为会得到像伦敦数学教授那样的回复，他让我仔细研究一下无穷级数，别中了发散级数的圈套。如果我把我的证明发给你，我敢肯定你的反应也会和那位伦敦教授一样。我告诉他，在我的理论下，$1 + 2 + 3 + \cdots = -\frac{1}{12}$。如果我告诉你这个结果，你可能会立即指出精神病院才是我该去的地方。

事实证明，拉马努金不仅独立地发现了伯努利数，还发现了不止一种方法可以证明 $1 + 2 + 3 + \cdots = -\frac{1}{12}$。这种求和现在被称为拉马努金求和（Ramanujan summation），它让我们对无穷数列的各种发散方式有了更深刻的理解。当然，所有正整数的和确实是无穷的，但是如果你可以跳出无穷，$-\frac{1}{12}$ 便在那里等着你。

黎曼 Zeta 函数

"有了这些方法的帮助，小于 x 的素数的个数就可以确定了。"伯恩哈德·黎曼如是说。黎曼所说的方法，就是我们接下来要介绍的数学中最有名的函数之一：黎曼 Zeta 函数。在讨论素数的那一章中，我提到了伯恩哈德·黎曼 1859 年的论文《论小于某个给定值的素数的个数》，在论文中他发现了一个计算小于任意给定值的素数个数的方法。这是一个了不起的方法，让数学家从更深层次了解素数的分布和性质。但唯一的问题是黎曼无法证明这个方法是对的，不过他证明了如果 Zeta 函数展现的线性排布是正确的，那么计算素数个数的方法也一定是正确的，但他同样无法证明线性排布是正确的。

在论文发表后，当时的焦点就变成了"只要能证明 Zeta 函数的线性排布规律是正确的，数学家就能洞察素数的秘密"。这听起来非常合理。黎曼的论文只有 10 页。他将一些工作留给后人去完成也是可以理解的，或许，一想到这些结论有可能都是对的，他就激动得不行，以至于最后自己没去证明它。结果，就像人＝铁、饭＝钢一样确定无疑，其他数学家接手了黎曼的工作，但是他们也无法证明。直到现在，黎曼假设仍悬而未决。

那么，什么是黎曼 Zeta 函数[①] 呢？我们其实在前面已经见过它了——它建立在欧拉解决的巴塞尔问题之上。Zeta 函数是对无穷负幂次序列求和，一般我们用希腊字母 Zeta（ζ）来指代黎曼 Zeta 函数，如下式：

$$\zeta(m) = 1 + \frac{1}{2^m} + \frac{1}{3^m} + \frac{1}{4^m} + \cdots$$

① 自从黎曼的论文问世之后，不断有许多没那么有名的 Zeta 函数涌现，但是一般而言，提到"Zeta 函数"时一般指的是黎曼的原始版本。

你应该对它比较熟悉了，因为不仅欧拉计算了这个函数的一些结果，而且我们利用伯努利数也很容易计算出 m 为偶数时的函数值。但是，为了看到 Zeta 函数的全貌，我们需要计算 m 取任意值时的情形。黎曼不仅将这种"巴塞尔函数"推广到 m 取非整数的情形，还将其推广成能同时输入两个数值的函数。

我们似乎走得太远了。讨论黎曼假设和 Zeta 函数时，通常都怀有"先把人骗过来再说"的想法。说好要深入研究素数的个数和分布，你却谈负幂次求和。素数去哪儿了？别急，它们之间确实有奇异的关联。为了指明这一点，我们还得再谈到欧拉。

除了攻克巴塞尔问题，欧拉还意识到所有正整数的某负幂次之和等于一个只用素数表示的无穷分式序列的乘积，所以 Zeta 函数可以写成两个不同的式子，其中一个表达式仅依赖素数。正整数形式的表达式与素数形式的表达式结果相同，只不过前者更容易操作，因为我们知道所有正整数是什么，但不知道所有素数是什么样的。但两个表达式是等价的，我们可以用一个代替另一个。Zeta 函数和素数的联系便是黎曼这篇论文获得成功的关键。研究负幂次求和让我们对素数的乘积（以分数的形式）有深刻了解。

$$1 + \frac{1}{2^m} + \frac{1}{3^m} + \cdots = 1 \times \frac{1}{1 - \frac{1}{2^m}} \times \frac{1}{1 - \frac{1}{3^m}} \times \frac{1}{1 - \frac{1}{5^m}} \times \cdots$$

等式左边是所有的整数，等式右边是所有的素数

Zeta 函数的神通广大令它非常有用，但是要用好它却十分困难。毫无疑问，它是一个狡猾而隐晦的函数。我们有数不

尽的方程来描述 Zeta 函数，但每个都只能代表它的一小部分。我认为理解 Zeta 函数最好的方式是把它想象成人类正在一点一点发掘的神秘函数。我们偶尔会对它有新的理解，但每次只是前进一小步。我们已经看到，利用伯努利数，我们可以计算出 m 为偶数时的 Zeta 函数值。拉马努金则首次发现了幂次为正奇数的结果，也就是说，他完全独立地发现了 Zeta 函数，但是他也只是看清了 Zeta 函数的一小部分。

$$\zeta(2) = \frac{1}{1^2} + \frac{1}{2^2} + \frac{1}{3^2} + \cdots = \frac{\pi^2}{6}$$

$$\zeta(4) = \frac{1}{1^4} + \frac{1}{2^4} + \frac{1}{3^4} + \cdots = \frac{\pi^4}{90}$$

$$\zeta(6) = \frac{1}{1^6} + \frac{1}{2^6} + \frac{1}{3^6} + \cdots = \frac{\pi^6}{945}$$

$$\zeta(8) = \frac{1}{1^8} + \frac{1}{2^8} + \frac{1}{3^8} + \cdots = \frac{\pi^8}{9450}$$

如果我们将 Zeta 函数画出来，也许就可以更直观地观察它。然而，即便是找到"简单"部分的精确函数值，也要花费欧拉、拉马努金以及其他仍然在世的著名数学家的大量精力。要想获得更复杂的函数值似乎是不可能的，而素数在我们看到 Zeta 函数全貌之前是不会透露它们的秘密的。但看看素数在当今数据安全领域的至高地位，我们的探索一定是值得的。

不过，我们可以用些小把戏。我们虽然求不到精确值，但是可以计算"足够好"的近似值。假设我们不知道$\frac{1}{1^2} + \frac{1}{2^2} + \frac{1}{3^2} + \cdots = \frac{\pi^2}{6}$，但打算用赖皮的方法寻求得数。我们可以不计算无穷项之和，只计算有限项的和来逼近准确的结果。如果只取前 3 项，我们会得到 1.361111111，而 $\frac{\pi^2}{6} = 1.644934\cdots$，所以前 3 项的结果还不是很接近。取前 10 项会好一些，误差会降低到 5.8%。不过计算过程太无聊了，所以我写了一个程序将前 10 亿项加起来，最终得到 1.64493405783457，这个数字已经足够接近精确答案了。

$$\frac{\pi^2}{6} = 1.6449340668482264 3647\ldots$$

个数	和	误差
10	1.549767731	5.8%
100	1.634983900	0.6%
1,000	1.643934567	0.061%
1,000,000	1.644933067	0.0000 61%
1,000,000,000	1.644934057834575	0.00000055%

　　这是一个仍然涉及大量计算的取巧方法。相比之下，拉马努金的天才之处在于，他发现了计算 Zeta 函数取负值时的方法。正如我们前面看到的，它们的和本来是飞速发散到无穷的，但是拉马努金却能把得数飞走后留下的重要信息提取出来。使用伯努利数，他计算出 Zeta 函数的输入取负值时的输出值。最终，我们可以画出 Zeta 函数的完整图像。图像见第 293 页图。

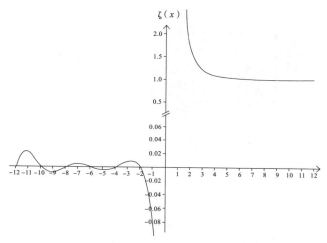

−10 到 10 之间各数的 Zeta 函数值

　　该图像显示，当输入值为正值时，输出值在无穷远处下降，然后缓慢接近 1，右边的图像似乎没有什么有趣的东西。在输入值为负值的左边，函数值来回波动。它有规律地穿过横轴，交点的函数值为 0，这些点毫无意外被称为零点。这些零点本身也并不令人意外，被称为平凡零点（trivial zero）。当输入值为负偶数时，它们会如期出现。而且我们知道它们为什么会出现，因为每两个连续的伯努利数就有一个 0。这也都在我们的意料之中。

　　我们没有料到的是——在坐标轴之外还有一些零点。黎曼将 Zeta 函数拓展成可以输入两个数值的函数，画出了其三维图像。从图中可以看到，在原坐标轴的旁边，还有一系列零点。这些零点的出现令人意外，不仅如此，所有我们已经窥见的零点竟然排成了一条直线。

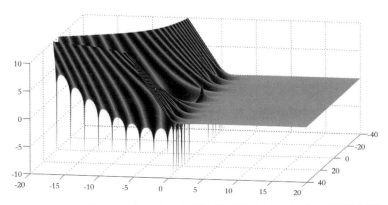

Zeta 函数的三维图像。你可以看到平凡零点都在中间，还可以看到一些意外出现的零点，它们排成一条直线。这其实是 Zeta 函数的对数图像，目的是突出零点

这些零点不是平凡零点，它们不能从函数表达式中明显地看出来。对于非平凡零点（non-trivial zero），直到现在，我们还没有完全理解。令人毛骨悚然的是，图象上其他地方完全有可能也有零点，但所有的零点竟然全都立正对齐站成了一条直线，而我们还不知道为什么会这样。这条直线和原来的数轴在 $\frac{1}{2}$ 处垂直。它们随意地分布在直线上，但奇怪的是，它们全在一条直线上。黎曼假设断言 Zeta 函数的所有非平凡零点都在这条直线上。如果我们能够证明黎曼假设是正确的，就能证明计算素数个数的方法是正确的。这种怪异的数学逻辑——零点的直线排布，表现了本质上来源于素数分布密度内含的逻辑性。这看起来似乎没有道理，但总之，如果我们能够窥探零点直线分布的秘密，就会知道素数到底藏在哪里。

虽然一直有人尝试证明黎曼假设，但它至今仍然悬而未决。1914 年，哈代成功证明了这条直线上有无穷多个零点，

但他无法证明直线之外没有零点。我们目前已经知道 40% 的非平凡零点都在这条直线上，但是无法确切保证 100% 的非平凡零点都在上面。只要这条直线外有一个非平凡零点，黎曼假设就会被推翻，我们建立在其上的素数理解就会顷刻崩塌，但是我们至今一个反例也没有找到。所有事实都显示我们走在正确的轨道上，但是我们就是无法证明它。

1900 年，德国数学戴维·希尔伯特（David Hilbert）列出了一个下个世纪最重要的数学问题表，黎曼假设就位列其中。如果没有黎曼假设，我们就会失去理解素数本质的唯一线索。然而，一个世纪后，克雷数学研究所（Clay Mathematics Institute）再次列出下个世纪的重要数学问题时，黎曼假设仍然赫然在列。直到现在，克雷数学研究所为黎曼假设设置的 100 万美元悬赏仍然没有找到主人。如果谁可以证明 Zeta 函数的所有非平凡零点都在一条直线上，谁就可以拿走这 100 万美元。

很多数学家做了和黎曼一样的事：在素数计数法的帮助下勇往直前，假设后面有人能够证明它是正确的。这么做看上去很保险：计算机已经检查了前 10 万亿个非平凡零点，它们全在那条直线上。话虽这么说，但有的数学理论就曾被比这还大的数推翻。因此，完全有可能存在跑到直线之外的零点，只不过我们还没碰到而已。证明或推翻黎曼假设会让一群人高兴或伤悲。当然，能证明其正确的人可以得到那 100 万美元的奖金。我觉得还应该单独为推翻它的人设立安慰奖，毕竟他扫了全人类的兴。

顺带提一下，希尔伯特自己对它也持怀疑态度，他认为即便再过 1,000 年，这个假说依然不能被证明。他说道："假如我可以在 1,000 年后醒来，我的第一个问题一定是，黎曼假设被证明了吗？"

第 14 章

怪异的图形

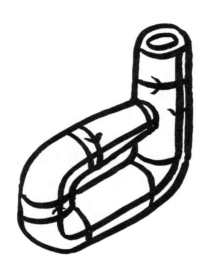

　　你能想象出一个不能被剪成两半的图形吗？这可不是只在数学家大脑中才存在的图形，你真的可以用纸张做出来。用剪刀"剪穿"这个图形后，你会发现剪开的两半仍然是连接在一起的。这样的图形是可能存在的，而且你现在就能做出一个。首先，准备两条长纸带。将第一条纸带的两端粘连，形成一个普通的环；同样将第二条纸带的两端相接，但需要将其中的一端翻转一下再粘连，这样就会形成一个扭曲的环。下面我们要沿着纸带的中线剪一圈。对于没有扭曲的环，显然，我们会把它分成两半，得到两个更细的环，但是对于扭曲环，事情

就不那么简单了：它就是一个不能剪成两半的图形。

　　即使是扭曲环，你仍然能沿着中线剪一圈，回到出发的地方，于是你会觉得这下它就变成分离的两部分了，但是你自己操作完之后，会发现得到的仍然是一个环，只不过这个环的长度比原来的环长了一倍。没有扭曲的环通常被称为柱面（cylinder），因为它可以被看作圆柱表面的一段薄切片。扭曲环被称为莫比乌斯环（Möbius loop）或莫比乌斯带（Möbius strip），命名自德国数学家奥古斯特·费迪南德·莫比乌斯（August Ferdinand Möbius）。不过莫比乌斯环的首位发现者并不是莫比乌斯，而是另一位德国数学家约翰·贝尼迪克特·利斯廷（Johann Benedict Listing）。他们在 1858 年同时独立研究一种扭曲环的性质，最终利斯廷领先，尽管只是领先一小步。然而，历史选择了莫比乌斯，忽略了利斯廷，或许是因为"莫比乌斯环"听起来更酷炫（而且还有头上顶着两个小点的奇怪符号）。

自己动手尝试一下将莫比乌斯环剪成两半。真的，去试一试吧

　　由于莫比乌斯环具有违反直觉的性质，它成为数学家极

其钟爱的研究对象。不能被剪成两半只是它的众多怪异性质之一。所有的怪异性质都源于，这是莫比乌斯环和柱面的唯一区别：一个扭曲。莫比乌斯环的另一个重要性质是它只有一个面。如果你尝试给它的一个面涂色（或者少些艺术色彩，只在正中间画一条线），你会发现这根本办不到。拿着笔从其中一面开始画，你很快就会发现自己画到了另一面去，只不过这并不是真的另一面，而仍然是同一面。在莫比乌斯环表面画线同样如此，莫比乌斯环上的任意两点都可以用连续的线相连。但是柱面就不同，如果在一个面上画线，你永远也无法画到背面去。

我们还可以沿三等分线将莫比乌斯环剪开

下面我们再准备一个莫比乌斯环，这次我们要玩些新花样。不再沿着中线剪开，这次我们要沿着三等分线剪开莫比乌斯环，即剪刀的位置始终距离一条边 $\frac{1}{3}$ 宽度。剪了一圈后，你会发现剪刀进入了另一条三等分线——距离另一条边 $\frac{1}{3}$ 宽度的曲线。当然，"另一条边"其实和开始的那一条边是同一条边。因此，莫比乌斯环不仅只有一个面，而且只有一条边。继续沿直线向前剪，完成第二圈后，你就会回到最开始的起点。不过这一次，你真的得到了分离的两部分。

事实上，你得到的是两个长度不同的套在一起的环。小环仍然是一个莫比乌斯环，大环就是沿莫比乌斯环中线剪开的结果。仔细观察一下沿中线剪开的那个环，你会发现它的扭曲不止一个。剪开 1 个扭曲的环，得到的是有 4 个扭曲的环！环的扭曲数不同，性质也不同。

　　如果沿中线剪开含两个扭曲的环，你会得到两个套在一起且一模一样的环，所以含两个扭曲的环可以剪开成两个部分。我最喜欢的扭曲环是含 3 个扭曲的环：从中间剪开它，不仅会得到一个环，而且环中间会形成一个纽结。将一个没有纽结的环从中

含 3 个扭曲的环：它就像一个回收利用标志

间剪开，竟然会出现一个纽结！你可以再试试其他扭曲数不同的环。我可以提前告诉你一个结论：扭曲数为偶数的环都会分离成两个部分；扭曲数为奇数的环则分不开。环的扭曲越多，所得的结果缠绕打结得越厉害。

　　接下来，我们要来探索粘在一起的莫比乌斯环的性质。准备两个普通的含一个扭曲的莫比乌斯环，将它们粘在一起。但是注意，这两个环有一些不同。扭曲纸带的时候，我们有两个选择：顺时针和逆时针。不同方向的扭曲会得到不同的莫比乌斯环（就像我们有不同的手性：右手性和左手性），它们是镜面对称的。我们要准备两个镜面对称的莫比乌斯环。将它们粘在一起，

垂直相粘连的莫比乌斯环和垂直相粘连的柱面

使得相交的地方相互垂直，然后将两个环都从中间剪开，剪完一个再剪另外一个，你会得到两个套在一起的心形。如果你用彩纸制作莫比乌斯环，那你下一个情人节的礼物就有着落啦。

当我们沉浸于单面环的浪漫中，我们很容易忘记没有扭曲的环——柱面。同样，准备两个柱面，然后将它们像前面的两个莫比乌斯环一样互相垂直地粘起来，再分别从中间剪开。当然，这次你不会得到"心连心"，但是……还是你自己去寻找答案吧。一定要自己试一试哦，我不会在书后的"疑难解答"中告诉你答案。

曲面上的地图

如果平面上的任何地图都可以只用 4 种颜色染色，那么莫比乌斯环上的地图需要多少种颜色呢？答案是需要 6 种。四色定理只适用于平面，在莫比乌斯环上，一切都变了。莫比乌斯环不仅仅在剪开时具有怪异的性质，还会产生许多怪异的数学结果。

为了理解莫比乌斯环为什么不能被剪成两半，我们再仔细观察一下剪刀的行进过程。当剪刀回到起点的时候，发生了一件重要的事：剪刀的方向翻转了过来。这在柱面上是不会发生的，当你在柱面上剪完一圈回到出发点时，剪刀仍然是同一边朝上，所以你得到了两个部分。剪刀在莫比乌斯环上的行进轨迹被称为反转定向路径（orientation-reversing path）。沿着这条路径，剪刀的朝向会发生改变。

我认为莫比乌斯环反转定向的性质要比它只有一面的性

质更奇怪，但更奇怪的还在后
头。用纸制作莫比乌斯环实际上
是不严谨的。一张纸有正反两
面，中间有一层厚度把它们隔
开，但数学家考虑的莫比乌斯环
是一个无穷薄的曲面——正反两
面之间没有厚度。数学中的二维
曲面都是没有厚度的，所以曲面
上的宇宙非常奇怪。

这个曲面是无穷薄的

早些时候，我们讨论过平星人，它们生活在扁平的二维
面上，但二维面并不一定是平的。我们已经利用过气球来代
表一个二维曲面，这样的二
维曲面向外延伸后又会转回
来与自身相连。生活在二维
球面世界内的平星人朝一个
方向走最终会回到起点！那
么，如果我们找一个平星人
的二维世界，把它弄成一个
莫比乌斯面，又会怎样呢？
如果它们沿着一条直线走，
也会回到起点，只不过这时
它们会翻转过来。沿着反转
定向路径走，上下左右会颠

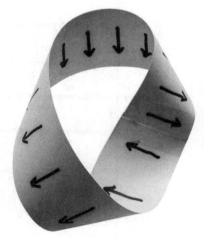

移动而不转动箭头，也能让它上
下颠倒过来

倒过来，所以上下左右在莫比乌斯面上没有永恒的意义。莫比
乌斯面就被称为不可定向曲面（non-orientable surface）。在莫

比乌斯面上生活将会是一种非常奇怪的体验。

现在来看看莫比乌斯环上的地图为什么需要 6 种颜色来染色。由于曲面没有厚度，如果你在一面染色，两面都是相同的颜色，并且地图的一条边界会连到另一条边界，但上下颠倒。剪下下图中的莫比乌斯纸带，将它粘连起来制作一张莫比乌斯地图，它就需要 6 种颜色来染色。和以前一样，每一块区域不能和相邻的区域同色，但在这里，我们还要确保纸的前后两面染上相同的颜色。将纸带扭曲后粘连起来，你会发现，每个区域都和其他 5 个区域相邻。如果两种颜色不相邻，就意味着这两块区域可以染成一样的颜色，但是如果每种颜色和其他 5 种颜色都相邻，那就意味着不能再减少颜色的种数了。

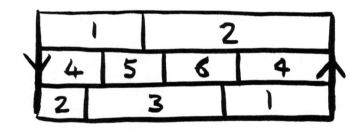

如果将我们的平星人放到环面（类似甜甜圈形状的表面）上，会发生什么呢？好消息是，环面上没有反转定向路径，所以它们仍然可以有左右之别。因此，环面属于可定向曲面（orientable surface）。但奇怪的是，环面上的地图可能需要 7 种颜色染色。正如你们在我的马克杯上看到的，设施问题可以在环面上解决。如果你想对马克杯上的图案染色，可能需要 7 种颜色才能保证相同的颜色互不接触。你可以找一个白色马克

杯和白板笔试试。

有趣的是，这些性质（地图染色需要的颜色种数、设施问题是否可解）与曲面的实际形状无关。例如，马克杯和甜甜圈的形状完全不同，但是它们在本质上都是环面。这是一个不同于几何的新数学领域。在几何中，实际形状非常重要，而在这里，我们研究曲面的性质，所以更加灵活。

曲面性质的研究始于 18 世纪初，欧拉想将其命名为 *geometria situs*，意为"位置几何学"。这个名字流行了一段时间，到了 19 世纪初，当这个数学领域进入属于它自己的时代，被遗忘的莫比乌斯环发现者约翰·贝尼迪克特·利斯廷引入了"拓扑学"（topology）这个名字，最终它被广泛采用。拓扑学自此发展成为数学的一个大领域，它研究曲面的性质，无论曲面被拉伸成什么形状。

同一个数学对象扭曲成不同形状的思想对我们来说还是比较熟悉的，在研究纽结和图时，我们便应用了这一思想。与纽结中的合痕类对应，在拓扑学中，我们称可以互相变形的形状是同胚（homeomorphic）的，它们属于同一种同胚类（homeomorphism class）。同胚是一个合成词，"homeo"意为"保持相同"，"morphic"意为"形状"。因此，马克杯和环面是同胚的。然而，拓扑学家和纽结论家面临同样的问题：如何快速区分曲面，不管纽结或曲面变形为什么形状、处于什么位置。只不过，拓扑学家解决了这个问题。

我们在前面已经遇到解决这个问题的钥匙了，它就是欧拉示性数！在第 5 章，我们知道，在含一个洞的闭曲面上，任何图形都有一条共同的性质：顶点数 − 边数 + 面数 = 0，这表明所有环面的欧拉示性数都是 0。计算欧拉示性数时，我们可以使用公式"欧拉示性数 = 2-（2 × 洞数）"。拓扑学家便是通过洞数来分类曲面，只不过他们把洞数称为曲面的亏格（genus，这是另一个从生物学家那里盗用过来的词 [①]），记为 g。黎曼本人在 1851 年提出了利用欧拉示性数来定义亏格的想法，但是他没有证明这种方法对任意曲面都可行。1863 年，莫比乌斯证明了任意两个具有相同亏格的可定向曲面一定是相同的曲面，尽管曲面变形的形状可能不同。1882 年，德国数学家菲利克斯·克莱因证明了稍微不同的结果：不仅具有相同亏格的可定向曲面是相同的曲面，而且亏格不一致的曲面，也绝不可能是同一种曲面。

　　然而，亏格的更精妙之处在于：尽管它最初起源于可定向曲面的洞数，但是这个概念远不只存在于可定向曲面中。对于可定向曲面，如果已知欧拉示性数我们可以利用公式"欧拉示性数 = 2-（2 × 亏格）"来计算亏格。不可定向曲面的亏格与其欧拉示性数之间同样存在一个关系式，但和定向曲面略有不同：欧拉示性数 = 2- 亏格。如今，亏格的概念已经推广到数学的许多领域。从图到曲面，再到多面体，你都可以为它们指定一个亏格，由此可以揭示这些形状是如何联系在一起的。例如，五胞体、K_5 图以及环面便是通过亏格联系在一起。亏格将众多数学领域紧密地联系起来，是一个非常强有力的概念。

　　我们还可以利用曲面的亏格来确定曲面上的地图染色需要的颜色种数。下面这个公式将告诉你在定向曲面上染色地图所需的最大颜色数：

---

① 生物学中，genus 的意思是"属"。——译者注

$$\text{染色所需的最大颜色数} = \left\lfloor \frac{7 + \sqrt{48g+1}}{2} \right\rfloor$$

　　将上图公式中的 g 取为 1，我们便知道要想染色环面上的地图，至少需要 7 种颜色。同理，如果要染色带有两个杯柄的马克杯，你需要 8 种颜色。公式中的向下取整运算意味着不同洞数可能对应着相同的颜色数：6 个杯柄和 7 个杯柄的咖啡杯需要的颜色都是 12 种。反过来，如果你有 100 种颜色，那么就可以给带 776~792 个杯柄的马克杯染色。是不是很难想象带 792 个杯柄的马克杯的表面如何分割成 100 个区域，还要确保每个区域都和其他 99 个区域相邻？别急着想这个问题，先想想怎么用这个杯子喝茶吧。

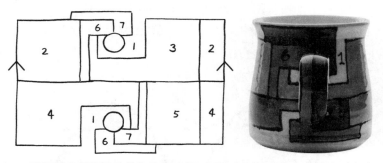

需要用 7 种颜色来染色的马克杯，而且每种颜色都和其他 6 种颜色相邻

纽结的亏格

　　当你将包含 3 个扭曲的环剪成两半，是不是觉得得到

的纽结很熟悉？没错，它便是三叶结。曲面和纽结是有联系的。每个包含奇数个扭曲的环剪成两半后都会生成不同的纽结，因为曲面的边缘本身就是一个纽结！如果你将三扭曲环的边染色（它只有一条边），你会看到颜色的轨迹就是一个三叶结，但是三扭曲环并不是唯一一个以三叶结为边的曲面。为了避免混淆曲面的边和图的边，曲面外边的正式名字是边界（boundary）。

　　我们可以利用我们的老朋友——肥皂膜将一个纽结变成一个曲面的边界。用一个可以定型的金属丝制作纽结，并将其浸入气泡液中，肥皂膜就会攀附在线圈上形成一个曲面。不管金属丝绕成怎样的纽结，如此得到的都是面积最小的曲面。通过不断调整边界的形状，我们可以产生各种各样的曲面。其中的困难在于如何找到亏格最小的可定向曲面。[①] 这个亏格就是纽结的亏格。和确定纽结的最小交叉数一样，确定纽结的亏格也异常困难。

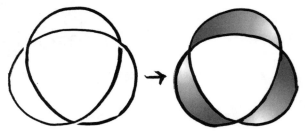

三叶结成为一个曲面的边界

---

① 计算带边曲面的亏格比计算闭曲面的亏格复杂，但还是有办法的，我们可以将边界粘起来。

由纽结产生的可定向曲面被称为塞弗特曲面（Seifert surface），命名自德国的拓扑学家和纽结论学家赫伯特·塞弗特（Herbert Seifert）。德国在 20 世纪初曾是全世界的数学学术中心，直到 1933 年 1 月希特勒掌权。希特勒强迫所有非雅利安（Aryan）后裔的教授退休。由于站在纳粹党的这一边，塞弗特于 1935 年获得了海德堡大学（Heidelberg University）的一个空缺职位，但他绝不是纳粹的拥护者。在第二次世界大战期间，他将政治声明巧妙地蕴含在他数学论文的引言中；战后，他也是同盟国信任的少数几位教授之一。

塞弗特在 1934 年提出这些曲面，它们看起来是处理纽结问题的一个强有力工具。如果每个纽结对应一个曲面和亏格，那么亏格相同的对象背后隐藏的数学就可以用于纽结论。然而，正如纽结研究，所有问题看起来简单，研究起来却很困难。通过反复试验来寻找塞弗特曲面显然不是一个好方法。为了找到任意纽结对应的亏格最小的塞弗特曲面，塞弗特提出了塞弗特算法，但遗憾的是，这个算法并不是一直有效的。尽管纽结论学家已经证明，这个纽结算法对好几大类别的纽结都适用，但在 1986 年，纽结论学家发现，对于某些纽结，塞弗特算法不能找到亏格最

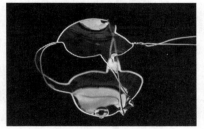

以三叶结为边界的 1- 亏格曲面

三叶结塞弗特曲面，由纽结论学家朱莉娅·科林斯（Julia Collins）编织

小的塞弗特曲面。因此，和其他众多学科一样，纽结研究还有很长的路要走。

虽然计算纽结的亏格有时非常困难，但是亏格确实是一个非常有用的工具。平凡纽结是唯一一个亏格为 0 的纽结。两个纽结经过纽结加法后，新纽结的亏格等于原来两个纽结的亏格之和。到这里，我们已经把洞的概念远远抛在后面了。洞只是我们定义曲面亏格的一个方式，但是现在我们可以将亏格作为纽结的固有性质，不再需要洞了。如果我们将 g（纽结）记为计算纽结亏格的函数，那么 g（纽结 A # 纽结 B）= g（纽结 A）+ g（纽结 B）。由此带来的回报是，因为曲面的亏格总是正数，所以两个纽结相加永远不会得到亏格为 0 的纽结（除非它们是平凡纽结）。这便证明了两个纽结无法通过相加互相抵消。于是我们现在便知道，你永远无法通过纽结的加法来解开另一个纽结。

纽结和扭曲曲面之间的联系也解释了为什么 DNA 会如此扭曲。我们已经知道，将一个扭曲环沿中线剪开，会得到纽结或新环，而这正是环状 DNA 解旋时发生的事情。DNA 分子的双螺旋结构可以看成为一条扭曲的长纸带。一些细胞会将 DNA 首尾相连成环，许多细菌的 DNA 都是环状的。在进行自我复制时，DNA 链要从中间全部解开，DNA 的拓扑结构决定了它解旋后形成的纽结。因此，纽结论成为现代微生物领域研究的课题之一。

曲面家族

接下来，我们要把一个简单的游戏变得更具挑战性。这个游戏叫作井字棋（Noughts and Crosses）。它的困难在于，大多时候都没有赢家。只要双方对游戏策略有哪怕最简单的了解，每盘棋都会陷入僵局。如果能找到一种方法，确保每次对决都有一方获胜，那岂不是很妙？现在，我已经把这样的曲面准备好了。我们将在柱面上玩井字棋游戏。在柱面上，每次对决一定会有赢家。

我们也可以在莫比乌斯环或者环面上玩这个游戏，还可以尝试其他各种曲面。如果在柱面玩，你可以用纸制作一个真正的柱面，然后在上面画棋盘。当然，如果你嫌麻烦，直接用正常的棋盘也可以，只要将对边卷在一起即可。在数学上，我们用一对箭头来表示"卷"这一操作，标有相同箭头的边需要

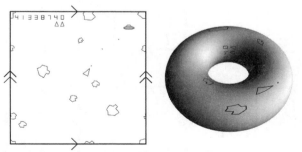

《爆破彗星》（*Asteroids*）游戏的平面屏幕实际是一个环面

卷在一起，并且还要适当扭曲以确保箭头的方向相同。这种成
对的记号还可以扩展到两对箭头，把你手中的正方形棋盘变成
一个真正的环面。也许你认为你从来没在环面上玩过游戏，但
如果你玩过 1979 年的电子游戏《爆破彗星》，那你肯定在环
面上玩过。从屏幕的一侧出去，会从另一侧回来，屏幕其实就
相当于一个环面宇宙。

　　数学家总是追求理论的完备性。上面这种成对的记号引
发了一个有趣的问题：其他箭头排列会得到什么曲面呢？对于
正方形，我们还有两种不同的选择来匹配对边，但我们无法实
现这两种方法形成的曲面，至少在三维空间中无法实现。这两
种曲面只存在于四维空间中。虽然通过匹配正方形的边得到的
曲面都是二维的，但是实现它们所需的空间维数跨越了二维、
三维和四维。

　　不对边进行任何匹配操作，它就是一个空白的正方形，
数学家称其为圆盘（不要忘记：我们说的是拓扑学，实际的形
状并不是重点——圆盘和正方形是一样的）。它是一个扁平的二

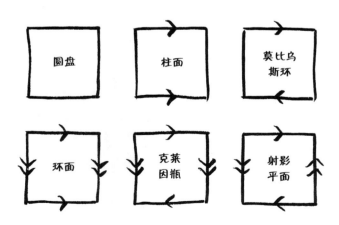

维曲面，不需要用到更高维的空间。平星人可以很好地处理圆
盘，甚至还可以处理柱面。如果你给平星人一个正方形，让它
们按照柱面的匹配方式将正方形"卷"起来，它们完全可以
办到。最后的结果看起来大致是个环形（即圆盘中间有一个
洞），但它和柱面在拓扑学上是等价的，所以柱面是一个能在
二维世界中存在的二维曲面。

　　然而，这种方法对于莫比乌斯环就行不通了。如果我们
让平星人以莫比乌斯环的匹配方式将正方形的边"卷"起来，
它们一定困惑不已。你没法把两个箭头粘连在一起，除非将其
中一端抬起后翻过来。由于扭曲的存在，莫比乌斯环是一个需
要到三维空间才能粘连起来的二维曲面。环面也是如此，尽管
环面可以无穷薄，但它也必须在三维空间中才能实现。第 310
页图中的最后两个曲面分别被称为克莱因瓶（Klein bottle）和
射影平面（projective plane），它们都是二维曲面，但是必须
在四维空间中才能实现。

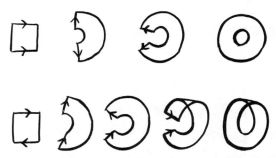

在二维空间中实现柱面和莫比乌斯环，莫比乌斯环会发生自相交

我最喜欢的曲面是克莱因瓶，它命名自费利克斯·克莱因。

之前我们已经见过他了，他于 1882 年发现了这个曲面。它是环面的其中一对箭头调换方向后的结果。你可以把它简单地理解成一个扭曲过的环面，正如莫比乌斯环是一个扭曲过的柱面。但这种扭曲不是我们通常理解的扭曲：一个柱面的一端在四维空间中抬起翻转，然后与另一端相接，形成的扭曲环面就是克莱因瓶。如果非要在三维空间中"实现"克莱因瓶对应的匹配操作，我们必须作弊，将柱面的一端穿过自身，然后再和另一端相接。我们得到的是四维克莱因瓶在三维空间中的一个投影。

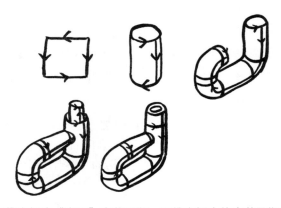

在三维空间中"实现"克莱因瓶，三维空间中的克莱因瓶会发生自相交

　　如果你仔细观察三维莫比乌斯环的二维投影，除了有一个地方的一段边界与另一段边界相交之外，其他看起来都很正常。自相交是将曲面放入维数过低的空间中所要付出的代价。将克莱因瓶强行放入三维空间，便会发生相同的事情：与自身相交。如果一个曲面可以快活地存在于一定维数的空间里，没有发生自交，我们就称这个曲面可以嵌入（embed）

这个空间中。柱面可以嵌入二维空间，莫比乌斯环可以嵌入三维空间。如果空间的维数不够，曲面就不能很好地放入，会发生自交。当然，我们确实可以把莫比乌斯环压扁，塞到二维平面里，但它不属于那儿。我们可以将克莱因瓶浸没于我们的三维世界，但它不可能嵌入三维世界。

　　最后一个曲面——射影平面，是将环面的两个箭头反向，从而换成扭曲状态后所得的产物。它和克莱因瓶都是不可定向曲面，但是射影平面更难以想象。射影平面在三维空间的大多数投影对我们理解它并没有什么帮助。有一种方法可以想象它：将莫比乌斯环放入四维空间中，将它的边界拉伸成一个圆（这在四维空间中可以轻易实现，但在三维空间中是不可能实现的），然后将圆并拢。是不是仍然无法想象？好吧，至少克莱因瓶很容易描绘。三维版本的克莱因瓶甚至可以用玻璃做出来，它看起来像一个瓶子，或者我们可用毛线将它织成帽子状。

标准的克莱因瓶以及用克莱因瓶改造而成的克莱因啤酒杯

　　我在网上见过一些用毛线编织的克莱因瓶，所以我问母亲是否可以帮我织一顶四维克莱因瓶的三维帽子。她惊讶地看着我，于是我们促膝长谈了一番：我说着一种叫作数学的语

如果遇到超星人，我们应该戴着这样的四维帽子和它们打招呼

言，她则说一口流利的编织语。她作为一个编织狂人，最终真的办到了。她为我织的第一顶帽子（我称之为原型帽，或者如母亲所称——完美的礼物）已经非常完美，只是它是单色的。于是我又问她是否可以再织一顶带条纹的帽子。很显然，这在编织中很容易实现，只需每隔几行换一种颜色即可。所以我给她列出了一长串数字，用以表示每条条纹的宽度。左边这张照片就是戴着克莱因帽的我。条纹的宽度是圆周率 π 的各个数位。如果你有比这更奇怪的帽子，一定要告诉我，也让我开开眼界呀！

我认为四维帽子是一个结束我们探索拓扑学之旅的好地方。如果你想织一顶属于自己的帽子，图案可以和我的一样，或者如果你想挑战自己，下面是你的终极挑战。克莱因瓶上的任何地图都可以用 6 种或更少的颜色填充，所以你不妨编织一顶包含 6 种颜色的帽子，并且每个色块都和其他 5 种颜色的色块相邻。另外，如果你不小心将克莱因瓶从中间剪开，会发生什么事情呢？它是否像莫比乌斯环一样仍然是一个整体呢？好吧，让我来告诉你答案：如果你的方法正确，你会恰好得到一个莫比乌斯环！

第 15 章

更高的维度

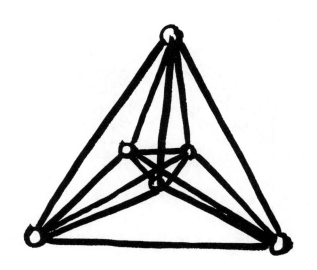

　　虽然我用了一整章单独介绍四维空间，但其他更高维空间的介绍放在一章中就足够了。不是因为它们更容易观察（恰恰相反，高维物体会毫不犹豫地击垮你大脑里的视觉皮层），而是因为，一旦你成功克服从三维空间到四维空间的认知困难，就可以轻松地将各种规律继续扩展到五维甚至更高维的空间。接受无法感知的高维空间可能需要非常大的勇气，但一旦你将它们视为生活中的平常之物，你会不由自主地向更高维空间探索。在这一章，我们会从五维空间开始探索，最终会到达196,883 维，你会看到沿途一片光怪陆离。

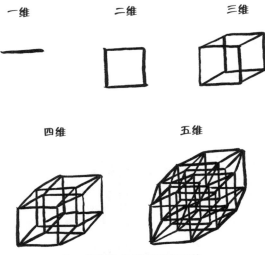

一维   二维   三维

四维   五维

从一维立方体到五维立方体

我们先从简单的开始。你能想象五维立方体吗？我们需要在四维空间的基础上再加入一个与 4 个方向都垂直的新方向。从顶点和棱想象五维立方体会容易一些：它可以看作两个四维立方体，并用新的棱连接对应顶点。五维立方体一共有 32 个顶点，它们之间连了 80 条棱。如果你想走过所有的顶点，需要找到五维立方体的哈密顿路，这等于解决包含 5 个圆盘的汉诺塔问题。同样的道理对六维、七维及更高的维度都适用。

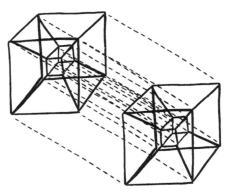

从另一个角度看五维立方体

我们早先提到过网

上的四维魔方，同样，网上也有五维魔方。这些高维魔方也可以向低维投影，所以我们能看到它们的投影，只不过现在我们看到的是投影的投影。如果你解的是网上的五维魔方，那么你在屏幕上看到的实际上是五维魔方四维投影的三维投影的二维投影。是不是被搞晕了？这就对了。我发现要观察五维物体，需要太多投影的投影，这些纷乱的图像并不能加深我们对五维空间的理解。在五维空间及更高维的空间，我们要更依赖数学理论，而不是观察这些物体在三维空间或者二维空间的投影。

不仅如此，许多高维图形的性质与我们熟悉的三维图形很不同，所以直觉在这里并没有什么用处。一些图形的性质非常奇怪，以至于乍看上去你会觉得这不可能。立方体还算简单，高维空间中的球就极其诡异了。比如，你永远也别想把超球（hypersphere）限制在盒子里，它会自己跑出来。

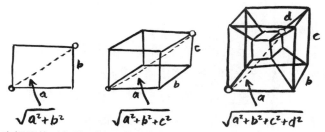

$$\sqrt{a^2+b^2} \qquad \sqrt{a^2+b^2+c^2} \qquad \sqrt{a^2+b^2+c^2+d^2}$$

空间里的对角线，间里的对角线，里的对角线，的对角线，对角线，角线，线

为了演示这个性质，我们首先制作一个盒子，使用手边的任何超立方体都可以。然后我们需要选择一种方法来度量高维空间的物体，毕达哥拉斯定理是一个不错的选择。我们已经知道利用这个定理可以计算长方形的对角线长度，事实上这个

公式适用于所有维度。毕达哥斯拉定理可以计算三维空间中两个相对顶点之间的空间对角线（space diagonal，它绝对是数学中最棒的名词之一）的长度。同理，它还可以计算任意维度空间中的超空间对角线的长度。

有趣的是，尽管在二维空间中我们可以找到边长、对角线长度都是整数的长方形（如边长为 3×4 的长方形的对角线长度为 5，边长为 5×12 的长方形的对角线长度是 13，这样的例子有无穷多），可是从来没有人发现过棱长、面对角线（face diagnal）长度、空间对角线长度都是整数的三维长方体。但这并不是说这样的完美长方体一定不存在，因为还没有人能证明确实找不到这种长方体。目前数学家找到的最佳结果是欧拉砖（Euler brick），它是所有棱长、面对角线（不是空间对角线）长度都为整数的长方体。最小欧拉砖的 3 条棱长度分别为 44、117 和 240，并且欧拉砖有无数种。对完美长方体的搜寻还在继续进行中。

那么什么是高维球呢？表面上，这个概念容易理解：一个球就是到某个固定的中心点距离相等的所有点，这个距离叫作半径。圆是二维空间中的球，球是三维空间中的球。好吧，这似乎是废话。四维空间中的球是与某个中心点距离相等的所有点，以此类推。不幸的是，这些球比你想象中的狡猾，所以出于安全考虑，我们要将它们卡在超立方体中，限制它们的活动。我们要将空余的地方塞满填充球，这样我们放在中间的目标球就不会在盒子里乱滑动了。

你可能觉得上面的措施是小题大做，接下来我们一起来看看这么做是否小题大做。我们先从二维空间开始，然后不断推广到高维空间。二维立方体是个正方形。假设我们有一个边长为 4 个单位长度的正方形，它恰好可以放入 4 个半径为 1 的圆。这些圆的圆心到与圆相切的两条正方形边的距离等于 $\frac{1}{4}$ 边长。现在，我们要小心翼翼地把我们关心的圆（一个二维球）放入这个已经被其他圆填满的盒子的正中央。填充所用的圆大小均保持不变，

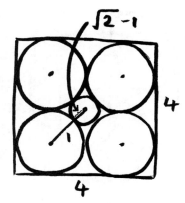

中心圆的半径约为 0.414，这是它能达到的最大半径

半径都固定为 1；但我们放入中央的那个圆就不是这样了，我们希望它越大越好，尽可能占满盒子中央允许的全部空间。

　　现在我们就可以准确计算中心圆的半径了。盒子边长取为"4"是有用的，便于我们利用毕达哥斯拉定理轻松计算盒子中心到各填充圆圆心的距离。对于二维正方形，这个距离是 $\sqrt{2} \approx 1.414$。这个数字中的第一个 1 被填充圆占用了，所以当中心圆的半径达到 0.414，中心圆就会接触填充圆。这不是一个很大的圆，但至少我们知道它具体有多大、它的位置在哪里，以及它被什么包围着。

　　对于边长为 $4 \times 4 \times 4$ 的三维盒子，我们可以放入 8 个填充球。我们每增加一个维度，填充球的个数就会翻倍，并且球心和最近边之间的距离仍然是 1 个单位，所以球和这些边仍然是相切的。在三维中，盒子中心到各个填充球球心的距离是 $\sqrt{3} \approx 1.732$，所以我们的目标球的半径最大为 0.732，和二维空间中的中心球半径相比并没有增加多少。这种增加是很好理解的：

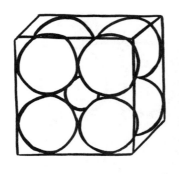

因为新的维度提供了新的移动方向，可容纳的球的半径就会稍微大一点。不过，随着维度不断增加，为了困住中心的球、超球乃至更高维的球，确保它无法从盒子里逃脱，越来越多的填充球会加入进来。正常来说，中心球的增大最终会停止。

然而，或许你已经猜到，中心球并不按照常理出牌：它会突出重围，尽管按照我们的操作，中心球仍然位于立方体中心，并且被填充球紧紧包围。

我们继续研究四维空间中的中心球。与前面同理，边长为 4×4×4×4 的超立方体盒可以放入 16 个填充球。这个四维盒子的中心与各填充球球心之间的距离是一个整数：2（即 $\sqrt{4}$），所以中心目标球的半径可以达到 1。四维空间具有足够的自由度，使中心球能够增大到和填充球一样大。

到了五维空间，事情就会变得有些奇怪：中心球的半径继续增大到 1.236，已经超过周围填充球的半径了（从现在开始，不管是多少维度的空间，我都称它为球）。二维空间中的一个小空隙在五维空间中已经变成了一个巨大的裂口。随着维数增加，我们预估中心球的半径会随之增大，但这种增大应该有上限，即增长会很快停止。然而，直觉欺骗了我们：随着维度的增加，中心球的半径以惊人的速度不断增大。

最出乎意料的情形是十维空间，这时中心球的半径达到了 2.162。这意味着这个球已经延伸到盒子外面了。这个球不仅在重重包围下不断增大，而且完全跑到盒子外面去了。在九维空间中，中心球的半径为 2，中心球刚好可以接触盒壁。在之后的高维空间中，中心球会伸出"超盒"（或者超立方体）的边界。从 26 维空间开始，中心球大于盒子的两倍，而且增长没有减慢的迹象。随着维度的增加，中心球的大小不会收敛，而是发散到无穷大处。

数字不会说谎，但是我们仍然需要解释球是怎么跑出来的。盒子并没有改变形状——所有方向上的长度始终为 4，而且重要的是，填充球的半径始终为 1，我们没有增大它们，只是排列了一下，使它们与相邻的盒壁以及其他填充球相切。随着维数的增加，填充球之间的空隙越来越大，中心球似乎长出了尖刺，从这些空隙中间穿过，到达盒子之外。这个难题是数学家科林·赖特（Colin Wright）最先给我的。用他的话来说，最好把高维球看成是某种带尖刺的物体。高维球的表面似乎布满了多维的刚毛，这真是我没料到的。（更详细的内容参见书后的"疑难解答"。）

寻找更多柏拉图立体

从三维空间到四维空间，我们获得了一个全新的柏拉图立体——超菱形。这是一件激动人心的事情，我猜你也一定这么觉得。现在，我们要向更高维空间迈进，看看更高维空间中的柏拉图立体是什么样的。显然，新图形就潜伏在高维空间中，等待着我们去发现。

首先，我们把那些很容易想到的柏拉图立体清除出去（很容易想到的？没错！）。我们已经看到，立方体在五维空间中是存在的，而且在其他更高维的空间中也存在。在五维空间中，五维立方体的施莱夫利符号表示为 {4，3，3，3}，更高维的空间都有自己的超立方体，施莱夫利符号都是 {4，3，3，…，3}。这些施莱夫利符号表明：从一个有 4 条边的正方形开始，每 3 个正方形共点形成一个立方体，每 3 个三维立方体共棱形成一个四维立方体，每 3 个四维立方体……以此类推，每次总是让超立方体三个三个地组合起来，从而不断攀爬到更高的维度。同理，二维的三角形、三维的四面体以及四维的五胞体也可以向更高维空间推广，这类图形对应的施莱夫利符号形如 {3，3，3，3，…，3}。但我们一般不称它们为超三角形，而是称其为单纯形（simplex）。n 维空间中的单纯形是完全图 K_{n+1}。

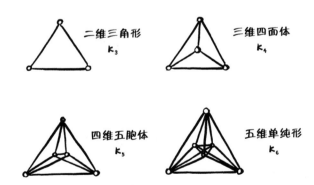

我要说一点题外话。在不同维度下，不规则单纯形的度量公式竟然具有某种固定的规律，这让我很惊讶。通常，我们说二维图形以面积度量，三维图形以体积度量，四维图形以容积（content）度量。在很多很多章以前（那时候，一切都还很简

单），我们曾经说过，任意二维三角形的面积可以用公式"（宽 ×
高）÷2"来计算。宽和高是三角形在两个维度上的跨度，所以
我们也可以把公式写成 $(d_1 \times d_2) \div 2$；对于任意四面体，无论其多
么不规则，它的体积公式都是 $(d_1 \times d_2 \times d_3) \div 6$；五胞体的含量
公式是 $(d_1 \times d_2 \times d_3 \times d_4) \div 24$；五维单纯形的超含量公式是 $(d_1 \times$
$d_2 \times d_3 \times d_4 \times d_5) \div 120$。因此，一直到任意 n 维单纯形的 n 维
超含量公式就是 $(d_1 \times d_2 \times d_3 \times \cdots \times d_n) \div n!$。

最后一种五维柏拉图立体是八面体、超八面体（即 16 胞
体）所在大类中的另一个成员，总的来说，它们都被称为正
轴形（cross polytope）。五维正轴形的施莱夫利符号为 {3，3，
3，4}，同样的结构也适用更高维度空间：所有维度的正轴形
的施莱夫利符号都是 {3，3，3，…，3，4}。从施莱夫利符号
中我们可以看出，超八面体一族是从含 3 条边的三角形开始，
每个维度下都是 3 个一组地并拢，到了柏拉图立体实际所处的
维度，变成每 4 个一组的方式封装收尾。这意味着，在任何维
度下，正轴形总是超立方体的对偶图形[①]，而单纯形的对偶图
形仍然是单纯形。

到现在为止，我们已经找到了所有从低维图形推广而得
的柏拉图立体。接下来，我们就来找找那些不容易预测的柏
拉图立体。遗憾的是，五维空间中没有十二面体、超十二面体
（正一百二十胞体）的对应图形，也没有二十面体、超二十面体
（正六百胞体）的对应图形。这两类图形到四维空间后就不能
继续推广了。正二十四胞体在高维空间也不存在对应图形，它

[①] 在第 10 章我们提到，将一个图形的施莱夫利符号逆向排列，就会得到其对
偶图形的施莱夫利符号。——译者注

只是四维空间的一个异常突变体，在更高维的空间中没有后代。

我本来确信我们在五维空间中能找到一些新朋友，但实际上没有。五维空间中只有 3 种柏拉图立体。好了，下面我们继续探索六维空间。六维空间中仍然只有 3 种规则图形——超立方体、单纯形和正轴形，没有令人激动的新结果。继续向七维空间进发，结果又是这 3 种图形。八维空间里也没什么变化。一个又一个维度下去，似乎一直只有这 3 种正图形。对其他图形的搜寻都是徒劳的：从五维空间开始，所有高维空间都只有 3 种柏拉图立体。假如你进入 n 维空间中，我可以保证你只能找到互为对偶的超立方体 {4，3，3，3，…，3} 和正轴形 {3，3，3，…，3，4}，以及在角落自对偶的单纯形 {3，3，3，…，3}。1852 年，正是施莱夫利本人证明了这种惨淡的柏拉图立体格局。

在二维空间中，规则图形有无数种；在三维空间和四维空间中，规则图形分别为 5 种和 6 种；到了更高维度，规则图形竟然只剩下 3 种，这让我很意外。二维空间的自由度很小，所以图形的限制比较少，所以二维图形可以“肆意妄为”，但二维空间实在太局限，没法表现出什么有趣的性质。三维空间和四维空间赋予我们的自由度恰到好处，一些有趣的东西可以成立，又不至于因为有太多选择而被破坏。但从五维空间开始，自由度就太多了，以至于没什么东西能被定下来。对我来说，这也解释了为什么我们生活在大约三到四维的宇宙中，它们赋予我们的自由使得我们恰好可以做一些有趣的事，但又不至于因为有太多选择而使我们对复杂事物的一切尝试都变得徒劳。四维空间中不存在纽结和稳定轨道，这又进一步解释了为什么我们的世界是三维世界。

好，现在振作起来。施莱夫利也带来了一些好消息：虽然他探清了高维空间中只有 3 种高维柏拉图立体的荒凉景象，但是他也发现了一个小数学宝藏，只不过它藏得太深了。施莱夫利成功地对应用极其广泛的欧拉示性数做了推广，使这个概念适用于任意维度。我们已经看到欧拉示性数的巨大作用，因此将它推广到所有维度一定会给我们带来惊喜。只不过追随施莱夫利的逻辑，需要一点点专注，但绝对值得。

　　想象一下你面前有三维多面体的各个组成部分，将这些组成按照维数从小到大的顺序排成一队——这场景就像审讯。队列的一端是零维的顶点，接着是一维的边和二维的面。对于四维多胞体，这个队列就会变成：零维的顶点、一维的边、二维的面和三维的胞。三维多面体的欧拉示性数为：顶点数 – 棱数 + 面数 = 2。公式先减后加。如果接着往高维空间走，这种一减一加的规律还会继续下去。例如，对于多胞体，欧拉示性数为：顶点数 – 棱数 + 面数 – 胞数 = 0。这个关系式有着同样的规律，只不过等式右边从 2 变成了 0。扶好眼镜：从 2 变成 0 是规律的一部分。

$$一维：V = 2$$
$$二维：V - E = 0$$
$$三维：V - E + F = 2$$
$$四维：V - E + F - C = 0$$
$$五维：V - E + F - C + H = 2$$

　　总结起来，对于不同维度的组成部分 P，我们有如下关系式：

$$n维：P_0 - P_1 + P_2 - P_3 + \cdots \pm P_{n-1} = \begin{cases} 0, & \text{当} n \text{为偶数} \\ 2, & \text{当} n \text{为奇数} \end{cases}$$

对于五维空间，我曾用 H 来代表一个超胞。高维空间中，除了顶点、棱、面之外，其他结构还没有统一的命名方式。对于一般情形，我们可以用 P 来代表多胞形（polytope）的组成部分，这里的"多胞形"也是对任意维度中的图形的通称。我们用 P_2 来代表面，因为面是二维图形。

我们甚至可以弥补一会儿是 2 一会儿是 0 的不足之处，只需要在每个等式的左边都新加一项——整个多胞形本体。理论上，多边形有一个面，多面体有一个胞，依此类推。修正之后，上述各式全部等于 1。这是我们梦想中的规律，一个涵盖了所有维度的规律。这些都是路德维希·施莱夫利的智慧结晶。这意味着不管到达多么高的维度，都总会有一些我们能确信的东西。

$$一维：V - E = 1$$

$$二维：V - E + F = 1$$

$$三维：V - E + F - C = 1$$

$$四维：V - E + F - C + H = 1$$

$$n维：P_0 - P_1 + P_2 - P_3 + \cdots \pm P_n = 1$$

适用于所有维度的多面体公式

填充空间

准备一些橙子，我们要再次进行堆积实验。规则的三维橙子或者任何球形的水果都可以采用。这一次，我们不再一个一个往上摞，而是设法将它们包起来。我们要用最有效的方式将它们包裹在保鲜膜中（或者包在礼品包装纸中，也许你想把它们当作礼物送给他人）。如果你只有两个橙子，包裹方式很简单，因为你只有一个选择——将两个橙子挨在一起。但如果你有 3 个橙子，就会面临选择：你可以将它们排成三角形或者直线。两种方式你都可以尝试一下，然后比较一下哪种方式耗费的保鲜膜最少。当然，在封装时，保鲜膜不可避免发生重叠，如果忽略它们，实际上我们要找的是包裹 3 个球的最小凸曲面的面积。

对于 4 个橘子，情况变得复杂很多，因为我们将面临各种各样的排列选择，但我们最好还是亲自动手实践一下，尝试各种排列方案，只要你有足够多的耐心和橙子。如果你是众多不想自己动手尝试的读者之一，那么就想象一下 50 个橙子，把它们包裹成香肠一样的长条形，或者揉成一团包裹起来，哪种方法更高效。大多数人觉得将球尽可能紧密地摞在一起更加高效，但是许多数学家更倾向于选择香肠形，这就是香肠猜想（sausage conjecture）的雏形。

所以哪种观点正确？实际上，两大阵营在某种程度上都是对的。当橙子数为 3 个和 4 个时，香肠形的确是一个更好的选择。随着橙子越来越多，一直增加到 56 个，香肠形都是最优的选择。但出人意料的是，当你加入第 57 个橙子时，香肠就会散落零乱，这时将橙子摞起来包裹会更高效。这通常被戏称为香肠灾难（sausage catastrophe），最终形成的球堆被称为哈吉斯 [①]

[①]　哈吉斯是一道传统的苏格兰菜，实际上就是羊杂碎，制法是先将羊的胃掏空，然后往里面塞进剁碎的羊内脏，如心、肝、肺。它类似于圆团状的香肠。——译者注

（haggis）。当球数达到 57 或者更多时，将其包裹成哈吉斯要比包裹成香肠更高效。至少，在三维空间中是这样的。

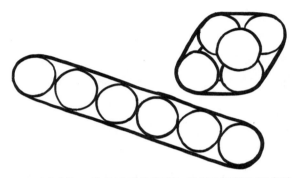

香肠和哈吉斯，谁是最后的赢家？它们都能装下很多球

如果我们要包裹"超水果"呢？我们已经知道，维度越高，水果的尖刺越多。在四维空间中，当球数少于 50,000 个时，四维"超香肠"都是最佳的选择。当球数达到 50,000~100,000 之间的某个数量时（我们不知道确切的数字），就会出现另一场香肠灾难。当球数大于 100,000，四维哈吉斯无疑是最佳选择。从五维空间到 41 维空间，我们不知道哪种方法更优，但有趣的是，一旦到了 42 维空间及更高的维度，包裹球的最佳选择总是超香肠。五维空间至 41 维空间的理论缺失明显让数学家很不爽，于是他们正努力填补这个缺口。目前的共识是：在这些维度下，超香肠很可能也是最优选择。

目前我们对高维球的理解大部分都是猜出来的。另外，球在高维空间中的表现也确实非常怪异，正如康威提到的填充问题（第 216 页），我们在三维空间中发现的空间填充方案无法简单地推广到高维空间。我们可以证明，从四维空间到八维空间（可能还可以推广到更高维空间），超球不是空间填充的最差候选者，似乎只有在三维空间中，它才是最糟糕的。但是当你真的开始堆积超球时，奇怪的事情就发生了。在黑尔斯对开普勒猜想的证明中，有一个重要的部分就建立在以下事实之上：如果你在三维空间中堆积球，那么格栅结构才是最佳的排列方式。对于高维空间，有人猜想最佳的排列方式是很特别的非格栅结构。黑尔斯本人指出，在 10 维、11 维、13 维、18 维、20 维和 22 维空间中，最佳的排列方式确实不是格栅结构。

　　直到 19 世纪晚期，牛顿的猜想——三维空间中最多只有 12 球能同时与一个中心球吻接——才被证明。但是对于高维空间，耗费的时间更长。数学家不知道高维空间中会发生什么事情。直到 1979 年，才有人证明八维空间的吻接数是 240，24 维空间的吻接数是 196,560。2003 年，我们发现四维空间的吻接数是 24，但是我们目前知道的也就只有这些，对于其他维度的吻接数，我们仍然不知道。不过我们知道一些吻接数的范围：五维空间的吻接数介于 40 和 44 之间；17 维空间的吻接数介于 5,346 和 11,072 之间。令人吃惊的是，我们知道如何找到各个维度的吻接数下限，它们竟然和黎曼 Zeta 函数有关系！在 n 维空间中，吻接数一定大于或等于 $\zeta(n)/2^{n-1}$。对于球体吻接，还有很多空白有待数学家去探究。

　　然而，我们为什么要关心高维空间球体的包裹、堆积和吻接问题呢？这又回到了前面的盒内球问题。科林告诉我研究这个问题其实是出于一个非常实用的原因。他的日常工作涉及优化航海雷达系统的一个数据计算程序。这看起来似乎和带尖刺的球没有任何联系，但是解一个包含 n 个自由变量的问题其实就是在一片 n 维的大地上摸索道路。这有点类似于从桌子上移除 n 个物体的顺序可以让你得到 n 维立方体对应的图，因为你有 n 个自由度。同样，如果一个函数会用到 n 个不同的变量，我们就可以把它精确地绘制成一片 n 维的大地。

　　类似的计算限制也出现在黑尔斯对开普勒猜想的证明中。首先我们来看一个简单的例子。想象三维空间中的一个不规则四面体，它有 6 条棱，我们可以用 6 个长度来定义它们。假如现在有一些数 {8，10，12，9，10，11}，并且我们商量好每条棱都往哪儿放，你能构建出来的四面体就会由它们决定。这6 个数可以看作是六维空间中一个点的坐标。因此，三维空间中的每一个四面体都相当于六维空间中的一个点。探索不同形状的四面体就等于在六维空间中四处摸索。黑尔斯研究的东西比四面体复杂得多，但是他的计算机无法处理六维以上空间中的任何计算。用他的原话便是：

　　　　我的计算机大体可以证明与四面体有关的论述，但若是更复杂的几何研究对象，就什么也证明不了。也就是说，我的计算机可以打探四面体的棱长形成的六维参数空间，但是要处理七维空间就太慢了。考虑到开普勒猜想是一个拥有大约 70 个变量的最优化问题，这种局限性让我很沮丧。所以这个问题的难点就变成了：如何在六维空间中彻底理解 70 维空间。

　　同样，当科林优化包含很多变量的计算问题时，他就是在一个高维图形中摸索道路。此时，直觉已经无法发挥作用，但是如果他能构建一些工具，找到一些参考点，例如推断高维的球有尖刺，那么至少他还有找到出路的可能性。所以如果下次你乘坐的船没有撞上另一艘船，那就应该感激像科林这样的人在一堆有尖刺的球中间摸黑前行。

魔　群

在高维空间旅程的最后，我们先来看看我们能走多远。到目前为止，我们的最高纪录是 70 维，这是黑尔斯证明开普勒猜想时面临的高维空间。70 维已经远超我们的视觉处理范围，我相信对任何外星人来说都是如此，但数学还在继续。黑尔斯的 70 个变量其实就是 70 维空间中的点，其间的联系就是 70 维图形，但是我们还能走多远？

我还想给你展示最后一个图形，但是这又是一段很漫长的旅程。数学家已经窥探到了一种图形，它很可能只存在于非常非常高维的空间中。它被称为魔鬼（The Monster）。1982 年，美国数学家罗伯特·格里斯（Robert Griess）的论文首次提到了它。在研究它的对称性时，数学家发现了它。在三维空间中，普通的立方体在很多变换下都是对称的。即使经过各种旋转、反射，它看起来仍然和最初一模一样。如果将立方体的对称变换集合成群，总括起来有个名称：C_3。立方体的对偶图形在本质上有着相同的结构，所以它的空间对称群也是 C_3。此外，互为对偶的正十二面体和正二十面体的空间对称群是 H_3，正四面体独自拥有空间对称群 A_3。

研究图形对称性质的数学领域被称为群论（group theory）[1]，当然这里的对称已经不仅仅指简单的三维对称了。每个群都囊括了某个东西的所有对称方式，但在数学中，这些群都被视为一个个单独的研究对象。正如我们把图形、图、曲面、纽结看作数学对象，现在我们把群也加入进来，把它看作一类新的数学对象。此外，正如每个多面体对应一个图、每个纽结对应一个曲面一样，我们要研究的这些群也与不同图形的对称规律相匹配。

用什么字母命名群不是重点，我们关心的是，这些群如何聚成了不同的类别，对应一类一类的图形。我们先来看看各种正多胞形在空间的维度上升的过程中形成的类。二维空间没有什么激动人心的结果，因为正如我们前面所说，二维空间的自由度非常有限，所以空间对称群也非常有限。二维的正 n 边形对应的空间对称群是 D_n。从三维开始，事情就变得有趣多了。

图形及其空间对称群（图形存在的空间）

图形	三维	四维	五维	n 维
立方体	C_3	C_4	C_5	C_n
正八面体	C_3	C_4	C_5	C_n
正十二面体	H_3	H_4	—	—
正二十面体	H_3	H_4	—	—
单纯形	A_3	A_4	A_5	A_n
菱形	—	F_4	—	—

---

[1] 群论是数学中一个非常漂亮的理论。关于群论，我需要学习的东西还有很多。群论中还有很多不同的命名系统。我会通篇采用考克斯特（Coxeter）的符号，因为我觉得它们更好理解。

你可以看到，C 群、A 群在所有维度下都存在，并且总是对应着同一种正多胞形。比较有趣的是超菱形。它只在四维空间中呈现出正图形的形态，其对应的群 F_4 也不是一个很大的类，被称为一个例外群（exceptional group），因为它太特殊了，只在一种空间中存在，无法推广到更高维空间。还有其他一些例外群，它们对应的图形也只存在于特定的维度中。

到现在为止，我们在高维空间中只搜寻了柏拉图立体，但是显然还有许多不那么规则的图形四处飘浮。群可以对应于其他半规则图形的对称性，比如群 E_6 就对应六维空间中的两个图形。也就是说，高维空间中还有其他的特殊图形！E_6 包含的两个图形分别是有 72 个顶点的 1_{22} 图形（pentacontatetrapeton），以及有 27 个顶点的 2_{21} 图形（icosiheptaheptacontidipeton）。

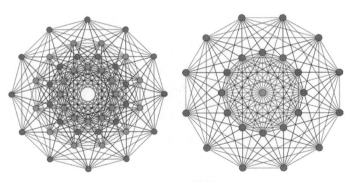

1_{22} 和 2_{21} 图形

我将超菱形看作第一个真正的四维图形，因为低维空间没有它的对应图形。同样，我也将 1_{22} 和 2_{21} 看作真正的六维图形。当然，六维空间也有超立方体和单纯形，但这两种图形在所有其他的维度中也存在，没什么特别之处。同理，我们还可以看看其他散在群（sporadic group），从中寻找更多只在高维空间中才存在的有趣结构。我就随便举一些例子：康威发现了 3 个群——Co_1、Co_2 和 Co_3，它们都是 24 维空间格栅结构的对称群；马蒂厄群（Mathieu group）M_{24} 对应的图形是四维克莱因商（Klein quartic，它和克莱因瓶的形状不同）。我们的问题是：在所有这些散在群中，哪个群的维数最高？

散在群的个数非常有限，所以其中一定有一个群的维数最高。它就是魔群（Monster group），它对应的图形只存在于 196,883 维空间，这简直超出了我的想象。在你跨越成千上万个维度的旅程中，陪伴你的只有单调的几个图形，当你到达这个维度时，这个图形突然出现在你眼前。它既不在 196,882 维空间中，也不在 196,884 维空间中，这个超出所有人理解范围的图形就存在于那个狭小的空当里。它和三角形、立方体一样，都是实实在在的数学对象。在 1982 年的那篇论文的标题里，格里斯给魔群取了一个更亲切的名字：友好巨人。虽然我们无法想象出友好巨人的样子，但是我们知道它确实存在。

我们已经从五维空间的图形一直探索到 196,883 维空间的友好巨人。在旅途中，我们还遇到了一些令人意外的尖刺球。虽然其中的数学原理超出了我们的三维大脑所能理解的范围，但神奇的是，数学仍然为我们提供了理解和刻画这些奇异景象的强有力工具。我们不仅知道友好巨人是存在的，还可以研究它的许多美妙性质，这让我感到无比震惊。因为数学，人类可以探索自身所处世界之外的世界。如果我们连比自己高几乎200,000 维的友好巨人都能探测到，谁知道勇猛的数学家在未来会发现什么呢？

第 16 章

好数据死不了

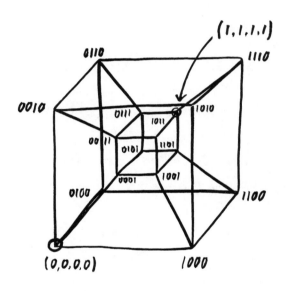

　　拿出你的银行卡，找到卡正面的 16 位银行卡号，把卡号通过邮件发给我，并附上你的出生日期和你母亲的姓名。如果你担心银行卡的安全，写在一张只有你能看到的纸上也行。现在，从第一位开始，将所有奇数位的数字依次画去，然后把画去的数字乘以 2，将结果写在原数字的上方。如果结果出现两位数，就把它画去，把两位数的数字相加（即前面章节所说的数根），将相加的结果继续写在上方。最后将纸上留下的所有

数字相加，我敢保证结果一定是 10 的倍数。

$$\begin{matrix} 3 & & 3 & 3 & & & 3 & 9 \\ \not{12} & 6 & \not{12} & \not{12} & 6 & 6 & \not{12} & \not{18} \\ \not{6}+4+\not{3}+5 & + & \not{6}+1+\not{6}+3 & + & \not{3}+3+\not{3}+9 & + & \not{6}+9+\not{9}+7 \end{matrix}$$

总和 $= 80$

每隔一位，数字替换成该数的 2 倍的数根

这个规律被特意加到了所有银行卡的卡号中，从而使卡号校验变得很简单。这就是为什么网站可以立即告诉你你输入的卡号是否正确，它不需要和银行确认就可以知道卡号是否输入正确，这背后的原理就是我们刚才所做的计算。如果计算结果不是 10 的倍数，它就知道你一定输错了卡号，这是一种检错（error detection）方法。

现代银行卡卡号中的规律要追溯到 1960 年的一个专利——数字检错计算机（Computer for Verifying Numbers），这个专利由美国发明家汉斯·彼得·卢恩（Hans P. Luhn）发明。他发明了一台机器，如果你输入一串数字，它会告诉你在末尾添加什么数字来符合上面提到的规律，这个数字被称为校验码（check digit）。这个手持设备的出现早于便携式计算机，它通过齿轮运转产生校验码（所以它更像是安提凯希拉装置，而不是苹果公司的 MacBook），并且它的内部设置了印章，可以将数字打印出来。他认为这个装置可以用于复杂的工业流程：将各个零件的编号输入机器中，然后在包装上打印出这个数和它的校验码；或者将这些数反过来输回到机器中，如果这个数

是正确的，机器会在包装上印一个勾。由于他的专利恰好出现在银行卡开始推广的时候，这种校验码规律最终被银行采用。

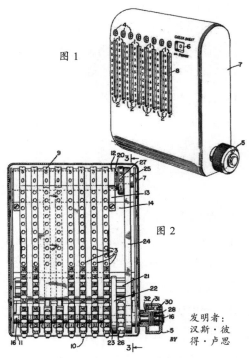

数字检错计算机专利（美国专利 2950048A）中的两幅图片

在专利中，他解释了为什么需要每隔一位将数字翻倍。当人们手抄数字的时候，"经常发生将两个数字的顺序颠倒的错误"。如果直接计算校验和（check sum），那么不管数字以什么样的顺序排列，最终的结果都一样。然而，用卢恩的原话，"如果依照这里描述的方法每隔一位替换一个数字，就可以把这种错误检查出来"，因为数字的位置变化会改变最后的和。他的机械"计算机"和原来预想的工业应用对我们来说可能太过久远，但是如今的网站仍在广泛采用卢恩的方法来自动检测卡号是否输入正确。

现如今，各种经常要抄写并且害怕出错的数里几乎都有类似的规律。条形码里的规律完全相同，只是我们要从第二个数字开始，每隔一位，将数字乘以3（不用取它的数根），最终的和也是10的倍数。这样在结账扫描条形码时，就能确保条形码读取正确。生产百分百准确扫描条形码的激光电子扫描仪往往非常昂贵，但现在它们只要"足够好"就可以了。只要激光以足够快的速度多次扫描，总有一次会读取正确。有了校验码，检验器会舍弃所有不正确的读取结果，直到读取到吻合条形码规律的校验码为止。

正如前面章节介绍的舍九魔术，我们可以利用校验码来设计魔术。让一个人去除一串数字中的任意一个数字，读出其他数字，你可以心算出那个略去的数字是多少。我曾自己摸索如何计算条形码（因为很少有观众愿意说出他们的银行卡卡号）。条形码的识别规律非常简单，所以该魔术取决于你愿意付出多少时间来锻炼自己的心算能力。我练习的时候，曾经用电子表格生成一系列条形码，然后编一个程序使计算机略去一位并读出其他位数字。花费的时间还是很值得的。

大多数人在日常生活中从来没有留意过条形码和卡号中的校验码，不过那是因为他们没有必要知道这些。如果他们想知道，随时可以了解。然而，除了这些，还有一些秘密的校验码被特意隐藏起来，不让人们知道。例如，英国税务局就在增值税号（VAT number）中藏了一个高度机密的校验系统。

其中的规律就是：第一个数乘 8，第二个数乘 7，第三个数乘 6，以此类推，直到第七个数乘 2，然后将上述结果求和，再加上 55（目的是混淆这个过程），再加上税号最后两位数字组成的两位数，最终的总和一定是 97 的倍数。这么复杂的过程是为了防止有人能猜出来校验规律，而英国税务海关总署（Her Majesty's Revenue and Customs, HMRC）能够用它

隐藏起来的 Modulus 9755 VAT 校验系统，不过现在这已经不是秘密了

查出在纳税申报表中使用假发票的人。但是现在这个算法已经泄漏了，而且挂在了维基百科（Wikipedia）上。毫无疑问，我们周围还有很多无人察觉的秘密校验码。

一些公司也用校验码来保护自身及其员工。如果你在上班时间盲目地遵从我的指令把银行卡号发给我，有可能那封邮件永远也出不了办公大楼。在大公司里，有人有时会上诈骗邮件的当，把自己或公司的信用卡卡号发给诈骗者，诈骗者会利用卡号盗刷，这种事情几乎无法避免。因此，一些公司的邮件系统会扫描向外传输的邮件队列中的所有 16 位数字序列，寻找卢恩的校验规律。如果找到匹配这个规律的数字串，系统就会将它们标记，然后把邮件拦截进行二次查验，判断是随机匹配还是寄件人发送了不该发送的卡号。这一切都归功于卢恩的

奇妙设计，尼日利亚王子（Nigerian prince）[①] 一定恨透他了。

万物皆数

2009 年的圣诞节，和往常一样，我在父母家中拆开我的礼物，但这一次，母亲给我的礼物或许是有史以来我收到过的最棒礼物之一，那是一条手工编织的黑色围巾，上面布满了绿色的 1 和 0。这是一条二进制围巾！我非常兴奋，因为我对二进制数情有独钟，但随后我意识到这不是随机的 0-1 数串，它们是计算机传递信息所用的 1 和 0！我飞快地找到一支笔，然后在礼物包装纸的背面计算围巾上的数字代表什么。那是一个非常美好的圣诞节早晨，我和家人坐在一起，破解我礼物里的信息。

围巾上的这种计算机代码习惯上被称为 ASCII 码，它是第一种将信息转换成计算机代码的主流方法，全称是美国信息交换标准码（American Standard Code for Information Interchange），不过我们现在使用的是一种名为 Unicode 的编码。正如本节标题所说，所有东西都可以转换成数字。人们想将信息转换成数字有两种原因：一是转换为数字有利于人们往其中添加检错方法，例如条形码

①　尼日利亚王子是一种国外流行的垃圾邮件诈骗方式，可谓经久不衰，甚至逼得尼日利亚政府发出正式声明，申明不存在这回事。——译者注

中的规律；二是转换为数字有利于计算机存储、处理和传输。自从发明了第一台计算机，数学家就一直在寻找将文字、照片和音乐转换为数字的方法。因为计算机只能处理数字，所以如果不想让它们仅仅是高效的计算器，我们就要将各类实物转换为数字。

　　将字母转换成数字非常简单：你可以直接用它们在字母表中的位置。二进制围巾的最上面一行是 010 01101，它们分别代表二进制的 2 和 13，意思是 2 号字符表的第 13 个字符。"2 号字符表"表示大写，所以第 13 个字母是 M。围巾的前 5 行是 01001101/01000001/01010100/01001000/01010011，转换后的结果是 MATHS。每行代码的前 3 个数字确定使用哪个字母表，后 5 个数字代表字母的位置（在计算机能识别的代码里，没有帮助切分的空格）。

字母	位置		二进制
M	13	=	010 01101
A	1	=	010 00001
T	20	=	010 10100
H	8	=	010 01000
S	19	=	010 10011

　　ASCII 码是于 1963 年在美国发展起来的，当时人们一共编了 4 个字符表（alphabet），从 0 到 3 编号，每个字符表包含 32 个字符（character），从 0 到 31 编号。0 号字符表实际上是一系列计算机命令，包括一些奇怪的指令，诸如回车（Carriage

Return）、传输块结束（End of Transmit Block，这个指令只有在你使用打印机的母语与打印机交互时才会用到）等，当然也有一些我们熟悉的命令，如水平制表符（Horizontal Tab）、转义字符（Escape）。1 号字符表是标点符号，最前面的字符是个空格（它也确实该在第 0 个位置），接下来是逗号（,）、和号（&）以及感叹号（!）

　　2 号字符表和 3 号字符表分别是小写字母和大写字母，以及一些用来填满 32 个位置的标点符号。取 4 个包含 32 个位置的字符表是因为最原始的 ASCII 码是 7 位二进制数。前两位数字代表字符表编号（00、01、10、11），后 5 位数字代表字符的位置（00000~11111）。最后的最后都是删除字符，把它放在 1111111 的位置并非偶然。把它放在最后并不是偶然。那时候，数据通常存储在纸带上，有孔表示 1，完好表示 0。连续打 7 个孔代表清除前面的所有数据，这是一个很完美的方式。如今，每当你按下计算机键盘上的删除键，它仍然会发出一个旨在纸带上打 7 个孔的信号。

最初的 4 个 ASCII 码字符表

位置	字符表			
	0	1	2	3
0	空字符	空格	@	`
1	报头开始	!	A	a
2	文本开始	"	B	b
3	文本结束	#	C	c
4	传输结束	$	D	d
5	请求	%	E	e

续表

字符表				
位置	0	1	2	3
6	确认回应	&	F	f
7	响铃	'	G	g
8	退格	(	H	h
9	水平定位符	)	I	i
10	换行	*	J	j
11	垂直定位符	+	K	k
12	换页	,	L	l
13	回车	–	M	m
14	取消变换	.	N	n
15	启用变换	/	O	o
16	数据链路转义	0	P	p
17	设备控制 1	1	Q	q
18	设备控制 2	2	R	r
19	设备控制 3	3	S	s
20	设备控制 4	4	T	t
21	确认失败回应	5	U	u
22	同步用暂停	6	V	v
23	区块传输结束	7	W	w
24	取消	8	X	x
25	连接介质中断	9	Y	y
26	替换	:	Z	z
27	转义	;	[	{
28	文件分隔符	<	\	|
29	组群分隔符	=	]	}
30	记录分隔符	>	^	~
31	单元分割符	?	–	删除（Delete）

1963 年以来，ASCII 码不断发展。最重要的一次更新是在 1985 年，欧洲计算机制造商协会（European Computer Manufacturers Association）采用了一个标准号为 ISO-8859 的系统，将 ASCII 码扩充成了 8 位二进制数。新的字符表不仅包含拉丁字母的大多数变体（如戴着不同帽子的字母 a: à、á、â、ã、 änd å），还包括很多全新的数学字符：分数 $\frac{1}{4}$、$\frac{1}{2}$ 和 $\frac{3}{4}$ 有了属于它们自己的字符，此外，字符表还引入了平方（²）和立方（³）这些上标符号以及乘号（×）。于是，数学家不必再用字母"x"充当乘号，欧洲人又可以在字母上加重音符号，英国人可以使用英镑符号"£"，西班牙人可以使用"¿"了，真是太棒了（¡excelente）！

利用 ISO-8859 的 8 位二进制数编码 256 个字符，似乎略显拥挤，所以它渐渐被更"宽敞"的 Unicode 取代，正如 Unicode 的字面意思，它可以编码一切。[①] Unicode 使用 16 位、32 位甚至更长的二进制数进行编码，所以它可以编码的字符超过百万个，可以对你能想到的任何字符进行编码。有了 Unicode，我们甚至可以用埃及的象形文字来写电子邮件（如果你真想这么做的话）。人类终于在字符编码系统上达成了统一，所有语言的文字都可以转换成数字字符串。

你可以找来字符表，手动地将字符转换为二进制代码（我现在可以熟练地转换 ASCII 码，但是还没有学会 Unicode 码）。当然，你也可以使用自动转换器。母亲给我织二进制围巾的时候，让我的哥哥史蒂夫（Steve）帮忙换算了 0-1 字符串（他也是一位如假包换的极客）。当时，他就是通过一款在线转换器完成的。他已经习惯这样了，因为我们经常用二进制

[①] "uni-"有"统一"之意；"code"为"编码"之意。——译者注

数互相发邮件，我太喜欢这种方式了。下一次你再发电子邮件时，也可以将信息转换成二进制数，将 0-1 字符串复制到邮件界面中编辑。这不仅能帮你分辨极客中的极客，而且绝对是一个减少邮件往来量的好方法。

　　除了文字，图片也可以转换成数字。将一幅图片分割成许多小格子，每个格子赋予一个数，用以描述这个格子的颜色。具体做法是将颜色分解成红、绿、蓝三种颜色的组合。你如果听说过 RGB 颜色，就应该明白我的意思了。红色、绿色、蓝色各以一个 8 位二进制数表示，这意味着它们在 0（00000000）至 255（11111111）之间变化。

　　这听起来似乎会让那珍贵的一瞬间变得黯然失色：一张数码照片实际上就是一串 0 到 255 之间的数。现在我将从这些数字开始，把它们转换成我的一张照片。我曾利用电子表格手动将数字转换成图片，我想这应该是最低效的转换方式了。我把一张数码照片的数字复制到 Excel 电子表格，然后根据数串交替地将每行的背景颜色填成红、绿、蓝，数值大的单元格相对亮一些，数值小的单元格相对暗一些（如果你也想在家尝试，可以使用条件控制语句来实现这一点）。乍一看，似乎只能看到些红、绿、蓝的单元格，但当你不断缩小表格，你的眼前就会慢慢浮现我的照片。

　　你一定要自己尝试一下。制作图片电子表格的其中一种方法，需要你不辞辛劳地把数字一个一个手动输进表格，然后自己完成所有格式设定。当然你还有更简单的选择：在我的网站makeanddo4D. com 上，我挂了一个自动转换器。上传你想转换的图片，就可以下载转换后的电子表格。如果不相信我对数

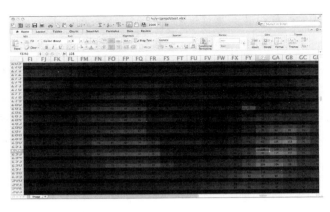

不断将"我"的电子表格缩小。我用电子表格画出了我自己

码照片和显示器工作原理的解释，不妨将一块屏幕放在显微镜下，你会发现一群红绿蓝单元格正在盯着你。

拍照实际上就是在生成电子表格。虽然无法直接看到数码相片背后的数字，但我们仍然可以捕捉到它们的蛛丝马迹。每个像素都由 3 个 RGB 值（即 8 位二进制数）构成，因而每个像素是一个长度为 24 的 0-1 数字串。如果你阅读过数码相机或者电视的说明书，你可能会看到"24 位真彩色"（24-bit colour）这样的术语，这里的"位"就是一个 1 或 0。不仅如此，图

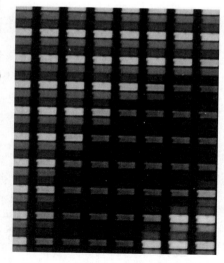

iPhone5 屏幕放大 400 倍后的样子

像编辑软件的颜色编辑选项中往往会出现 3 个滚动条，它们分别对应红、绿、蓝三种颜色的数值，范围为 0~255。正如我们之前所说的，为了增加可读性，我们可以把二进制数转换成十六进制数，所以 RGB 颜色通常会用 3 个十六进制数来表示。这些数字组合起来就形成了整个色谱，从玫瑰红（FF，00，00）到罗兰紫（00，00，FF）。浪漫并没有消失，只不过被数字化了而已。

我们也可以从文件名中发现蛛丝马迹。将图片以 1 和 0 数字串来储存的文件格式是位图（bitmap），这是一种将位（即 1 和 0）映射成图片颜色的一种方式。[①] 如果一个文件的拓展名为".bmp"，那就是在告诉你，这是一个输入 1 和 0，并把它们转换成图片的函数。

位（bit）和字节（byte）

在处理二进制数时，每个数字通常代表一位。然而，要追踪每个二进制位是一件非常繁复的工作，所以很多时候它们会每八位分成一组。出于简便，每八位称为一个字节（一个字节也可以用两位十六进制数表示）。7 字节实际上代表了 56 个 1 和 0。

让人头疼的是，千（kilo-）、百万（mega-）以及十亿（giga-）等前缀的意思也都和它们通常代表的意思不同了。在十进制下，每个单位是前一个小单位的 1,000 倍，它们的基数都是 10^3，但数据的大小通常用 2 的幂来表示，并且都是 2^{10} = 1,024 的倍数。兆字节实际上并不是 100 万字节，而是 2^{20} = 1,048,576 字节，所以 7 兆字节的数据实际上含有 58,720,256 个 1 和 0。哈，终于把这件事说清楚了。

---

① 英文中，"map"同时有"图"和"映射"的意思，所以"bitmap"也可以理解成对位的映射。——译者注

这也是塔珀自指公式可以自己把不等式画出来的原因。它是一个可以将数字转换成图像的位图函数。塔珀自指公式产生的图像是宽 106 个像素、高 17 个像素的黑白图。画一个 106×17 的网格，在你想填充黑色的方格中写上 1，在想填充白色的方格中写上 0，然后旋转网格，将所有数字按从左到右、从上到下的顺序排成一行，并将它们视作一个数，你会得到一个含 1,802 位的二进制数。如果将这个数转换成十进制，然后乘以 17，你就会得到 k 的值。它就是我之前画的塔珀自指公式图像纵轴上的 k。反过来，对于纵轴上的任意值，在 k 到 $k+17$ 范围内满足塔珀自指公式的点形成的图像就是 $\frac{k}{17}$ 的二进制版本。

现在，我们可以将消息、图片转换成数字了，但显然，这还不是全部——音乐也可以数字化（本质上就是将声波图像转化成坐标）。一旦我们将各种事物转化成数字，就打开了一扇通往新世界的大门。以前，如果你想把一张实体照片展示给某个人看，你需要通过某种方式把实物邮寄给他，但有了数码照片之后，你可以在顷刻间将数字传送到世界上的任何地方，并且想复制多少份就复制多少份。数字化使得很多事变得轻而易举。而且，由于一切都变成了数字，因此我们可以在其中加入检错机制。甚至更进一步，发现错误时，我们还可以进行修正。

塔珀自指公式的二进制表示以及乘以 17 后的十进制表示

如何像计算机一样解决问题

几乎自第一台计算机诞生之时起，修正错误数据的需求就产生了。美国贝尔实验室（Bell Labs）拥有一台世界上最早的计算机。1947 年，一个周五的晚上，数学家理查德·汉明（Richard Hamming）开机运行这台计算机，希望它在周一前完成一些重要的计算任务。但是就在他离开之后，机器发生了一个小错误，随后的计算全部白费了。周一早上，他不得不向同事宣布这个坏消息，这促使汉明思考如何在今后避免出现此类问题。1950 年，他完成了一篇影响深远的论文——《检错码与纠错码》（*Error-detecting and Error-correcting Codes*）。他找到了一种可以让计算机自己检测错误并加以修正的方法。

和图灵一样，汉明是在第二次世界大战期间开始秘密研究计算机的。他当时在洛斯阿拉莫斯（Los Alamos）跟随乌拉姆参与曼哈顿计划（Manhattan Project），使用初级计算机为物理学家完成计算。他的一项工作是检验物理学家的计算，确保世界上第一次核爆炸释放的能量不会点燃整个大气层。（将整个大气层点燃在当时被广泛认为是一件"非常糟糕的事"。）尽管机器验证了物理学家的计算结果，但是他仍然对物理学家关于氧氮反应的假设持怀疑态度。在他看来，大气层仍有可能被点燃，但是他的担心没有得到重视。看到他如此忧心忡忡，他的一个朋友安慰他："不用担心，汉明，没有人会责怪你。"但这仍然不能缓解他的忧虑。

战后，他开始利用首批计算机工作。这些计算机非常不可靠，据他估计，每计算 200 万~300 万次，电路就会出现一次逻辑门错误，足以导致计算机无法进行长时间连续运算。他的先见之明还告诉他，我们迟早有一天需要找到一种修正计算机错误的方法，使计算机在无法消除信号干扰或者减少信号干扰的代价高昂时，依旧能在噪声环境中传输信息。（用通俗的话来说就是，"试图在无法让大家都闭嘴的嘈杂房间中讲话"。）这是汉明非常了不起的远见[①]。要知道在那时，同一个房间内计算机之间的信息交流还是不可想象的，更别说跨越世界、太阳系的交流。这就是我们今天使用汉明码的原因。面对噪声和干扰，如果没有经济而又稳定的数据传输方式，如今的科技是不可能实现的。

在 1950 年那篇论文中，汉明引入了一个非常简单的校验码——奇偶校验码（parity check）：在二进制数结尾添加一个 1 或 0，使整个数包含偶数个 1。这就是说，如果一个二进制数包含奇数个 1，传输过程一定发生了错误。但这只是检错措施，我们还想同时修正错误。具体做法就是，使二进制数排成每一行、每一列都包含偶数个 1 的阵列。如果某个数字发生了变化，我们就能很快定位出来，并把它换回去。

但是，汉明这篇论文的最大贡献在于提出了汉明距离（Hamming distance）的概念。这是一个直接触及数据传输本质的概念。假设我用一条传输质量很差的电话线给你传一连串数字 1 和 0。因为信号很差，我担心你会听到错误的 0 或 1，所以我会将每个数说 4 遍。例如，如果我要传送一个简单的 010，我会说 "0000 1111 0000"。假如你听到了其中一段是 "1011"，那你可以确定它本来应该是 "1111"，但有一个数字听错了。

———————————

① 但是他的远见还是有迹可循的。1940 年，贝尔实验室展示了一台可以在 300 英里外遥控的电子计算器。汉明在正确的时间在正确的公司里工作。

根据专用术语，我们一般将代码中的单个信息称为码字（codeword）。在每一个数字重复 4 次的系统中，0000、1111 是有效码字，其他不是 0000 或 1111 的 4 位"字"肯定包含错误（你可能需要一段时间来接受用"字"来指代一组数字的做法，但计算机科学家确实非常喜欢这样的叫法）。在上述例子中，1011 不是有效的码字，所以我们将它修正为 1111。但是如果我们接收到了 0110，尽管我们知道它一定含有错误，但我们没办法修正它，因为 0110 与 0000 和 1111 之间的"距离"是一样的：将 0110 修正成其中任意一个，都需要修改两个数字。

汉明距离的本质就是一个字偏离一个有效码字的距离。你也可以把它解读为真正意义上的距离：把 0000 和 1111 当作一个四维立方体的两个对顶点的坐标。字 1011 是另一个顶点，它距 1111 比 0000 更近，而字 0110 与超立方体的两个"有效顶点"的距离相同。如果在传输时将数字重复 5 遍，汉明距离就对应五维立方体顶点间的距离。00000 和 11111 这两个顶点之间多出来的距离意味着我们可以修正两个错误。

重复数字的方法看起来非常笨，但它确实有用，不过也确实很低效：你要传送的信息量是原始信息的 4 倍或 5 倍。我们完全可以用非常少的校验码达到相同的纠错效果。优化的关键就在于如何高效地将有效码字放在一个高维立方体上，使每个有效码字周围有足够大的空间。你可以

```
0 1 0 0 0 0 1 1 1
0 1 1 0 1 1 1 1 0
0 1 1 0 0 1 0 0 1
0 1 1 0 0 1 0 1 0
0 1 1 0 0 1 1 1 0
0 1 1 0 1 1 1 1 0
0 1 1 1 0 0 1 0 0
0 1 1 0 0 1 0 0 1
0 0 1 0 0 0 1 1 1
```

这其中有个数字出错了，你能找到它吗

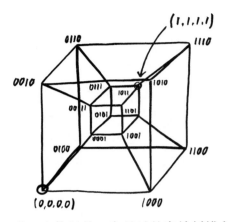

想象，每个有效码字周围都有一个超球，它包含了所有可以修正成这个码字的错误码字。用汉明的话来说："核心问题就是，在单位 n 维立方体中塞下尽可能多的点。"

如果你觉得上面的解释有点晦涩难懂，那就来看一个你以前一定见过的高效纠错方法。你可能在闲暇时间还亲自实践过这个纠错方法，它便是解数独（sudoku）。数独是一个数字阵列，它有 3 条相互牵制的数学规则，这 3 条规则分别限制了阵列中的各行、各列和各区域。给你一个有很多空缺的数字阵列，你可以在这 3 条规则的限制下计算出缺失的数字是什么。这在本质上正是一种纠错机制——将缺失的数据找回来。

	4	5		2	6	8		
	8	9	7		1		2	
	7		4	8	3			
8			6	4	7			
		3	2	1				
		7	8	3				
	3	6		2	4			1
	5	8			6	2		4
2	4					9	7	6

手机短信使用了几乎完全相同的纠错机制。手机发送短

信时，会将信息转换成数字，然后将数字排成一个数字阵列，加入一些校验码，确保新阵列满足 3 条相互牵制的规则。人们在手机上发短信时，并不知道这背后发生了什么。他们信心十足地认定信息会到达接收人的手机上，从不担心对方离自己是否太远，也从不担心会不会有字词传丢。但事实上，考虑到每条信息需要经过的手机基站和各种系统的数量，错误时有发生，但由于这些校验规则的存在，错误可以得到很好的修正。人们一直以为短信自身可以一字不错地传送，但实际上，是数学规则在你察觉之前就修正了无数的传输错误。

我曾有幸见过惠普英国公司（Hewlett Packard）的一群数学家，并和其中一人——米兰达·莫布雷（Miranda Mowbray）进行了交谈。在交谈中，我得知她参与开发了一种早期的纠错方法，该方法用于电话线缆传送计算机数据的过程中。此前人们一直认为没有屏蔽保护、绞合在一起的电话线缆不利于计算机网络的稳定，因为它们太便宜，而且质量比较差，但是米兰达找到了一种修正错误的数学方法，世界从此有了便宜的网络。这种方法将二进制数分解成 5 位长度的码字，然后将每个码字转化成 6 位三进制数。利用这种方法，电话线缆的数据传输速度可以达到惊人的 100 兆位 / 秒。我非常荣幸能当面感谢她。

这正好又说回到我的围巾了。解码后的完整信息是我曾经在一次采访中说的一句话 "Maths is fun, keep doing maths"（数学很有趣，坚持做下去）。（这绝对是我的作风。）更确切地说，信息应该是 "MATHSISFUNKEEPDOINGMATHS"，因为母亲用的全是大写字母。不过其中有一点小问题，母亲在费力地一位一位编织数字时，犯了一个小错误。在一个地方，她不小心将一个 1 和 0 颠倒了，从而使 U 变成了 V，所以这条信息实际上说的是 "MATHS IS FVN"。

我指出了这个错误，这让她感到很不快乐。母亲是一个很学究的人，所以这个错误让她感到非常沮丧。她有时为了修复一个小错误，会推翻全盘，从头再来，好在我说服她没有必要重新再织一条围巾。为了使围巾足够长，同样的信息重复了 4 次，而母亲只在其中一次犯了个小错误。这意味着，如果我计算 4 个版本的平均值，我仍可以准确地得到原始信息。母亲在无意间为我编织了世界上第一条纠错围巾！

数据的有限性

自然界有无数种颜色，但将它们表达成 RGB 颜色时，却仅有 16,777,216（$2^8 \times 2^8 \times 2^8 = 16,777,216$）种。把东西编码成数字，会将无限多的可能局限在有限的取值范围内。这带来了一些有趣而又意想不到的结果。

例如，iPhone5 的屏幕分辨率是 1,136 × 640 像素，一共有 727,040 个像素点。每个像素点的颜色必定是 16,777,216 种 RGB 颜色中的一种。这意味着一部 iPhone 手机的屏幕最多只能显示 $16,777,216^{727,040}$ 张不同的图片。不要被有限误导了，这其实是一个非常庞大的数。以十进制数来表示，这将是一个 5,252,661 位数，但它终究是有限的。你在 iPhone 上看到的所有图片都是这有限可能中的一张。

这也部分地揭示了塔珀自指公式的工作原理。当你取遍纵轴上所有可能的 k，你会获得 106 × 17 = 1,802 个格子中所有可能的黑白组合方式，一共是 2.9×10^{542} 种。因此，它在这个过程中画出自己公式的图像并不奇怪：它同样产生了所有可以在 106×17 格子中画出来的公式。

现在光盘已是过时的技术了，但是还有很多音乐专辑通过 CD 唱片发行。标准的 700MB 容量的 CD 唱片实际能够存储 703.125 兆字节（音乐产业少有的免费福利）。它一共可以存储 5,898,240,000 个 1 和 0。根据我的计算，在十进制下，所有唱片的数量多达 1,775,547,162 位数字，这也是 5,898,240,000 维超立方体的顶点数。因此，当一位歌手宣布他们发行了一张新专辑，他们所做的事情其实是选择了这个高维超立方体的一个顶点！

第 17 章

怪异的数

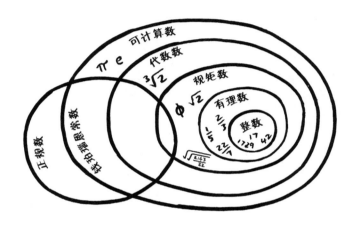

$$\theta = 1.3063778838630806904686144492602605$$
$$7129167845851567136443680537599664340$$
$$0537668265988215014037011973957 0729...$$

求取上面这个数的立方，然后再求它的 9 次方、27 次方。不断提高幂次，但要保证这些幂次是 3 的幂，看看你能发现什么。

这个数是米尔斯常数（Mills' constant），通常用希腊字母 theta（θ）表示。1947 年，普林斯顿数学家威廉·米尔斯（William Mills）用一篇只有 1 页的论文证明了这个数的存在，但他并不知道具体的数值是多少。实际上，米尔斯常数有多个，上面那个数是最小的米尔斯常数。2005 年，它的前 6,850位被计算出来。这个数很有意思，它可以产生无穷多个素数。你可能已经注意到，求取米尔斯常数的幂次时，如果幂次是 3的幂，那么将结果向下取整总会得到一个素数。是的，出乎意料的是，这个数可以独自产生无限多个素数。

$$\lfloor \theta^{3^n} \rfloor = 素数$$
$$\theta^3 = 2.22949477249\cdots$$
$$\theta^9 = 11.0820313699\cdots$$
$$\theta^{27} = 1361.00000108\cdots$$
$$\theta^{81} = 2521008887.00000000000000000004195850241$$
$$\theta^{243} = 16022236204098181318311320183.0000000\cdots$$

当我第一次看到米尔斯常数时，我的反应和大多数人一样：我简直不敢相信自己的眼睛，心想这怎么可能。实际上，米尔斯常数并没有那么神奇，它之所以具有这个性质，是经过专门设计的。计算它的数值时，是先确定素数，然后反过来找到产生这些素数的 θ。这就好像先往一面墙扔飞镖，然后再在墙上画圆靶。由于计算米尔斯常数要先知道它要产生的素数，它并不能帮助我们寻找素数。

此外，我们并不能完全确认上面的常数确实就是米尔斯常数，它只是目前我们知道的最小米尔斯常数。我们知道这个数一定存在，但有可能真正的米尔斯常数比它大。之所以不能确定，是因为我们要确保每两个立方数之间存在一个素数，但目前我们还不能证明素数的密度可以满足这一点。令人惊异的是，从黎曼假设出发，可以推出这个结论。所以，这个米尔斯常数数值的正确性取决于黎曼假设是否正确。如果黎曼假设被证明是正确的，许多命题都会成立，上述推论便是众多命题之一。

　　不过米尔斯常数倒是启发了我们，如果我们想让某个数具有某种性质，不妨自己构建。这并不是说这个数是"假"的，它确实落在数轴上，和 π、$\sqrt{5}$ 及 7 一样"真实"。因为我们在生活中用到的数很少，所以我们很容易忘记我们还有非常多的数。数轴不仅包含所有人类使用过的数，还包括你能写出来的任何数字串。

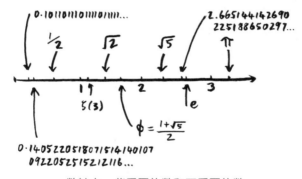

数轴上一些重要的数和不重要的数

　　为了更好地理解"数"这个群体，数学家喜欢把它们分门别类，这听上去是一件很有用的事。我们已经使用过整数和分数（我称它们为"行为端正的数"），它们要么包含有限的数字（如 1/4 = 0.25），要么反复重复一串数字（如 $\frac{1}{7}$ = 0.142857 142857 142857 … ），但是有限小数和无限循环小数其实是一回事，它们取决于你使用什么计数系统。$\frac{1}{2}$ 在十进制下是一个完美的有限小数——0.5，但是在三进制下就会变成 0.111111…；同理，$\frac{2}{3}$ 在十进制下是 0.6666…，但在三进制下就可以写成 0.2。但无论是循环小数还是有限小数，它们的数字都是可预测的：它们是"有理"可循的。

无理数（irrational number）则不同，它们从不按常理出牌。$\sqrt{2}$、π 和黄金分割比（φ）就不能写成分数，并且要预测它们后面的数字也不容易。这就是为什么 NASA（美国国家航空航天局）要不辞劳苦地计算 $\sqrt{2}$ 的小数表示，如果不具体计算，你不会知道它的下一位数字是什么。同样的，π 的每一位数字也是不可预测的，所以才有了各种背 π 的数字的大赛。目前的世界纪录是有人背出了 π 的前 67,890 个数字，这显然比我能记忆 $\frac{2}{3}$ 的前 67,890 个数字厉害多了。

但无理数并不是生而平等的：有一些数更加"无理"。诸如 $\sqrt{2}$ 和黄金分割比等无理数至少可以由整齐的方程得到：$\sqrt{2}$ 可以通过解方程 $x^2 = 2$ 得到；黄金分割比可以通过 $x = 1 + \frac{1}{x}$ 得到。如果一个数可以由每一项都是有理数乘以未知数的整数幂的方程得到，我们称它为代数数（algebraic number）。这种方程的正式名称为有理系数多项式（polynomial with rational coefficients），非正式名称为整齐方程（neat equation）。

剩下的无理数，例如 π 和 e（e = 2.71828…），则没有代数表示。它们不能由一个整齐的有限方程得到。除了用符号 π 来表示，π 无法表达成其他有限的形式，它超越了代数的表达能力。虽然我们有一些计算 π 的方法，但是这些方法都涉及无穷级数。e 同样如此。因此，这些数被称为超越数（transcendental number）。它们神秘而狡猾，而且数量远超过其他种类的数。相比之下，有理数和代数数更像是在超越数的浩瀚海洋中游动的数，我们对这片海洋还知之甚少。

尽管超越数在数轴上无处不在，但要找到它们极其困难。直到 1873 年，e 才被证明是超越数，它是超越数家族中第一个被人类发现的成员。直到 1882 年，π 才加入这个家族。甚至到了今天，我们只知道 e + π 和 e × π 中至少有一个是超越数，但还不能确定到底是哪个。在戴维·希尔伯特于 1900 年列出的重要数学问题表中，有一个问题便是确定 e^π 的超越性。在 1934 年，它被证明确实是超越数，但是 e^e、π^π 以及 π^e 的超越性仍然有待证明。在自然界中，我们极难找到超越数的足迹。

证明哪些数字画不出来

拿出铅笔、圆规和直尺，画一个直角边长分别为 1 个和 2 个单位长度的直角三角形。根据毕达哥斯拉定理，最长的那条边的长度是 $\sqrt{5}$ 个单位长度。将长边延长 1 个单位，然后平分，你就会得到一条长度为黄金分割比（$\phi = \dfrac{1+\sqrt{5}}{2}$）的线段。使用圆规和没有刻度的直尺，你可画出所有仅涉及加、减、乘、除、平方和开平方运算的图形。这意味着我们可以画出长度为任意有理数的线段和一些长度为代数数的线段，但无法画出长度为超越数的线段。

1882 年，π 被证明是超越数。这解决了一个 2,000 年来悬而未决的数学问题：对于任意给定的圆，使用尺规，能否画出一个正方形，使其面积和圆的面积相同？1882 年的证明给了否定的答案。为了画出一个面积和已知圆相同的正方形，你需要画出长度为 π 个单位长度的线段。显然，这是不可能的。

代数数的情况稍微复杂一些，它取决于运算是否比求平方根运算更复杂。只涉及开平方的代数数被称为规矩数（constructible number），它们都可以使用尺规画出来，但涉及开立方或更高次开方运算的代数数就无法画出了。三等分角和立方体体积翻倍都涉及开立方根。这些问题自古希腊时期开始便一直困扰数学家，最终复杂的代数数和超越数证明这些问题都是不可能实现的。

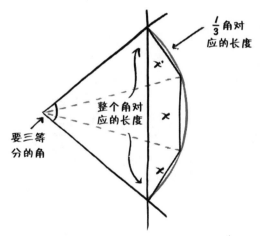

三等分角会涉及两个长度：整个角对应的长度和 $\frac{1}{3}$ 角对应的长度。要得到上图中的 x，需要解方程 $4x^3 - 3x = n$

我们可以画出长度为 $\frac{1+\sqrt{5}}{2}$ 的线段，这意味着我们可以画出正五边形。将圆规的跨度设置成 10cm，用尺规画出的正五边形刚好可以画在一张 A3 纸上（或者更高效地利用一下空间，画在一张 A4 纸上）。如果你测量这个用圆规画出的黄金分割线段，它的实际长度稍微比 16.2cm 短一些（这和理想长度 16.1803⋯是吻合的）。我们现在知道，如果可以将一个正多边形约化为长度为规矩数的线段，那么这个正多边形就可以用尺规画出。

如何画出正五边形

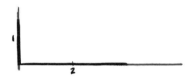

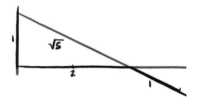

1. 从一点出发，画出两条互相垂直的线段，长度分别为 1 个和 2 个单位长度。

2. 作出直角三角形，得到长度为 $\sqrt{5}$ 的斜边，然后将斜边延长 1 个单位长度。

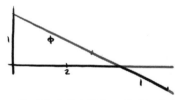

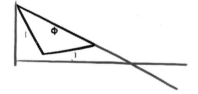

3. 将延长的斜边等分，得到长度为黄金分割率 $\phi = \dfrac{1+\sqrt{5}}{2}$ 的线段。

4. 添加两条 1 个单位长度的线段，得到构建正五边形的基本单元。

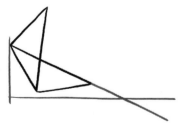

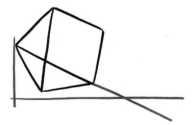

5. 再添加一条 1 个单位长度的线段和一条 ϕ 个单位长度的线段，得到五边形的另一个角。

6. 再添加两条 1 个单位长度的线段，正五边形就成功地画完了。

高斯（就是那个快速计算出 1 至 100 之和的高斯）首次发现了所有边数为素数（形如 $2^{2^n}+1$）的正多边形都可以用尺规画出。这些素数被称为费马素数（Fermat prime），经常有人把它们和梅森素数（形如 2^n-1 的素数）混淆。高斯还发现，若正多边形可以用尺规画出，那它的边数的素因子为费马素数或 2，但他没有证明这个命题（直到 1837 年，这个命题才被证明是正确的）。这一切都始于 1796 年，当时年仅 18 岁的高斯成功证明正十七边形是可构建的。为了得到圆周角的 $\frac{1}{17}$，你需要计算出下面这个庞大算式的结果，然后画出长度为这个结果的线段，但在本质上，它只涉及开平方运算。

$$\sqrt{34-2\sqrt{17}}+\sqrt{17}-1+$$

$$2\sqrt{17+3\sqrt{17}-\sqrt{34-2\sqrt{17}}-2\sqrt{34+2\sqrt{17}}}$$

数都去哪儿了

下面，是时候找到属于你自己的超越数了！1934 年，两位数学家同时偶然发现了一种方法，可以找到大量东躲西藏的超越数。他们分别是俄国数学家亚历山大·格尔丰德（Alexander Gelfond）和德国数学家特奥多尔·施奈德（Theodor Schneider）。他们的发现被命名为格尔丰德-施奈德定理（Gelfond-Schneider theorem）。简单地说，取两个代数数 m 和 n，而且

m 不能为 0 或 1，n 不能为有理数，那么 m^n 一定是超越数。[①]
因此，我自己找到的超越数是 $13^{3\sqrt{2}}$，你也一起找找看吧！

但是问题来了：格尔丰德–施奈德方法虽然可以产生超越数，但是它不能检测一个数是否是超越数。下面我们举一个半随机的例子。看着，我要开始造数了：0.101101110111101111 101111110…，它就这样无限地行进下去。我们可以把这个数称作"马特刚编的数"。它是一个十进制小数，由一组组不断增长的 1 组成。它很可能是一个超越数。我想你应该写不出它的分式，也怀疑它无法由一个整齐方程解得。你也可以自行编造类似的数，只要保证数字不包含循环出现的模式即可。不过，除非这个数完美地符合格尔丰德–施奈德超越数族（或者别的超越数族），要证明它确实是超越数非常困难。

有一个数和"马特刚编的数"非常相似，那就是钱珀瑙恩常数（Champernowne constant），以英国数学家、经济学家戴维·钱珀瑙恩（David Champernowne）的名字命名。钱珀瑙恩和图灵同在剑桥大学学习，他只比图灵小 16 天，是图灵非常要好的朋友。钱珀瑙恩也造出了他自己的十进制数：将所有正整数依次列出作为钱珀瑙恩常数的小数位。也就是说，钱珀瑙恩常数 = 0.12345678910111213141516171819202122 23…。这些数字无限排列，并且没有重复的模式。

钱珀瑙恩常数的特别之处在于，我们已经知道它是一个超越数。它是少数几个我们已确定为超越数的数之一。在分类数的时候，一个问题一直困扰着我们：已被证明是超越数的

---

① e^{π} 的超越性就是由这个定理证明的，书后的"疑难解答"附有详细说明。

数远少于整个超越数大家族中的数，但问题是，即使数学家知道数该分成哪些类别，但要具体确定某一个数属于哪一类是极其困难的事情。

还有一类数，我们知道它们非常普遍，但非常难找。这就是正规数（normal number）。正规数也属于无理数，它包含所有可能的数字串，而且这些数字串在其数位中出现的可能性相同。因此，如果 $\sqrt{2}$ 是正规数的话，我们在其中找到1405220518 的概率和找到 0715141401 的概率或者找到其他10 位数字串的概率是相同的，但是我们还无法确认 $\sqrt{2}$ 是不是正规数。目前我们能证明的正规数个数是 0。

不过，我们可以构建"人造"正规数。这些数确实是正规数，但它们是经过专门设计才具有如此性质的，钱珀瑙恩常数便是这样的正规数。另一个人造正规数是克柏兰–埃尔德什常数（Copeland-Erdös constant），它和钱珀瑙恩常数很类似，只不过是把所有十进制质数连在了一起，所以它的值是0.23571113171923…。数学家们还没能证明一个已知数是正规数。1909 年，数学家获得了一丝进展，证明了几乎所有数都是正规数，但是要证明一个非人造数是正规数仍然异常困难，至今我们还没有证明一个。

π 是所有人都认为是正规数的经典例子。我们已经检查了它的前 3,000 万位数字，它看起来是正规数，任意有限长的数字串出现的频率都近似相等，但是我们还无法确定 π 就是正规数。如果它真的是，那么任意数字串都有可能出现在其中。我的名字"Matt"转换成数字是 13012020（m = 13，a = 01 等），这串数字确实出现在了 π 中——从第 291,496,384 位数字开始。

如果 π 是正规数，那么你的名字、你最喜欢的歌词以及你明天午餐的描述都会出现在其中。其他的疑似正规数也同样如此："Matt"出现在$\sqrt{2}$的第 301,480,410 位、e 的第 312,366,242 位以及黄金分割比的第 137,673,084 位。不论你选的数字串是什么，有多长，你几乎可以在所有数的小数表示中找到它们。也就是说，包含威廉·莎士比亚（William Shakespeare）所有作品的数远多于不包含这些作品的数。

　　就是这样，数学家想出了一些很棒的分类，却苦于不知道怎么把数放进这些分类中。我们不知道 e × π 是不是超越数，也不知道米尔斯常数是不是无理数。和黎曼假设相同，将超越数正确归类是戴维·希尔伯特列举的有待解决的大问题之一。这个问题至今仍然没有得到解决，还没有一个人能证明哪个非人造数是正规数。我们唯一可以确定的是，如果要设立一个分类，至少应该计算出一个具体的例子。怎么会有连一个例子都计算不出来的类别呢？但事实是，确实有这样的数类，其准确的名称叫作不可计算数（uncomputable number）。

　　前面我提到的所有数都是可计算的，从 π 到米尔斯常数，从$\sqrt{2}$到"马特刚编的数"，它们都是可以计算出具体数值的。但有一些数是无法计算的，我称其为暗数（dark number）。我们自认为非常了解的数轴布满了这些不可计算数。我们虽然不知道它们具体的小数表示，但却能确定它们真实存在，这一切都源于艾伦·图灵的证明。

　　图灵因在 1936 年的论文中首次描述现代计算机而流芳百世，但计算机并不是图灵的研究重点，它只是图灵为了使研究结果成为可能而发明的工具。这篇论文的题目是《论可计算数》(*On Computable Numbers*),具体的内容是研究哪些数是可计算的。[①] 不过由于计算机的概念在当时超越时代并且极其重要,他的这些数学研究结果却被人们忽视了。

图灵的这篇论文开篇就定义了可计算数,它的第一句话写道:"可计算数可以简单描述为那些可以通过有限的方法计算的实数,以小数形式表示。"有限的方法是指,即使计算一个数的小数表示可能需要无穷的步骤,比如 π 的计算,这些步骤的指令却是有限的。

另一个研究可计算数的方法是,我们可以不用列出所有数字就能完全描述出这个数。如果你要描述一个无穷小数的每一位,这就不是一个有限的描述。每个可计算数都可以用有限

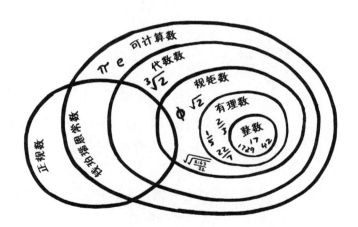

---

① 完整的题目是《论可计算数及其在判定问题上的应用》(*On Computable Numbers, with an Application to the Entscheidungsproblem*)。实际上,论文中对不可计算数的研究也产生了另一个相关的数学领域——判定问题 (*Entscheidungsproblem*,这是一个德语词,对应的英语是"decision problem")。

的算法计算出来。图灵将这个概念严格地定义为：对于任意一个可计算数，我们都可以利用一个计算机程序来产生。用他自己的话就是："根据我的定义，如果一个数的小数表示可以被一台机器写出来，那么这个数就是可计算的。"

接着，图灵证明了有些数是机器不能写出的数，即不可计算数。每天和我们打交道的整数和有理数只是沧海一粟，即使加上代数数和超越数，我们也只是见到了冰山一角。包围我们的是无穷无尽的不可计算数，它们隐藏在暗处，虽然捕捉不到，但我们可以确定它们一直存在。

数学角斗赛

请迅速回答以下问题：

　　1. 找到一个数，使其立方与它自身之和等 5。
　　2. 一个人以 500 达克特（ducat）[1]卖出了一颗蓝宝石，所得利润为本金的立方根，那么利润是多少？

所有我们现在习以为常的数都是数学家在历史上的某时刻发现的。在发现它们之前，数学家对这些数是没有概念的，因此他们那时的生活很不方便。直到 17 世纪初，[2]欧洲数学家

---

① 　意大利威尼斯铸造的金币，于 1284—1840 年发行。——译者注
② 　如果说数学知识是一堆整齐的积木，那历史就是在其中捣乱，这就是为什么我没有成为历史学家。所有历史都是对时间的最好理解或解释。

才普遍接受负数的存在。因此，如果你让那个时代的人回答上面的问题，他们肯定只会用到正数。

代数也是如此。在 16 世纪之前，我们如今所使用的标准数学符号都是不存在的。在那时，平方根符号（$\sqrt{}$）只出现过几次，大部分数学家都不知道它；乘法符号（×）直到 1618 年才出现；圆周率符号（π）大约在 1706 年才出现；即便是现在普遍使用的加号（＋），也是在 1360 年才被永超时代的数学家尼克尔·奥里斯姆引入的（这个符号一定在他证明调和级数的发散性时提供了很大的方便）。至于代数概念本身，用字母来代表数的做法第一次出现于 1591 年。在那之前，所有的方程都是以非常复杂的方式来表达的。

古希腊人很擅长几何与绘图，但是他们的数学理论全是用冗长的描述性语言来书写的。这是数学的口授时期，直到文艺复兴时期，新数学的发展需要出现更强大的表达方式。在过渡时期，数学家们完全不用数学符号解高级方程，而是使用冗长而详尽的描述方法。不过这也带来了一个有趣的现象：在 16 世纪早期很短的一段时间里，解方程成为一项观赏性竞技运动，成为历史上最大的数学挑战赛之一。

在数学史上，有几对非常有名的对手：牛顿和莱布尼茨、伯努利和伯努利、费马和所有人，但是没有哪一对的比赛能比得上 1535 年 2 月意大利的那一场数学角斗赛。这场角斗赛被称为代数角斗大战。参与角斗赛的一方是意大利数学家尼科洛·丰坦纳（Niccolò Fontana）。他的昵称——塔尔塔利亚（Tartaglia）可能更有名，你可以粗略地理解为"口吃者"（The Stammerer）。你看，他甚至有一个摔跤艺名（这可不是

我编的哦）。塔尔塔利亚在威尼斯（Venice）附近长大。在他
12 岁时，他的家乡布雷西亚（Brescia）遭到法国军队洗劫。
他不幸被剑刺中，下巴被穿透了。随后他被丢下，自生自灭。
但他顽强地活了下来，而且长大成人。为了掩盖脸上丑陋的疤
痕，他留了一嘴大胡子，但是创伤还是导致他永久性口吃。塔
尔塔利亚年纪轻轻就自学了数学，并移居到威尼斯，成了一名
远近闻名的数学强者。

角斗赛的另一方是菲奥尔（Fior），是著名数学家希皮奥
内·德尔·费罗（Scipione del Ferro）的学生。德尔·费罗的
父母从事造纸业，印刷机的发明使造纸业成为高科技聚集的行
业（它是 15 世纪的信息高速公路）。费罗在博洛尼亚大学教
授算数与几何，并获得了一些惊人的数学发现，但是他从来没
有对外公布。在 1526 年去世之前，他将秘密传给了他的几个
学生，这其中就包括菲奥尔。菲奥尔深切感受到他有责任捍卫
导师的数学成果（他们之间有着与电影《星球大战》中欧比
旺·克诺比和卢克·天行者类似的师生情）。就这样，角斗台
已经搭好了。

时间回到 16 世纪 30 年代，塔尔塔利亚到处声称自己是自
古希腊以来解方程能力最强的人。他宣称自己可以解开前人未
解开的方程，包括一类名为三次方程（cubic equation）的新
方程。这时，菲奥尔站了出来，声称他的导师德尔·费罗早在
塔尔塔利亚之前就可以解三次方程了，现在他这个徒弟才是解
方程大师。塔尔塔利亚随即挑衅，菲奥尔也不惧迎战。赢得这
场角斗赛的方法只有一个：解方程。塔尔塔利亚和菲奥尔互相
为对方写下 30 条方程。这些方程会交由一个中间人传递，并

负责，他将方程公布于众，让他们看看谁才能完成对方提出的挑战。就像你想的那样，当时的气氛一定非常紧张。

菲奥尔和塔尔塔利亚没可能在其他任一时期进行这种角斗赛的。因为在那个时期，他们（以及其他所有数学家）都是通过过时的数学符号来解高级方程的，而这些符号现在已经不适用于解方程了。在他们以前的时代，还没有解这些方程的方法；而在他们之后，解这些方程已是小菜一碟。解方程之所以能成为一个挑战，一场公开的竞技比赛，只是因为这项运动需要消耗脑力去避开负数而已。

对于负数和数字 0，如今我们已经习以为常，但是它们也是经过发现才开始被使用的。印度数学家波罗摩笈多（Brahmagupta）在 7 世纪初首次尝试处理 0 和负数，但是欧洲人当时还没有接受这些概念。当斐波那契称赞十进制的优点时，他只将 1、2、3、4、5、6、7、8、9 称作数字，而把 0 视为一个符号。因此，很长一段时间，意大利的数学家都是在不将 0 看作实数的情况下解方程的。直到 17 世纪初，"0 是实数"的概念才被数学家广泛接受。

负数被广泛接受得更晚。大约在 1600 年，托马斯·哈里奥特（在弹堆问题中我们已经提到过这个人了）便开始用负数解方程，但到了 19 世纪初，数学家［如弗朗西斯·马塞尔（Francis Maseres）］仍认为负数是"没有意义、难以理解的术语"。马塞尔拒绝接受 −5 是 $\sqrt{25}$ 的一个解。他认为 −5 × （−5）= 25 和 5 × 5 = 25 是一回事，因此负号"没有实质的意义"。我们从小就接触负数，因此对他的看法可能会感到很奇怪，但事实上，在两个世纪前，有些数学家仍然拒绝接受负数。

我所说的负数革命从 1535 年菲奥尔和塔尔塔利亚之战开始，一直持续到 1621 年托马斯·哈里奥特去世。在这之后，数学家花了两个世纪才完全接受"0 和负数与正数一样，都是实数"的观点。菲奥尔和塔尔塔利亚的数学之战不仅是负数革命的一个产物，也是自希腊开始的口授时期消亡、符号时代（我又造了一个词）开始席卷欧洲的转折点。自此，数学家抛弃冗长的描述性语言，用符号和方程来书写数学过程。

菲奥尔和塔尔塔利亚之战的核心——三次方程——是一类包含立方项的方程，本小节开头的第一个问题——"找到一个数，使其立方与它自身之和等于 5"便是解以下方程：$x^3 + x = 5$。这类方程通常不容易解出来，而且解方程的过程涉及大量负数。在 16 世纪初的解法中，人们通过将三次方程分解成一些子方程来绕过这个问题。

今天，我们将 $x^3 + mx = n$ 和 $x^3 = mx + n$ 看作是同类三次方程，因为我们只需将 mx 移至另一侧，改变 m 的符号就可以相互转化。但是对于菲奥尔和塔尔塔利亚来说，它们是完全不同的方程。实际上，菲奥尔只能解类似 $x^3 + mx = n$ 的方程，所以他给塔尔塔利亚的挑战全是这个类型。然而，塔尔塔利亚掌握了各种不同的解法，所以他给菲奥尔出了各种不同类型的三次方程。尽管在我们现在看来，各种方程的本质都是一样的，但菲奥尔并不会解其他类型的方程。塔尔塔利亚只用了两小时就解完了所有方程，证明了他不仅可以解菲奥尔给他的方程，还可以解他给菲奥尔出的其他类型方程。塔尔塔利亚以绝对的优势获胜了。

真的永远是真的

自负数革命之后，0 和负数在数学中的出现就变得非常普遍了。我们称整个数轴（包括负数、0 和正数）为实数（real number）。我们不再怀疑平方根运算会得到两个不同的实数：一个正数，一个负数。$3 \times 3 = 9$，$-3 \times (-3) = 9$，所以我们接受 $\sqrt{9}$ 的结果等于 3 或者 -3，或者写成 $\sqrt{9} = \pm 3$。同样，$\sqrt{2} = \pm 1.141421\cdots$。两个结果都是有效的，它们都是实数。

然而，即使到现在，称它们为"实数"仍然让一些人大惑不解。负数真的和正数一样真实吗？在现实世界中，负数似乎总是低正数一等：你可以说你 4 只鸭子或者 4 杯茶，但是说 -4 只鸭子或者 -4 杯茶就没有意义了。如果你将 -4 只鸭子赶入 $+5$ 只鸭子的鸭群中，它们会发生剧烈的抵消反应，最终留下 1 只不知所措的鸭子，这种说法实在让人难以接受。

物理学家冒着危险忽视了负数。事实证明，方程的负解不仅存在于数学中，而且和正解一样实实在在存在于物理世界中。20 世纪初，平方根的负解打了物理学家们一个措手不及。

1928 年，英国物理学家保罗·狄拉克（Paul Dirac）为了找到一种数学方法计算任意速度小于光速的电子的能量，提出了现在所谓的狄拉克方程（Dirac equation）。但是它涉及电子电荷的平方，这就意味着它不仅有正解，还有一个负解。在一篇论文中，狄拉克增加了一段简短的评论，提到了这件事，并指出"波方程表明电荷为 e 的电子和电荷为 $-e$ 的电子都是真实存在的"。这里的 e 是物理学家用来指代电子电荷的符号，不是数学中我们熟知并喜欢的自然常数 e。恼人的负值就这么突然出现了，它真的只是数学中的另类，没有真实的物理意义吗？

$$\left[\left(ih\frac{\partial}{c\,\partial t}+\frac{e}{c}\,\mathbf{A}_0\right)^2+\Sigma_r\left(-ih\frac{\partial}{\partial x_r}+\frac{e}{c}\,\mathbf{A}_r\right)^2+m^2c^2\right]\psi=0$$

《电子量子论》（*The Quantum Theory of the Electron*）中的波方程

　　人们一直质疑电荷相反的电子的存在性，毕竟没有人见过这样的电子，但电荷相反的解看起来又和普通电子对应的解一样真实。我们不能简单地忽略它们，因为没有它们，方程的某些部分会瞬间崩塌。在接下来的几年，狄拉克偶尔会讨论这些"异常解"可能带来的结果，并于 1931 年发表了一篇论文。在这篇论文中，他集中讨论了这个问题。他认真思考了这些数学解的物理意义，并分析了一种新粒子，他称之为反电子（anti-electron）。这是历史上第一次有人讨论后来所说的反物质（antimatter）。

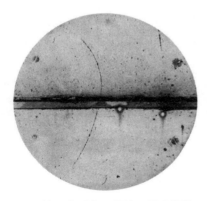

第一张反电子照片。圆中间的横板是一块铅板，细细的曲线是反电子穿过铅板的轨迹

　　事实证明，数学没有骗人。狄拉克的论文发表于 1931 年 9 月 1 日。不到 1 年的时间，1932 年 8 月 2 日，美国物理学家卡尔·安德森（Carl Anderson）发现了自然界中的反电子，并将它命名为正电子（positron），他给出的证据仅仅是一张照片。虽然现代物理学家可以

轻易制造粒子加速器，但在那个年代，安德森只能制造粒子探测器，然后耐心等待太空中的高能宇宙射线撞击仪器。19 世纪 30 年代初，他拍摄了 1,300 张宇宙射线撞击探测器的照片。射线撞击探测器中的原子时，会产生大量粒子。在其中的 15 张照片中，人们可以看到正电子留下的明显轨迹。数学方程的负解精确地预测了真实世界中存在的基本粒子。负数是"真实的"，它们就在这里。

跳出数轴

我们还有一个问题。16 世纪的数学家开始解越来越复杂的方程，在解方程的过程中，他们发现负数并不是唯一的新数。数学家杰尔姆·卡丹（Jerome Cardan）对菲奥尔-塔尔塔利亚之战非常感兴趣，他邀请了获胜者塔尔塔利亚来访问，并学习塔尔塔利亚的一些方法。卡丹是一名意大利人，意大利语名字是吉罗拉莫·卡尔达诺（Girolamo Cardano）。他出生于一个数学世家，他的父亲是著名画家列奥纳多·达·芬奇（Leonardo da Vinci）的数学顾问。卡丹利用数学才能从赌博中捞钱，同时他还是一名无证经营的医生。他成功地从守口如瓶的塔尔塔利亚那里领悟到解方程的新方法，并化为己用。在运用过程中，他发现了一些奇怪的东西。

负数不是卡丹的问题所在，他注意到的新问题是：在解三次方程时，他碰到了对负数开方的运算。具体来说，在解方程的某一步，他得到下面这样的结果：$5 + \sqrt{-15}$，但这显然是没有意义的。没有个实数等于$\sqrt{-15}$，因为所有实数（不管是负数还是正数）的平方都不可能是负数。但是在后面的步骤中，$5+\sqrt{-15}$与$5-\sqrt{-15}$相乘，却给出了正确的答案40。

这位数学家对此深感困惑：这类数根本不存在，却对解方程至关重要。虽然负数的平方根在最后的解中识趣地消失了，但它的出现到底意味着什么？卡丹将这些他不理解的数称为"精神折磨"。他没有意识到，他是第一个使用这一类新数的人。自此，数学家渐渐接受了这类数。今天，我们知道这种数被称为虚数（imaginary number）。虚数单位写作 i，它具有非常不寻常的性质：$i \times i = -1$。因此，$\sqrt{-1} = i$；$\sqrt{-15} = i\sqrt{15}$。

18 世纪初，数学家将虚数搬到台面上。和负数类似，它是一类非常有用的数，不仅可以解抽象的数学方程，也有实际的用处。回到狄拉克的波方程，你会看到 i 就隐藏在方程中。将虚数和实数组合起来，我们又得到了一类新数——复数（complex number），例如 $4 + 2i$。现代的一些科学领域（例如量子力学和电子工程）大量使用复数，尽管我们并不知道复数具体代表什么。

当数学家意识到虚数的强大威力，他们急需一个地方放置它们。数轴已经布满了实数，所以他们选择在一条新数轴上放置虚数，并使这两条数轴在原点相交，互相垂直。因为复数包含两部分，所以我们将它们看作二维数。每个复数对应平面上的一个点。原来一维的数轴现在变成了二维的复平面（complex plane）。所有复数都在平面上找到自己的位置。

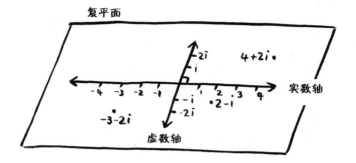

对于数学家来说，把一维的数轴扩充成二维的平面是一份大礼。现在，数学家可以重新研究以前的数学，将以前的实数替换为现代的复数，从而获得大量新成果。阶乘的推广就是一个例子：原来只对正整数有效的阶乘函数（如 $5! = 5 \times 4 \times 3 \times 2 \times 1$）被推广成对复数同样有效。新阶乘函数有一个新名字：Gamma 函数，通常用大写的希腊字母 Gamma（Γ）来表示。1729 年，欧拉对这个函数开展了初步研究，丹尼尔·伯努利也就是约翰·伯努利的儿子、雅各布·伯努利的侄子，可能也开展了相关的研究。19 世纪初，高斯对前人的研究进行了整理。Gamma 函数具有和阶乘相同的递归性质：$\Gamma(z) = (z-1) \times \Gamma(z-1)$。不同之处在于，$z$ 可以为任意复数，不仅仅包括整数。

原来的阶乘函数仍然包含在 Gamma 函数中，所以对于所有整数而言，两个函数给出的结果相同，但遗憾的是它们之间有一个小小的错位：$\Gamma(n + 1) = n!$。推广的阶乘函数不仅可以应用到整个复平面，还填补了整数之间的缺口。我最喜欢的函数值是 $\Gamma\left(\frac{1}{2}\right) = \sqrt{\pi}$（$\pi$ 总给我们带来惊喜）。另外，$\Gamma\left(\frac{1}{3}\right)$、$\Gamma\left(\frac{1}{4}\right)$ 和 $\Gamma\left(\frac{1}{6}\right)$ 则属于少数已被证明是超越数的数。

如果你画出复平面上的复函数（complex function），会得到一个覆盖复平面的曲面。历史上第一张 Gamma 函数曲面图是手工绘制的，如今，我们可以用计算机快速生成。但问题是，复函数会产生复数值，所以复函数包含两个输入值——复数的实部（real part）和虚部（imaginary part），以及两个输出值。因此，要将全部图像画出来，我们需要 4 个数轴：完整的图像是一个四维图像。和往常一样，我只能向你展现四维图像在三维空间中的投影。我们确信，超星人比我们更擅长处理复函数，因为它们可以直观地看到整个图像。

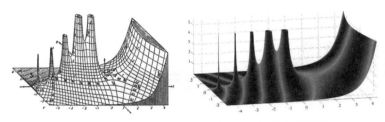

1909 年的手绘 Gamma 函数图象（左）和计算机绘制的 Gamma 函数图象（右）

看到上图，你是不是有熟悉的感觉？这是因为黎曼 Zeta 函数也是复函数。实际上，Gamma 函数是阶乘函数的复数扩展，而黎曼 Zeta 函数也是我们之前见过的巴塞尔函数的复数版本（巴塞尔函数参阅第 281 页，黎曼函数参阅 288 页）。黎曼 Zeta 函数也包含两个输入值、两个输出值，所以它也是一个复函数。黎曼 Zeta 函数是巴塞尔问题在复平面上的推广，从而也包括了实轴上那些缺失的非正整数。这就是为什么它的输入值可以为负数，并可得到函数值：它是从复平面上溜过去的。因此你可以从 $\zeta(-1)$ 中得到著名的拉马努金等式：$1 + 2 + 3 + \cdots = -\dfrac{1}{12}$。没有复数，我们无法触及基于黎曼假设的所有突破。

看到了复数的威力，我们不禁要问：还有没有比复数更奇怪的数？我们不能继续通过求取复数的平方根来创造新数了，因为复数的平方根仍然是复数（i 的平方根是 $\dfrac{1}{\sqrt{2}} + \dfrac{i}{\sqrt{2}}$）。将实数扩充成复数，我们似乎已经找到了所有数，但是爱尔兰数学家威廉·哈密顿（因研究图上的路而闻名）又向前推进了一步。

哈密顿一直将复数视为二维数来理解，他耗费数年时间尝试寻找复数之外的数。他希望找到一种三维数——由 3 个部分组成、比复数多一维的数，但他一直没有取得进展。1843 年的一天，他外出散步时，灵感突然闪现，用他的话来说："就好像电路突然闭合，迸溅出火花。"哈密顿非常兴奋，驻足将等式写在距离他最近的物体上——这时他恰巧在一座桥上。这可能是最早的数学街头涂鸦艺术了。

哈密顿意识到下一类新数应该是四维数。它包括实数和 3 个虚数：i、j 和 k。其中的虚数 i 和复数的虚数一样，只是加入了 j 和 k。j 和 k 具有相同的性质（例如，它们的平方都是 -1），但这 3 个虚数还有一个额外的性质：它们的积等于 -1。这意味着如果你将其中两个虚数单位相乘，会得到第三个虚数：

$$i^2 = j^2 = k^2 = i \times j \times k = -1$$

×	1	i	j	k
1	1	i	j	k
i	i	-1	k	-j
j	j	-k	-1	i
k	k	j	-i	-1

$i \times j = k$，以此类推。正是因为这个奇妙的性质，四维数存在，而三维数不存在。设立两个虚数仅仅是将 $i^2 = -1$ 的性质复制一遍，而设立 3 个虚数就可以得到 $i \times j \times k = -1$ 的新性质。

哈密顿在都柏林郊外的布鲁姆桥（Broome Bridge）上写下的正是 i、j、k 之间的关系。每年，数学家都来朝拜这座桥（朝圣之桥），并用粉笔重新写上哈密顿的等式。如果你哪天去了那里，会看到一块纪念哈密顿发现四元数（quaternion）的牌匾。自哈密顿发现四元数后，四元数成为自复数之后的新数，并且已经应用到一些实际生活中——用于现代计算机图形的计算。

即便如此，四元数并没有立刻被数学家接受。开尔文勋爵承认这是一个天才发现，但却将它们描述成"对以任何方式接触它们的人来说都是不折不扣的恶魔"。同时，四元数也令牛津大学的数学家查尔斯·道奇森（Charles Dodgson）很失望。道奇森对数学并没有引人注目的贡献，要不是因为他以刘易斯·卡罗尔（Lewis Carroll）的笔名写小说，我们今天应该不会谈起他。很少有人知道刘易斯·卡罗尔竟是一名数学家，甚至在他那个时代也鲜有人（包括维多利亚女王）知道这个秘密。有传闻说女王非常喜欢《爱丽丝梦游仙境》（*Alice's Adventures in Wonderland*），并期望卡罗尔将他的下一本书献给她。但是当书送来时，女王非常生气，因为那是一本数学书，名为《行列式初等教程》（*An Elementary Treatise on Determinants*）。

卡罗尔是一位极其保守的数学家。他不喜欢现代数学的许多概念，如非欧几里得几何和负数。甚至有人认为，他在《爱丽丝梦游仙境》中嘲讽了这些荒谬的概念。维多利亚文学与数学研究专家梅拉妮·贝利（Melanie Bayley，她也毕业于牛津大学）认为，疯帽子茶会中的 3 个参与者正是讽刺了哈密顿四元数的 3 个虚数单位 i、j、k。在这段故事中，疯帽子（Mad Hatter）说出了一段关于不可逆命题的话："为什么？难道你觉得'我能吃的东西我都能看到'和'我能看到的东西我都能吃'是一回事吗？"不管怎么说，这确实或多或少反映了那个时代的人们对数学发展的态度。很多数学家都将越来越抽象、脱离现实的数学看作一只柴郡猫（Cheshire Cat）[1]，认为它们会慢慢从现实世界中消失，只留下一个诡异的微笑。

　　似乎顺着兔子洞，我们会得到无穷多种虚数，但实际情况是，虚数的增加戛然而止。继四元数之后，还有一种八维数——八元数（octonion），在这之后，没有新的数再出现了。因此，我们只有 4 种数：实数、复数、四元数、八元数。我们已经发现了所有虚数，尽管我们对它们仍然感到奇怪而困惑。

×	1	i	j	K	m	n	p	q
1	1	i	j	K	m	n	p	q
i	i	-1	m	q	-j	p	-n	-K
j	j	-m	-1	n	i	-K	q	-p
K	K	-q	-n	-1	p	j	-m	i
m	m	j	-i	-p	-1	q	K	-n
n	n	-p	K	-j	-q	-1	i	m
p	p	n	-q	m	-K	-i	-1	j
q	q	K	p	-i	n	-m	-j	-1

　　和四元数一样，交换八元数乘法的顺序会改变结果的符号。例如 j × m = i，而 m × j = −i

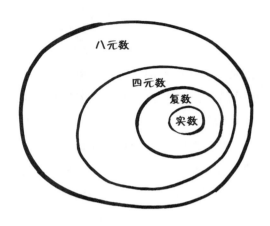

"超现实"的补充

我不想让你产生数的发现已经走到尽头的错觉。实际上，数的数学远没有完结。1969 年，数学家约翰·康威又发现了一类新数——超现实数（surreal number）。超现实数可能是唯一一个首次在科幻小说中出现的数学概念。它们并不是出自康威的学术论文，而是出自计算机科学家唐纳德·克努特（Donald Knuth）的微型小说《超现实数：两名已毕业的学生如何在纯粹数学中找到真正的快乐》（*Surreal Numbers: How Two Ex-Students Turned on to Pure Mathematics and Found Total Happiness*）。

实数起源于整数计数，然后人们在整数中间发现了有理数和无理数。与实数相比，超现实数的发现完全不同。一个超现实数由两个超现实数集定义，可以直观地将其理解为介于这两个集合之间的数。这个大类不仅包含我们熟知的实数，还有一些新数。我最喜欢的新数是介于 0 和其他实数之间的超现实数。它大于 0，又小于其他所有数。这个数一般记作希腊字母 epsilon（ε），是最小的非零数。数学家埃尔德什习惯将小孩称为 epsilon，因为他们都是很小的非零人类。

第 18 章

超越无穷

　　在前面的章节中，无穷（infinity）的概念总是一带而过。几乎在每一章，我都提到了一些涉及无穷的操作，也提到过一些求和会变得无穷大，但从来没有驻足探讨过"无穷"这个概念。无穷很像数学外套上松掉的线头，如果你不断向外拉，它会越来越长，而且其他部分也开始松散，突然间，数学便灰飞烟灭了。你赤身裸体站在那里，渴望重新把线头塞回去，然后继续开心地忽视无穷的存在。

　　但我们不这样，我们就是要拽住那根线头。是时候面对笼罩这本书的阴影——无穷了！我们已经具有足够的知识储备向无穷前进，甚至超越它！

　　研究无穷的事物可能需要一些技巧，但我们总要试一试。找一个盒子和很多个小球，然后给球编号：1、2、3、4……就这么编号下去。我们要做的游戏是：从编号为 1 的球开始，按编号顺序每次向盒中放入一个球，但是当球的编号是平方数时，要取出编号为其平方根的球，然后将它拿走，放到抽屉或其他安全的地方。第一次拿走会有点奇怪，由于 1 的平方根是自身，球 1 放入后就立刻被取出来。接着放入球 2 和球 3。当放入球 4 时，要取出球 2。然后将编号 5~8 的球全都放到盒子里。放入球 9 时，同时要取出球 3。现在问题来了：如果我们一直重复这样的操作，最终会剩下哪些小球？被放到抽屉里的小球一共有多少个？

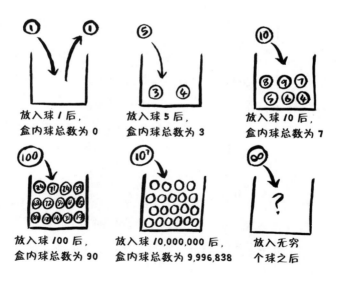

放入球 1 后，
盒内球总数为 0

放入球 5 后，
盒内球总数为 3

放入球 10 后，
盒内球总数为 7

放入球 100 后，
盒内球总数为 90

放入球 10,000,000 后，
盒内球总数为 9,996,838

放入无穷
个球之后

　　令人吃惊的是，拿走无穷个球后，你最后得到一个空盒子。什么！怎么可能？这看起来完全说不通啊。每次操作要么向盒内增加一个小球，要么放进一个、取出一个，所以盒内小球的个数应该不断增加或保持不变。如果最终所有小球都在抽屉里，那么小球在什么时候被全部拿走？

　　我们能理解所有小球最终都被转移到抽屉中是因为所有的数都可以被平方。对于放入盒中的每个小球，后面都会有一个小球的编号是该球编号的平方，而那个小球迟早会被放入盒中。因此，每个放入的球最终都会被取出。在理论上，盒子最终是空的。没有一个大到不能平方的数，但在每一步，盒中的小球总是多于抽屉中的小球。

　　"盒中的小球越来越多"与"最终盒子是空的"出现矛盾，是因为我们将无穷看作一个非常非常大的数。但无穷实际上不是一个数，它并不在数轴上。似乎很多人都认为如果在数轴上往一个方向一直数数，最终数会屈服，不再增加。于是他们将无穷符号（∞）看作数轴的尽头，但事实并不是这样，总是会有更大的数。无穷不是数轴的尽头，它并不是一个非常大的数。

　　实际上，无穷是用来衡量数的个数的。数轴永远不会到达尽头，所以我们说它是无限长的。我们前面所说的数字"5"是任意包含 5 个元素的集合的大小；类似的，无穷是用来描述永远不会终止的集合的大小。想象一下所有整数构成的集合，它的大小就是无穷。当你不再顺着数轴一直走，而是将数轴看作一个整体，当你不再一个一个寻找更大的数，而是将所有数放在一起思考，就是从盒子取出所有球的时候。

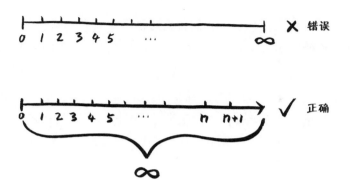

整数有无穷多个，并且每个整数都是某个整数的平方根。你可以将所有放入球和取出球的操作想象为同时完成，而不是往盒子和抽屉里逐个放球。编号为某个整数平方根的球被放入抽屉中，编号不是某数平方根的球留在盒子里，最终没有一个球会留在盒子里。

无穷不仅不符合我们的直觉，而且与我们的直觉彻底相悖。我们的大脑也许不喜欢处理高维空间的问题，但至少我们可以从低维空间借鉴一些经验。大脑可以处理有限的数，但当我们开始和无穷打交道，各种不合理的事情会接踵而至。在这里，有限对无穷并不能像三维空间对四维空间那样提供有用的经验。当我们遇到无穷时，我们对有限的偏爱会产生一种错误的安全感。我们必须抛弃一切直觉，否则便会被直觉误导。在一个与物理实在没有任何联系的世界中，数学逻辑是我们唯一可以依靠的方法。

在不依靠直觉的情况下，研究数学就像在海下乘坐潜艇。在数学的丛林中，我们的直觉允许我们环顾四周，了解周围的环境，这些数学问题和我们周围的世界都是紧密相连的；但当潜入数学海洋深处后，我们就无法再直观观察到周围环境了。这时我们已经离开了物理世界，进入一个纯粹抽象的世界。在潜艇中，我们只能依靠各种仪器的读数，所以我们只能依靠数学推理结果来导航。如果我们小心翼翼地进行，信任我们用数学工具推理出来的结论，我们会在这个世界中安然无恙。

好了，那么现在就出发吧！

令人沮丧的无穷

我听到有人宣称所有素数的和是无穷的，这太荒谬了。

——BBC 广播 4 台（BBC Radio 4）收到的一则抱怨

无穷让人非常恼火。似乎大多数人都会忽视无穷的线头，不自找麻烦。他们仍然将"无穷"粗略地理解成"非常非常大的东西"，或者将其模糊地描述为"最大的可能"。当我在 BBC 广播 4 台的节目《或多或少》（*More or Less*）中讨论无穷时，BBC 收到了很多抱怨信。当然这种抱怨已经不是什么新鲜事了。

"无穷"这个数学概念在 19 世纪末取得自己的合法地位。它的两个重要推手分别是德国数学家格奥尔格·康托尔（Georg Cantor）和他的支持者戴维·希尔伯特。但接受无穷作为一个通用概念并对它进行严格的研究，这一切进展得并不顺利，同时代的数学家认为康托尔"腐蚀年轻的一代"。这让当时已经身患抑郁症的康托尔受到了严重的打击。幸好，希尔伯特看到了康托尔所做工作的巨大价值。他不仅认为康托尔的工作"是数学天才的智慧结晶，是人类智力活动最伟大的成就之一"，还说出了一句很有名的话："没有人能将我们驱逐出康托尔建造的伊甸园"。

11 岁时，康托尔就跟随父母从俄国移居到了德国，并在学校短暂地当了一段时间老师后，先后在苏黎世和柏林学习数学，1869 年成为哈雷（Halle）一所大学的数学家。在 19 世纪 70 至 80 年代，他写了一系列论文，这些论文后来成为我们现在理解无穷的理论基础。希尔伯特比康托尔稍小，他于 1895 年加入了哥廷根大学（University of Göttingen），给他提供职位的正是菲利克斯·克莱因（Felix Klein，德国著名数学家，因克莱因瓶猜想而闻名）。希尔伯特一直在哥廷根大学工作，直到 1930 年退休，时间非常长。说不定他曾经（肯定在沉迷于思考纽结曲面的时候）和年轻的赫伯特·塞弗特（沉迷于思考纽结曲面）在走廊里擦肩而过。

康托尔大胆挑战了代数数学家的共识，认为无穷可以用集合来度量。他证明，我们不只有一个无穷数，还有许多更大的无穷数。在众多数学家的斥责中，希尔伯特看到了康托尔的成就。如今，理解康托尔作出的伟大贡献的最佳方式是研究希尔伯特旅馆（Hilbert Hotel）。它是一个无穷的旅馆，你能在这找到许多惊喜。

无穷旅馆总是有空房间吗

我们可以将希尔伯特旅馆想象为一条无限长的走廊，走廊上的房间门牌依次编号：1，2，3，4，…，以此类推，取遍所有正整数。起初，所有房间都是空的，接着一辆无穷巴士满载着无穷多的旅客来了。他们都带着标有编号的徽章：1，2，…，以此类推，每位旅客的编号对应一个正整数。现在，服务员出来了，他要将旅客分配到空房间中去。当然，方法很简单：他只需要举一个牌子，上面写明"请各自前往和自己编号相同的房间"。现在，旅馆住满了。

我们的挑战是，设法骗过服务员，寻找一个旅馆无法全部容纳的旅客群。如果我们能找到一批人数多于旅馆房间数的旅客，那么旅客的人数就代表更大的无穷。像这样将两个集合的元素匹配起来的运算是所有计数的基础。假设你面前的桌子上放着一堆硬币，你想知道硬币的个数，你可以将手指作为预先知道的集合，通过这个已知集合计算出硬币的个数。如果每根手指恰好能按到一个硬币上，那么你就知道桌上有 10 枚硬币（当然，这可能要取决于你有多少根手指）。如果你有手指空着，那你就知道手指的集合大于硬币集合。在希尔伯特旅馆的问题中，我们要做的就是找到与房间这个无穷集合无法匹配的某个旅客集合。如果所有房间都住满了，还剩下旅客没有分配到房间，那么我们便知道旅客形成了一个更大的无穷集合。

我们先从简单的情形开始，假设一名旅客迟到了。这对服务员而言并不是难事：只要已经入住的旅客不介意换一下房间，他就可以安排房间 1 的旅客换到房间 2，房间 2 的旅客换到房间 3，房间 3 的旅客换到房间 4，以此类推。这样的安排只需一步即可完成，所有入住的旅客全都移出，同时换到下一个房间。于是，房间 1 就空出来了。再来其他旅客，我们仍然可以这么做，但旅馆不会变得"更满"。因此，任何有限集合加入一个无穷集合中，结果仍然是相同的无穷集合。

现在，第二辆无穷巴士到达这个已住满旅客的旅馆。又有一队无穷多的旅客从车上走下来，在旅馆门外等待入住。这时服务员就有点慌了，因为他不能再将他们分配到旅客编号对应的房间中，这些房间都已经有人住了。我们也不能再采用前面接受有限个旅客的方法，因为现在有无穷多个新旅客，若按前面的方法，换房间的过程会一直进行下去。他要再想出一个快速且高效的方法来安排他们入住。

幸好，服务员成功想出了一个办法：他建议前面已经入住的不介意换房的旅客都换到编号是目前房间编号 2 倍的房间中去。所以房间 1 的旅客就要换到房间 2，房间 2 的旅客换到房间 4，房间 3 的旅客换到房间 6，房间 4 的旅客换到房间 8，以此类推。所有无穷多旅客同时走出房间，然后入住编号为偶数的房间。于是无穷多个编号为奇数的房间就空出来，可供新来的旅客入住。和前面的方法相同，这个过程也可以重复任意有限次，旅馆不会变得更满。因此，将一个无穷集合复制有限次，结果仍然是一个相同的无穷集合。

现在我们等待的另一辆巴士来了。这是一辆庞大的无穷巴士，车上载着所有有理数（在上一章我们已经讨论过了）。所有旅客佩戴的徽章编号是不同的分数，他们都想入住希尔伯特旅馆。这一次，我们要给服务员一个难得的机会，让他在一个新的空旅馆中分配旅客。但这看似不可能实现，因为有理数远多于整数，有理数比整数更"密集"。在任意两个有理数之间，我们总能找到另一个有理数。任取两个分数，求取它们的平均值，会得到新的分数，并且我们可以无休止地重复这个过程，但是整数就相对稀疏一些。例如，6 和 7 之间就没有其他整数。如果你不停地放大数轴，有理数会一直出现在你的视野中，但整数很快就会消失不见。

　　然而，上面这个难题还是有方法解决的。服务员再一次成功了。当旅客走下大巴，便看到服务员制作了一张无穷大的表，它指示每位旅客应该前往哪个房间。这个表格的行标和列标都是整数，分别从下往上、从左往右依次增加，表格中的每一项都是分数，它们的分子（分数线上方的数）分别为行标的整数，分母（分数线下方的数）为列标的整数。所有有理数都会在表中出现，所以每位旅客都可在表上找到自己的分子和分母，继而在表中找到自己的编号。服务员从左下角开始，以蛇形顺序一个一个给有理数编号。表格中的每一项分数都对应唯一的整数编号，相应的旅客就可以入住对应整数编号的房间。

　　再一次，无穷多的旅客同时下车，一起在表中找到自己的编号，然后前往该编号对应的房间休息。使用这样的方法，我们可以将有理数的无穷集合（所有分数）完美地和整数配对。所以它们是相同大小的无穷集合，尽管直觉告诉我们事实并不是这样的。这就是康托尔在 1873 年最先证明的结论。

　　但这个方法有点混乱。尽管这张数表包含了所有有理数，但里面有很多重复。编号为 $\frac{1}{2}$ 的旅客可以从第一行、第二列的交叉处得知自己要去的房间，但第 2 行、第 4 列对应编号的房间就空下了，因为 $\frac{2}{4}$ 就是 $\frac{1}{2}$，而那位旅客已经有房间了。因此，虽然这个方法可以确保所有有理数都找到自己的房间，但是会

	1	2	3	4	5	6	7	8	9	10	11	12	13	14	15	16	17
17	17/1	17/2	17/3	17/4	17/5	17/6	17/7	17/8	17/9	17/10	17/11	17/12	17/13	17/14	17/15	17/16	17/17
16	16/1	16/2	16/3	16/4	16/5	16/6	16/7	16/8	16/9	16/10	16/11	16/12	16/13	16/14	16/15	16/16	16/17
15	15/1	15/2	15/3	15/4	15/5	15/6	15/7	15/8	15/9	15/10	15/11	15/12	15/13	15/14	15/15	15/16	15/17
14	14/1	14/2	14/3	14/4	14/5	14/6	14/7	14/8	14/9	14/10	14/11	14/12	14/13	14/14	14/15	14/16	14/17
13	13/1	13/2	13/3	13/4	13/5	13/6	13/7	13/8	13/9	13/10	13/11	13/12	13/13	13/14	13/15	13/16	13/17
12	12/1	12/2	12/3	12/4	12/5	12/6	12/7	12/8	12/9	12/10	12/11	12/12	12/13	12/14	12/15	12/16	12/17
11	11/1	11/2	11/3	11/4	11/5	11/6	11/7	11/8	11/9	11/10	11/11	11/12	11/13	11/14	11/15	11/16	11/17
10	10/1	10/2	10/3	10/4	10/5	10/6	10/7	10/8	10/9	10/10	10/11	10/12	10/13	10/14	10/15	10/16	10/17
9	9/1	9/2	9/3	9/4	9/5	9/6	9/7	9/8	9/9	9/10	9/11	9/12	9/13	9/14	9/15	9/16	9/17
8	8/1	8/2	8/3	8/4	8/5	8/6	8/7	8/8	8/9	8/10	8/11	8/12	8/13	8/14	8/15	8/16	8/17
7	7/1	7/2	7/3	7/4	7/5	7/6	7/7	7/8	7/9	7/10	7/11	7/12	7/13	7/14	7/15	7/16	7/17
6	6/1	6/2	6/3	6/4	6/5	6/6	6/7	6/8	6/9	6/10	6/11	6/12	6/13	6/14	6/15	6/16	6/17
5	5/1	5/2	5/3	5/4	5/5	5/6	5/7	5/8	5/9	5/10	5/11	5/12	5/13	5/14	5/15	5/16	5/17
4	4/1	4/2	4/3	4/4	4/5	4/6	4/7	4/8	4/9	4/10	4/11	4/12	4/13	4/14	4/15	4/16	4/17
3	3/1	3/2	3/3	3/4	3/5	3/6	3/7	3/8	3/9	3/10	3/11	3/12	3/13	3/14	3/15	3/16	3/17
2	2/1	2/2	2/3	2/4	2/5	2/6	2/7	2/8	2/9	2/10	2/11	2/12	2/13	2/14	2/15	2/16	2/17
1	1/1	1/2	1/3	1/4	1/5	1/6	1/7	1/8	1/9	1/10	1/11	1/12	1/13	1/14	1/15	1/16	1/17

无限拓展这张表，最终这张表会列出所有的有理数

	1	2	3	4	5	6	7	8
6	6/1	6/2	6/3	6/4	6/5	6/6	6/7	6/8
5	5/1	5/2	5/3	5/4	5/5	5/6	5/7	5/8
4	4/1	4/2	4/3	4/4	4/5	4/6	4/7	4/8
3	3/1	3/2	3/3	3/4	3/5	3/6	3/7	3/8
2	2/1	2/2	2/3	2/4	2/5	2/6	2/7	2/8
1	1/1	1/2	1/3	1/4	1/5	1/6	1/7	1/8

它们可以系统地排序编号

剩下很多空房间。那么，有没有方法可以将有理数和整数一一完美匹配起来？为了做到这一点，我们需要构建一个新数列。

我们要用到斐波那契数列，并且要对它稍微改造一下。除了将相邻的数对求和得到下一项，我们还要交替地复制数列中的数。也就是说，我们不仅求取前面两个数的和，把结果附到数列的末尾，还交替地将前面一项再次加到数列中。和斐波那契数列一样，这个数列从 1、1 开始，但接下来就有区别了。这个数列以切分节奏向前推进，它的增长速度快于数字的移动速度，数列的结尾会离你越来越远。

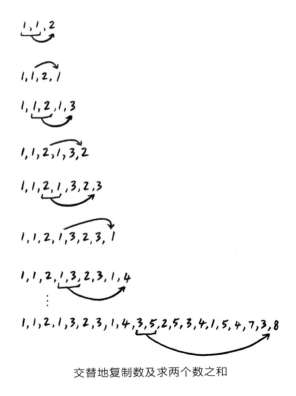

交替地复制数及求两个数之和

　　这个数列似乎没有斐波那契数列那样惊艳：数增大的速度很慢，并且相同的数字会反复出现。它真正神奇的地方在于，将连续的两个数变成分数，新数列会包含所有有理数：$\frac{1}{1}$，$\frac{1}{2}$，$\frac{2}{1}$，$\frac{1}{3}$，$\frac{3}{2}$，$\frac{2}{3}$，$\frac{3}{1}$，$\frac{1}{4}$，…，所有分数都会出现在这个无穷数列中。不仅如此，所有分数都只出现一次，而且都是最简形式。例如，在 $\frac{1}{2}$ 出现后，与 $\frac{1}{2}$ 相等的分数（如 $\frac{2}{4}$，$\frac{3}{6}$，$\frac{10}{20}$）就不会再出现了。这个数列首次出现在美国数学家尼尔·卡尔金（Neil Calkin）和赫伯特·维尔夫（Herbert Wilf）2000年发表的一篇论文中。这篇论文只有 4 页，题目为《重新计数有理数》（*Recounting the Rationals*）。（详细的内容参阅书后的 "疑难解答"。）他们非常高尚，将这个数列命名为斯特恩-布罗珂数列（Stern-Brocot sequence），因为这个数列是建立在另外两位数学家——斯特恩和布罗珂的 1858—1860 年的成果之上。

$$1,\ 1,\ 2,\ 1,\ 3,\ 2,\ 3,\ 1,\ 4,\ 3,\ 5,\ 2,\ 5,\ 3,\ 4,\ 1,\ 5,$$
$$4,\ 7,\ 3,\ 8,\ 5,\ 7,\ 2,\ 7,\ 5,\ 8,\ 3,\ 7,\ 4,\ 5,\ 9,\ 4,\ 11,\ 7\cdots$$

斯特恩-布罗珂数列

　　因此，有理数也是同样大小的无穷数。即使满载所有代数数的巴士到了，希尔伯特旅馆仍然有足够的房间容纳他们。服务员康托尔发现了一种将房间和整数匹配的方法。代数数均是某个有限方程[①]的解，所以他发现可以根据它们的高度（他

——————————

① 我要明确指出的是，我说是多项式方程，以防有人挑刺说 "$x-\pi=0$" 也是有限方程。

发明了一种将方程的次数和系数转化为一个整数的函数，这个整数被称为这个方程的高度）列出所有可能的有限方程。但是一个方程的解可能不止一个，如同一个家庭会有多个孩子，他们按年长到年幼的顺序排列。这意味着，在编号为代数数的旅客下车后，需要根据编号对应的有限方程的高度找到编号的父函数和所有兄弟姐妹，然后再根据排位找到各自的房间。

　　似乎我们现在考虑的所有无穷集合都可以被旅馆容纳，它们都是同样大小的无穷集合。这就是 19 世纪 70 年代以前的数学家理解的无穷。至少他们意识到确实有些事物是无穷的，并接受"无穷真实地存在"的观点，只不过他们认为所有的无穷都是相同的。所有永不终止的东西都是同样大小的无穷。但后来，康托尔又发现了满满一汽车希尔伯特旅馆容纳不下的旅客。他是第一位发现大于无穷的事物的人。

我们需要更大的巴士

　　对我来说，无穷集合有不同大小是数学史上最令人难以置信的发现之一。我们的大脑不能真正感知无穷到底是什么，更别说无穷集合还有不同的大小！但是康托尔成功地证明了这种不同确实存在。永不终止的东西并不都是相同的，它们前进的速度是不同的。

　　远处，一辆巴士呼啸着驶向希尔伯特旅馆，这辆巴士载的人非常多。车停门开，旅客的编号都是实数，而且不是全部实数，仅仅是 0、1 之间的实数。最前面是旅客 0，最后面是旅客 1，中间旅客的编号是所有十进制小数。除了有理数和代数数，所有你可以想到的小数都可以在这些旅客的编号中找到。

康托尔证明，不管采用什么方法将旅客分配至整数编号房间，都会剩下至少一个人没有房间。如果无法将两个集合一一对应，那么其中一个集合肯定大于另一个。厉害的是，康托尔不仅考虑了他能想到的几种分配方法，还证明了所有可能的分配方法都是如此。因此，找不到分配方法并不是人类太笨，而是这根本就不可能。

巴士到达后，一位接待员从希尔伯特旅馆跑了出来。他很害怕失去这单生意，于是声称有办法安排住宿：将实数排成一列，与整数一一对应。但是服务员康托尔知道，任何排列方式都不可能，至少有一个实数无法排进去。无论接待员用什么方法，总会有旅客没有分到房间。

康托尔逐位匹配"遗漏旅客"的编号：检查遗漏旅客编号的第 1 位和房间 1 中的旅客编号的第 1 位是否相同；检查遗漏旅客编号的第 2 位和房间 2 中的旅客编号的第 2 位是否相同，以此类推。在整个过程完成后，不论入住旅客的编号序列是什么，遗漏旅客的编号一定不在序列中。在希尔伯特旅馆中的任意房间（如房间 n）中，遗漏旅客的编号和入住旅客的编号在第 n 位总是不同的。即使无穷旅馆已经无限满员，总有一位旅客没有房间住，所以实数集是比整数集更大的无穷集合。

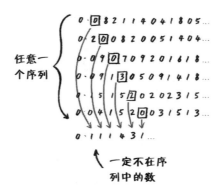

任意一
个序列

一定不在序
列中的数

为了保持系统性，我们将每个数字增加 1，9 则变成 0

由于无穷不止一种，我们要将它们命名成不同的名字。我们熟知和喜爱的普通无穷——整数集代表的无穷，被称为可数无穷（countably infinity），因为你可以用整数数出可数无穷集中的所有元素。实数集代表的无穷是不可数无穷（uncountably infinity）。当某物被描述为不可数时，它一般就是实数代表的无穷。由于这种不可数无穷中的数是连续填满 0 至 1 的实数（整数、有理数和代数数之间总是有空隙，但是实数没有），这种无穷通常又被称为连续无穷（continuous infinity）。

有了多种无穷，我们称某个东西为无穷时，就得问：它到底是多大的无穷？下面是无穷的几个例子，其中一个是新问题，另外两个是我们已经熟悉的问题：

· 我们有无穷种方法分割比萨，并使得分割线不全部通过中心，这里的无穷是哪一种？

· 等宽图形的个数代表哪种无穷？

· 国际象棋如果进行时间过长，会被迫终止。如果没有时间限制，所有可能的对局是哪种无穷？

我们可以证明，将比萨等分成不全部接触中心的形状的方法有可数无穷多种。[①] 我们已经知道，切比萨的方法和边数为奇数的等宽图形有关，但这样的等宽图形只有可数无穷多种（它们和奇数一一对应），并且每种图形只能等分成某整数块。每一步的选择都是无穷的，但是这些选择是可数的、离散的。因此，切比萨的方法也是可数无穷。

然而，等宽图形的个数却是不可数无穷。正三角形只有一个，但是不规则三角形却有无穷多个。稍微改变一个三角形的边长，你就会得到一个新的三角形，所有可能的改变是连续的。三角形的边长可以是任意实数，比如介于 1 和 2 之间的任意实数，这个长度是不可数无穷。如果一件事有连续的不同种选择，我们就可以说它是不可数无穷。

棋局问题要有趣许多，因为每一步你可以选择的棋子都是有限的，并且每个棋子的移动范围也是有限的。看起来所有对局应该是可数无穷，因为没有连续的不同种选择，并且所有的位置都是离散的。但是我们可以将移动步数和实数联系起来。想象一盘棋，其中一方只剩下一个后。这意味着每一步棋子可以移动到白格或黑格上，棋子的移动可以看作是在 0 和 1 间做出选择，所以这个棋手可以任选一个实数，将它转换成二进制，然后根据这串数字移动棋子。这样每个实数都会对

---

① 我听说有人发现了一种切比萨的新方法，使比萨块不全部接触中心，并且其中有一块可以旋转。由于旋转是连续的，这意味着我们现在切比萨的方法是不可数无穷！

应一盘新棋局，所以总棋局的个数是不可数无穷，难怪要限制比赛的时间了。

无穷创造的世界

让其他数学家烦恼的是，康托尔不是发现了两种无穷，而是发现了很多种。他用希伯来字母（Hebrew letter）阿列夫（ℵ）来命名不同大小的无穷。阿列夫零是最小的无穷，代表整数集的大小。它一般表示为阿列夫符号加下标 0：$\aleph_0$。下一种更大的无穷是 $\aleph_1$，再接下来是 $\aleph_2$，以此类推。实际上，有无穷种不同大小的无穷，难怪数学家无法全部消化它们。

不过还有一个大问题没有解决：$\aleph_1$ 是什么？虽然康托尔证明连续数轴代表的不可数无穷比可数无穷 $\aleph_0$ 大，但他无法证明它就是下一种无穷。$\aleph_1$ 可能是实数代表的不可数无穷，也可能是另外一种无穷——一种还没被人发现的无穷、一种小于连续无穷但大于可数无穷 $\aleph_0$ 的无穷。康托尔相信实数就是下一种无穷 $\aleph_1$，这就是连续统假设（continuum hypothesis）。不论数学家怎么尝试，他们都无法证明或推翻连续统假设。

在戴维·希尔伯特于 1900 年列出的数学问题表中，黎曼假设位居第八，位列第一的正是连续统假设。然而，和黎曼假设不同，连续统假设在 20 世纪就尘埃落定了，但不是以数学家喜欢的方式。它既没有被解决，也没有被推翻。这一切要从希尔伯特问题列表的第二个问题开始说起。

希尔伯特非常热衷于公理（数学家假设为真的命题）。自欧几里得基于 5 条公设推导出整本《几何原本》，数学家便开始对公理痴迷。希尔伯特对数学做出的一大重要贡献就是应用欧几里得的公设以及利用尺规作图的限制，发现了几何学遵循的 20 条公理，并将它们形成一个完备的公理集。这是第一次有人厘清数学如何利用公理。希尔伯特时常被称誉为自欧几里得之后对几何贡献最大的人。希尔伯特列出的第二个问题是：是否有人可以将他对几何学的贡献推广到所有数学领域？他想知道是否可能找到一套所有数学都遵循的公理体系。

希尔伯特列表的前两个问题很快就被数学家库尔特·哥德尔（Kurt Gödel）回答了，但是回答的方式不是其他数学家喜欢的做法。哥德尔生于 1906 年（这时希尔伯特的问题列表仅仅发表了几年），是一名奥地利数学家。和康托尔一样，他也患有抑郁症。他在一家夜总会认识了他的妻子。1938 年，希特勒将奥地利纳入德国。之后的 1940 年，哥德尔一家途经俄国和日本逃到了美国。由于哥德尔此前访问过普林斯顿（Princeton），到达美国后，他便在那里定居下来，开始了新的生活和工作［并成为当时还默默无闻的难民——阿尔伯特·爱因斯坦（Albert Einstein）的密友］，直到 1978 年去世。1931 年，他在维也纳大学（University of Vienna）开展的工作令他一举成名。这一年，他刚完成学业仅仅两年，年仅 25 岁。他发表了"臭名昭著"的不完备定理（incompleteness theorem）。自此，数学界发生了天翻地覆的变化。

在一篇论文中，哥德尔证明，数学永远不会完备。他的第一不完备定理证明：在任意有用的公理系统（包括基本的算数）之下，总有一些定理是这些公理无法证明的。[①]即使公理选得再好，总会有一些定理不能被证明真伪。你可以通过加入另一条公理修复这个漏洞，但是在新的公理体系下，又会有另一条定理不能被证明真伪。因此，数学不能证明所有事情。

这也正是连续统假设的问题所在。20世纪初，数学家设立了9条处理无穷的公理，它们被称为ZFC——含选择公理的策梅洛-弗兰克尔集合论（Zermelo-Fraenkel set theory with Choice）的缩写（详细内容请参阅书后的"疑难解答"）。但在这个公理体系下，连续统假设无法被证明真伪。它的处境和欧几里得平行线公设相同：只从其他4条公理出发，无法确定平行线是否存在。假设平行线存在，你得到一种几何；假设平行线不存在，你又会得到另一种几何。它们都是同样有效的。

数学面临着选择：实数的无穷到底是不是 $\aleph_1$ 呢？在可数无穷之后，数学家要选择的无穷取决于向 ZFC 体系中加入什么新公理。但问题是，公理应该是一些不证自明的命题，但上述两种选择都不是。直到今天，关于第十公理的争论仍然存在。如果你认为连续统假设是错误的，那么就需要加入力迫公理（forcing axiom），即迫使连续统假设为错误假设的公理。目前仍然有效的力迫公理是1970年提出的马丁公理（Martin's axiom）。如果你认为连续统假设是正确的，那么就需要加入内模型公理（inner model axiom），但要找到这样的公理更加困难。有猜想说，终极 L 公理（Ultimate L axiom）属于内模型公理。然而，我们面临的最大问题在于：我们应该选择哪一个？

① 哥德尔第二不完备定理是：如果不加入其他公理，任何相容的公理系统都无法证明自身的完备性。

每个选择都会让我们得到丰富却不同的结果。

　　这就是希尔伯特所说的康托尔创造的伊甸园。在这里，大小不同的无穷有无穷多种，而"哪种无穷是第二大？"却没有解决——作何选择取决于你自己。这就是为什么那时的数学家称它是一个噩梦。作为一门建立在证明和确定之上的学科，这种漂浮不定的东西总是让数学家们头晕。但令人兴奋的是，此后我们已经适应了超限（transfinite）世界的不确定性，而且它至今仍然是数学研究和辩论的活跃领域。正如岩浆凝固会形成岛屿，我们很幸运还能看到一个新的数学领域在沸腾，在积淀，在渐渐成型。

第 $n+1$ 章

后 记

　　我们到达了旅途的终点。从整数游戏和简单图形开始，我们探索了很多新世界：从纽结到图，再到超越我们感知范围的高维空间。我们看到这些数学理论如何使当代科技成为可能，也看到当代计算机如何为我们证明数学定理。我们研究了无穷并且超越了它，却最终发现无论人类有多少数学发现，总是有一些定理我们无论如何也证明不了。

　　但我个人觉得哥德尔不完备定理是非常令人愉悦的，因为它意味着数学永远不会完结。总是会有一些命题在目前的公理体系下不能被证明真伪。即使人类能继续存活几百万年，也能像过去几千年那样快速地探索新的数学，我们仍然不能研究明白所有数学理论。未来的数学家永远不会无事可做。和往常一样，一些数学研究会对文明产生巨大的推动力，而绝大部分仍然是无用的，但正是这部分数学让数学家们享受着无尽的幸福与快乐。

　　在这一切的背后，有一个我故意没有解释的秘密。如果数学是游戏和难题的产物，源自纯粹的智力和思考，为什么非要变得实用？我一直在倡导让数学变得更加有趣，但是没有人能否认数学是现代科技发展的中流砥柱。在现实中，数学研究是一项严肃的工业活动。数学研究的初衷和最终的实际价值总是相去甚远。

但事实的真相是：我们并不能确定这一点。

1980 年，理查德·汉明（因代码而闻名）写了一篇论文，名为《数学不合理的有效性》（*The Unreasonable Effectiveness of Mathematics*）。它基于一篇几乎同名的论文。那篇论文是匈牙利的诺贝尔物理学奖得主、数学家尤金·维格纳（Eugene Wigner）于 1960 年发表的一篇几乎同名的论文。汉明和维格纳都是倡导实用主义的数学家，专门研究"应用"数学。在论文中，他们都反对认为数学作为一门诞生于纯粹人类思想的学科，没有理由为现实世界创造价值的说法。"不合理的有效性"这一词便成为描述数学实用性的代名词。

不仅基础数学能对应现实，一些高度抽象的概念也开始展露出与现实的联系。科学家总是用数学来描述他们的理论。这些理论越来越复杂，需要的数学思维越复杂、详细、先进。20世纪初，这个趋势方向发生了根本性变化。这些现实科学所需要的数学理论开始以不可思议的速率变得越来越抽象、古怪，超出了所有人的想象。

> 非欧几何（non-Euclidean geometry）和非交换代数（non-commutative algebra）曾被认为是纯粹的想象，是逻辑思考者的消遣活动，但如今它们已经成了描述物理世界必不可少的要素。
>
> ——《电场中的量子奇点》（*Quantised singularities in the Electric Field*），保罗·狄拉克，1931 年

狄拉克利用抽象的数学预言了反电子的存在，发现了研究物理的新途径。他建议理论物理学家不需要担心实验，而应该多研究数学理论，找到一些可以由数学理论推导出来的结论。未经检验理论背后的美妙数学是一种许可，因为宇宙喜欢优雅的数学，无论其中的数学多么抽象。只有经得起数学推敲的物理理论，才能经得起实验检验。

弦论（string theory）就是这个想法的完美例子。与爱因斯坦的四维时空不同，弦论的一些版本需要 11 维时空，这为我们提供了更多空间维度。然而，目前还没有任何证据可以证明弦论是正确的。对于四维之外的时空，我们一无所知。但是弦论背后的数学是如此不可思议的简洁、自洽和优雅，宇宙不用它简直是一种浪费。

由于数学对于描述我们周围的宇宙非常有用，有人也尝试将探索方向反过来，看看物理可以为数学提供多大程度的帮助，有人坚信一定有一套数学理论可以和现实世界完美匹配。然而，不论我们的宇宙是多少维的，数学还是按照自己的方式运转。相似地，我们可以坚持探索这些问题：我们的宇宙是不是欧几里得空间？如果不断放大宇宙，平行线还会存在吗？宇宙似乎可以为我们选择"正确的"平行线假设，但这是本末倒置：数学的存在不依赖于物理现实——数学不受物理世界影响。

超星人可能生活在与我们完全不同的宇宙中，但我们和它们发现的数学是相同的，并且只有很少一部分数学应用于我们各自的现实世界中，但这并不意味着数学的其他部分无用。毕竟，一个宇宙的抽象数学可能正对应着其他宇宙的物理现实。我敢说四维空间的非欧超星人也会对存在平行线和纽结的三维世界感到非常费解。它们的思想实验可能正是我们的现实世界，反之亦然。但是我们探究的数学是一样的，都是同样的事实。

我希望这本书可以激发你对趣味数学产生兴趣。从计数和图形开始，我们顺着一条狭窄而具体的道路，攀登到了人类认知的极限。当然这条路上有很多岔路可以走，我希望你能去读一些更深入的书籍，毕竟本书内容有限，很多话题无法细说。也希望你和我一样，相信数学的世界是无边无际的，人类可以永远探索下去，不断发现新事物。

现在，你已经看完本书了，记得继续思考数学，探索悬挂画的新奇而又危险的方式，完美地等分比萨和蛋糕，和朋友打赌玻璃杯杯口的周长大于高度。当然，别忘了让别人看看从中间剪开莫比乌斯环的结果哦！

疑难解答

第 1 章　你心里有数吗？

为什么 2 的幂是唯一不能表示为
连续数之和的一类数

为了证明这个结论，我们先来看看可以写成连续数之和的数是什么样子的。

先来简单试试奇数。如果一个数是奇数，它就可以表示为一个数的两倍加 1，我们可以将其记为 $2n + 1$，n 为任意数。这就意味着它是两个连续数 n 和 $n + 1$ 的和。例如，17（等于 $2 \times 8 + 1$）可以表示为 $8 + 9$。

现在，我们来试试偶数。如果一个偶数是 3 的倍数，那么我们可以将其记为 $3n$，n 为任意数。我们可以将 $3n$ 拆成 $(n-1) + n + (n + 1)$。实际上，这对所有含奇因子的数都成立。如果一个数可以被 5 整除，那么它就可以分拆成 $(n-2) + (n-1) + n + (n + 1) + (n + 2)$。例如，100 等于 20×5，它就可以分拆成 $18 + 19 + 20 + 21 + 22$。

这意味着，所有含奇因子的数都可以表示为连续数之和，那不含奇因子的数是什么样的呢？一个数不含奇因子意味着它的素因子分解中只有偶素数，而且由于 2 是唯一的偶素数，这样的数一定是 2 的幂，如 2，2×2，2×2×2。

但是我们的证明只进行了一半。

为了完整地证明，我们还需要证明 2 的幂一定不能表示为连续数之和。因此，我们只需证明连续数的和不可能是 2 的幂即可。

奇数个连续数之和一定还是奇数，所以我们无须考虑。

现在让我们看看将偶数个连续数相加会发生什么。

$$n + (n + 1) + (n + 2) + (n + 3) = 4n + 6$$

$$n + (n + 1) + (n + 2) + (n + 3) + (n + 4) + (n + 5) = 6n + 15$$

$$n + (n + 1) + (n + 2) + (n + 3) + (n + 4) + (n + 5) + (n + 6) + (n + 7) = 8n + 28$$

这其中有一些规律：k 个连续数相加，你会得到 k 个 n，再加上 1 至（$k-1$）之和。我们的老朋友——三角数出现了！我们知道三角数是前 $k-1$ 个整数的和，可以表示为 $\dfrac{k(k-1)}{2}$，所以偶数个连续数的和可以表示为 $nk + \dfrac{k(k-1)}{2}$。因为 k 是偶数，所以上式可以表示为两个数的乘积 $(\dfrac{k}{2})(2n + k-1)$，右边括号中的数一定是奇数（因为 k 是偶数），这就意味着偶数个连续数之和一定不是 2 的幂，因为它包含一个奇数因子。

一些比较小的自恋数

我们可以通过简单的计算机程序或者电子表格找到一些比较小的自恋数。我在下面列出了一些自恋数，你可以用来检验结果。这些数在《整数数列在线大全》（*Online Encyclopedia of Integer Sequences, OEIS*）中也可以找到，数列编号为A005188。*OEIS* 几乎收集了目前人类知道的所有数列。如果你看到类似"A002193"这样以"A"打头的编号，就可以去这个网站上找一下。

> 两位自恋数：没有
> 三位自恋数：153；370；371；407
> 四位自恋数：1,634；8,208；9,474
> 五位自恋数：54,748；92,727；93,084

37 魔术成立的条件

取基数 b，如果 n 是 $b-1$ 的因子，那么"重复相同的数字 n 次，再除以这 n 个数字之和，结果为37"的小魔术一定有效。不过在其他情形下，这个魔术也可能成立。

因此，完整的表达是，如果 n 是 $1 + b + b^2 + b^3 + \cdots + b^{n-1}$ 的因子，那么这个魔术也成立。

啊哈，总算说清了。

明希豪森数误区

一些人认为 438,579,088 是十进制下的明希豪森数，因为 $0^0 = 0$，但这是不对的。

第2章　来，画个图吧

五边形纸结的证明

一条笔直的长纸带折出的纸结一定是正五边形。为了证明这个结论，我们需证明它的每个内角都相等，从而证明每个内角都是 108°（任何凸五边形的内角和都是 540°）。

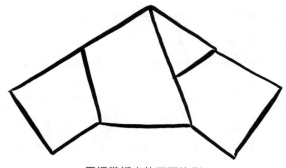

用纸带折出的正五边形

如果我们将折好的纸结边缘压平，然后打开，就会看到纸带上留下的折痕。我们只需证明它们与纸带边缘的夹角都相等即可。

通过展开与重折五边形，我们很容易比较不同位置的角度。在下面的第二幅图中，标有"A"的两个角会在折出的五边形上重合。由于纸带两边缘平行，我们可以推导出另外的两个角与角 A 相等。

重复上面的折叠和展开过程，比较角度，我们会推断出另一个角与角 A 相等，然后利用平行线的性质，再推断出另一个角与角 A 相等。一直重复这个步骤，直到证明所有折痕

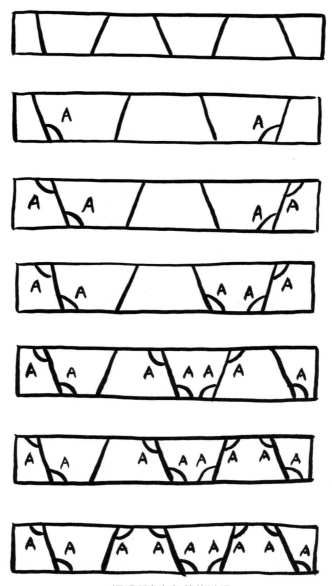

证明所有角相等的过程

与纸带边缘的夹角都等于角 A。另一方面，由于纸带是等宽的，这些折痕（最终会变成五边形的一条边）都是等长的。证明搞定了！

切立方体蛋糕的完整教程

不好意思，这其实不是完整的教程。

对于如何将一个立方体蛋糕分成体积、糖衣面积相等的 5 块，我的解法是沿顶面中心与边上等距分布的 5 个点的连线垂直下切。我试着将这一方法推广到切任意长方体形状的蛋糕，但在某种程度上，我失败了——蛋糕被我切毁了。

对于顶面是正方形的蛋糕，我们不用一开始就找 5 个等距分割点，可以先将每条边都分割成 5 段，然后使每一块蛋糕包含 4 小段边长即可（蛋糕顶面有 4 条边，所以我们一共分出了 $4 \times 5 = 20$ 小段，于是 $\frac{1}{5}$ 块蛋糕的边长应该是 4 小段）。

对于一般的长方体蛋糕，我们仍然可以先将顶面每条边分割成 5 小段，但此时长边上的每一小段长于短边上的每一小段。例如，如果蛋糕的顶面是 10cm × 15cm 的长方形，那么短边会被分成 2cm 的小段，长边会被分成 3cm 的小段。接着，从某个顶点开始，每 4 小段设立一个标记点，即使每一小段的长度可能不一样，最终顶面各部分的面积还是一样的。

如果你的各位客人不那么细心，那么你们就可以开吃了，因为每块蛋糕的顶面面积确实是一样的。但如果你碰到锱铢必较的人，那就坏事了，因为他们注意到蛋糕块的边长不一样，侧面的糖衣面积不相等！

是的，锥形切法对长方体蛋糕还是适用的，只是仍然和以前一样复杂。如果你有更好的切割方式，一定记得告诉我！

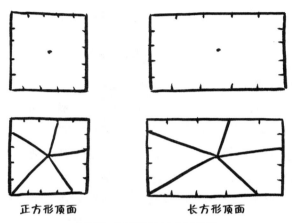

正方形顶面　　　　　　　长方形顶面

切正方形蛋糕和长方形蛋糕

第3章　平方根的秘密

多重多边形数

下面是一个有关多重多边形数的不完全（但也足够详尽）列表。我们将 0 也计入其中了（按道理来说，它确实算）。

平方–三角数

0；1；36；1,225；41,616；1,413,721；48,024,900；1,631,432,881；55,420,693,056；1,882,672,131,0251[1]…（来

---

[1] 后面的"1"应为作者笔误，OEIS 中没有这个"1"。——译者注

源：*OEIS* 中的 A001110）

五边形-三角数

0；1；210；40,755；7,906,276；1,533,776,805；297,544,793,910；57,722,156,241,751 …（来源：*OEIS* 中的 A014979）

五边形-平方数

0；1；9,801；94,109,401；903,638,458,801；8,676,736,387,298,001；83,314,021,887,196,947,001…（来源：*OEIS* 中的 A036353）

六边形-三角数

0；1；6；15；28；45；66；91；120；153；190；231；276；325；378；435；496；561；630；703；780…（来源：*OEIS* 中的 A000384）

六边形-平方数

1；1,225；1,413,721；1,631,432,881；1,882,672,131,025；2,172,602,007,770,041；2,507,180,834,294,496,361…（来源：*OEIS* 中的 A046177）

六边形-五边形数

1；40,755；1,533,776,805；57,722,156,241,751；2,172,315,626,468,283,465；81,752,926,228,785,223,683,195 …（来源：*OEIS* 中的 A046180）

第4章 变 形

证明翻滚者的重心高度不变

我们将证明，当翻滚者处于关键的两个位置时，其重心高度 h 是一样的，继而证明两个圆盘的圆心距离一定等于 $\sqrt{2}\,r$。代数运算过程可能会很复杂，但只要足够细心，最终总会得到相同的答案。在下面的证明中，我会使每一步尽可能简单，几乎跟作弊一样简单，所以在某些步骤中，我会乘以一些很奇怪的数，比如 $(\sqrt{2}+1)$，因为我事先计算过，知道会得出什么结果。

翻滚者在两个不同位置时的重心高度

由相似三角形的关系，我们得到：

$$\frac{r+d}{r} = \frac{r+\dfrac{d}{2}}{h}$$

将 $h = \dfrac{r}{\sqrt{2}}$ 代入上式，得到：

$$\frac{r+d}{r} = \frac{r+\dfrac{d}{2}}{\dfrac{r}{\sqrt{2}}}$$

两边同乘以 r，得到：

$$r + d = \sqrt{2}\ (r + \frac{d}{2})$$

然后两边再同乘以 $\sqrt{2}$, 得到:

$$\sqrt{2}\,r + \sqrt{2}\,d = 2r + d$$

$$(\sqrt{2} - 1)\,d = (2 - \sqrt{2})\,r$$

现在, 奇怪的一步来了, 两边同乘以 ($\sqrt{2} + 1$), 得到:

$$(\sqrt{2} - 1)(\sqrt{2} + 1)\,d = (2 - \sqrt{2})(\sqrt{2} + 1)r$$

$$(2 - \sqrt{2} + \sqrt{2} - 1)d = (2\sqrt{2} - 2 + 2 - \sqrt{2})r$$

$$d = \sqrt{2}\,r$$

声明: 以上过程实际只证明了如果重心高度在这两个位置相等, 那么两圆盘的圆心距为 $\sqrt{2}\ r$ 。要证明重心高度保持不变非常困难。另外我还假设重心位于两圆盘相交部分的中点(实际上重心就在那里)。

如何制作变脸六边形

我提到过两种变脸六边形, 其中一种的制作难度低于另一种, 但如果你学会了制作第一种, 那么制作第二种将易如反掌。在下面, 制作两种变脸六边形的教程我都会给出。

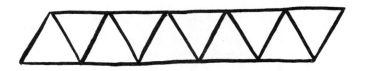

首先是制作三面变脸六边形。拿出一条纸带, 将它折成一个个相邻的等边三角形, 一共需要 10 个, 然后将多余的纸剪去。将纸带水平地放置在你面前的桌子上, 使其中一个三角形

的一个角指向左下角，另外一个三角形的一个角指向右上角。

　　将右边的 7 个三角形折起来，使其叠在左边的 3 个三角形上方。现在这 7 个三角形沿对角方向指向左下方。接下来，将下面的 4 个三角形折起来，但要将它们重叠到最左边三角形的下方。现在你会看到桌子上出现了一个六边形，左上角多出了一个三角形。将那个多出的三角形折起来，和原来最左边的三角形粘在一起。

　　这就是三面变脸六边形了。在变脸的时候，将其中 3 个交错的顶点同时向中间聚拢，然后从另外一面打开它，你就会看到第三个面。如果要回到原来的两个面，只需再翻转一次即可。这个变脸六边形一共有 3 个面。

　　至于六面变脸六边形，你需要一条更长的纸带。这一次，你需要折出 19 个等边三角形。在像前面那样折成六边形之前，你需要将三角形纸带绕成一个螺旋（可以将纸带缠在一个宽度合适的直尺上，或者直接将三角形的所有邻接边朝一个方向折

叠）。当你折成一个螺旋后，你会看到它形成一条由 10 个三角
形组成的新纸带。接下来就按上面的方法将这条新纸带折成六
边形并粘好。这个变脸六边形有 6 个不同的面，你可以用同样
的方法进行翻转。

第 6 章　教我如何放得下

盒子中的 31 枚硬币

在我们谈论硬币填充的最高效方法时，我提到过 31 枚 2
便士硬币的最小填充纪录是它们可以填充到边长为 145.514mm
的正方形中，不过这是不是最小的正方形还没有被证明。如果
你想挑战这个纪录，下面这个就是你的目标。目前的世界纪录
的排列方式如下。

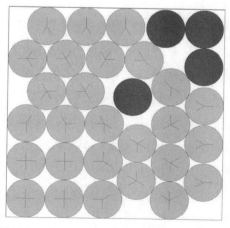

将 31 枚硬币填充一个正方形，其中 4 枚硬币（黑色）没有被卡死

第 7 章   一顿 "素" 餐

素数的平方总是比 24 的某倍数多 1

我第一次证明这个结论时，费了很大周折。首先我注意到所有素数都比 6 的某倍数多 1 或者少 1（除了 2 和 3），这就是说它们可以表达为 $6k + 1$ 或 $6k - 1$。这里的 k 既可以是奇数也可以是偶数，所以可以将 k 分别替换成 $2m$ 和 $2m + 1$，这样素数就有 4 种形式：$12m + 1$、$12m + 7$、$12m - 1$ 以及 $12m + 5$。我依次将它们平方，最终发现它们都比 24 的某倍数多 1。

然而，其实有更简单的证明方法。

一个朋友告诉我任何不是 3 的倍数的奇数的平方都比 24 的某倍数多 1。所有素数都是奇数，而且都不是 3 的倍数（除了恼人的亚素数 2 和 3）。

现在我们要证明这个朋友的断言。假设 n 是一个奇数，它的平方减 1 就可以写作 $n^2 - 1$。为了证明 $n^2 - 1$ 是 24 的倍数，我们可以将它重写成 $(n + 1)(n - 1)$（你可逐项相乘验证一下，它确实等于 $n^2 - 1$）。

$(n + 1)(n - 1)$ 是两个偶数的乘积（因为 n 是奇数，所以 $n + 1$ 和 $n - 1$ 一定都是偶数），而且其中一个偶数一定是 4 的倍数，因为它们是连续的偶数，每隔一个，偶数可以被 4 整除。因此，$(n + 1)(n - 1)$ 一定可以被 8 整除，因为它是 2 的倍数和 4 的倍数的乘积。

另外，我们还知道在 3 个连续数 $n - 1$、n、$n + 1$ 中，一定有一个数能被 3 整除。但根据假设，n 不是 3 的倍数，所以 $n + 1$ 和 $n - 1$ 中一定有一个数是 3 的倍数。因此，$(n + 1)(n - 1)$

也能被 3 整除。因为 3 和 8 没有公因子，所以 $(n+1)(n-1)$ 就可以被 24 整除。证毕。

这实际上等价于所有不包含因子 2 和 3 的数的平方都比 24 的某倍数多 1。

第 8 章　"纽"转局面

Brunnian 链环

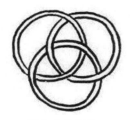

有 3 个分支的
Brunnian 链环

有 4 个分支的
Brunnian 链环

有 6 个分支的 Brunnian 链环

第 10 章　第四维度

超立方体有多少个顶点和多少条棱

一维线段有一个起点和一个终点，我们可以给它们分别赋上坐标（0）和（1）。正方形就稍微有趣一些，因为二维坐标有两个数，所以正方形 4 个角点的坐标分别是（0，0），（1，0），（0，1），（1，1）。以此类推，三维立方体的 8 个顶点的坐标分别是：（0，0，0），（1，0，0），（0，1，0），（0，0，1），（1，1，0），（1，0，1），（0，1，1），（1，1，1）。立方体有 8 个顶点是很好理解的，因为三维坐标有 3 个分量，每个分量有两种可能的取值（$2 \times 2 \times 2 = 8$）。同理，如果维数是 n，那么坐标就会包含 n 个分量，所以 n 维超立方体有 $2n$ 个顶点。

现在我们来看看棱。

有许多种方法可以在不制作具体模型的情况下算出四维超立方体的棱数为 32 条。我最喜欢的方法是：超立方体的每个顶点会放射出 4 条棱（正如三维立方体的每个顶点会放射出 3 条棱，而超立方体有 16 个顶点，我们先得出 $16 \times 4 = 64$；每条棱有两个端点，因此每条棱被多数了一次，所以棱数应该是 $64 \div 2 = 32$。这个方法对三维立方体也适用：$8 \times 3 \div 2 = 12$ 条。当然，我们可以制作出三维立方体的具体模型，所以直接数可能更快一些）。

n 维超立方体的棱数计算公式是 $\dfrac{(2^n \times n)}{2} = n \times 2^{n-1}$。

第 11 章　算法之道

最优停止问题的另一种解决方法

最优停止问题还存在另一种解决方法：你可以在观察潜在候选者的过程中慢慢降低标准。

最优停止算法的结果只是平均意义上的最优，并不能保证每一次都是最优的。在寻找伴侣的问题中，当你再无其他选择时，统计就失效了，你只能仓促地被迫选择最后一个。一个折中的办法是系统地降低自己的标准，即在约会 $\sqrt{n}$ 人之后，每拒绝一个人，就将期望降低一些。也就是说，在你约会且拒绝 $\sqrt{n}$ 个人之后，接受后面 $\sqrt{n}$ 人中排名第一的人。如果没有合适的，再尝试接受后面 $\sqrt{n}$ 人中排名第二的人，再接下来就是接受 $\sqrt{n}$ 中排名第三的人，以此类推。如果你到达了队尾，那就接受最后一个人。

三牌叠魔术的推广

三牌叠魔术表演者会让一名观众从 27 张牌中选择一张，然后将牌分成 3 个牌叠，一共进行 3 次，每次都要求观众指出牌在哪个牌叠中，最终确定观众选的是哪张牌。通过变换牌叠位置，你可以操纵观众选择的牌，使其落到整个牌叠的任意位置。

这个魔术可以实现是因为 $27 = 3^3$，所以 3 个牌叠变换 3 次位置可以确定出唯一的答案。但是这个魔术也可以使用其他数量的牌。例如 $49 = 7^2$，如果你用 49 张牌，就要进行 2 次，每次将牌分成 7 个牌叠，并且每次让观众指出他（她）选的牌在哪一个牌叠里，然后控制那张牌落到预先确定的位

置。类似的，我们还可以用别的方法分解数。例如，对于 52
张牌，我们可以将它们分成 13 个牌叠，每个牌叠 4 张牌，然
后再分成 4 个牌叠，每个牌叠 13 张牌。通过这种分解，魔术
师足以找到观众选的牌了。要想控制牌的最终位置，只需在
合并牌叠时改变各牌叠的顺序即可。

第 12 章　如何构建一台计算机

多米诺骨牌计算机的电路布局

正如我在这章中提到的，我成功构建了一台多米诺骨牌计
算机，现在我就来告诉你具体的电路布局，你也许可以自己尝
试一下。（当然，如果你能够不看下面的图自己设计出电路，那
就更棒了！）

以第 258 页的半加器为基本单元，你可以组装一个全加
器，然后再以全加器为单元组装 4 位二进制数加法器。

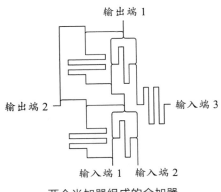

两个半加器组成的全加器

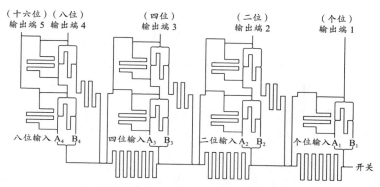

由多米诺骨牌构建的 4 位二进制数加法器

第 13 章　数字搅拌机

证明前 n 个奇数之和等于 n^2

下面这个直观的几何证明显示，无论加到哪个奇数，它们的和总可以表示为一个正方形。每个新奇数都可以完美地包住原来正方形的两条边。

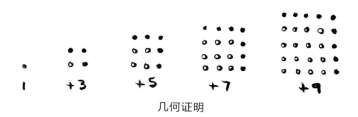

几何证明

然而，我们还可以通过计算有限和的方法来证明上述结论。这种方法要计算一个数列的和，这个数列的每一项都是前一项的倍数。后一项与前一项有固定差值的数列（例如我们计算三角数时用到的连续数列）被称为等差数列（arithmetic sequence），而后一项是前一项的固定倍数的数列被称为等比数列（geometric sequence）。我们将尝试计算最普通的等比数列的和。我们用 r 来表示前后两项的比值，用 a 来代表数列的第一项，所以这个等比数列就可以写成：a，ra，r^2a，r^3a，$\cdots$，一直到第 $n+1$ 项 r^na。下面就来看看如何计算这个数列的和，我们将和记为 T。

下面这个式子就是我们的计算目标：

$$a + ra + r^2 a + r^3 a + \cdots + r^{n-1} a + r^n a = T$$

两边同时乘以 r，我们会得到如下等式：

$$r \times (a + ra + r^2 a + r^3 a + \cdots + r^{n-1} a + r^n a) = rT$$

拆开括号，得到：

$$ra + r^2 a + r^3 a + \cdots + r^{n-1} a + r^n a + r^{n+1} a = rT$$

下面这个狡猾的步骤是计算的核心——将新的等式和原来的等式相减，就会得到：

$$(ra + r^2 a + r^3 a + \cdots + r^{n-1} a + r^n a + r^{n+1} a) -$$
$$(a + ra + r^2 a + r^3 a + \cdots + r^{n-1} a + r^n a) = rT - T$$

化简一下，你会发现很多项被相互抵消，最终我们得到：

$$r^{n+1} a - a = rT - T$$

等式两边提取公因式：

$$a (r^{n+1} - 1) = T (r - 1)$$

最终，我们就会得到一个简洁的公式：

$$T = \frac{a (r^{n+1} - 1)}{r - 1}$$

正如第 282 页的三角数计算，这种方法的核心在于利用一些技巧尽可能抵消一些项，但是不能什么也不留下。在这里就是找到一种方法，让两个数列相减，相互抵消，最终仅剩余少数几项。

梅森素数和完全数

你现在已经有了证明梅森素数可以产生完全数的所有要素。我们之前曾提到过它们之间的关系，但没有加以证明。对于任意给定的梅森素数 2^n-1，$(2^n-1) \times 2^{n-1}$ 是完全数。你可以检验一下 n 比较小时的情形。下面，我们要证明这个结论不仅适用于我们已经碰到的少数情形，而且对所有梅森素数都成立，无一例外。梅森素数 2^n-1 的因子只有自己本身和 1。2^{n-1} 是 2 的 $n-1$ 次方，所以它有很多因子：1，2，4，8，16，…，2^{n-2}，2^{n-1}。接下来只需列出 $(2^n-1) \times 2^{n-1}$ 的除自身之外的所有因子，然后证明对这些因子求和会再次得到 $(2^n-1) \times 2^{n-1}$ 即可。

祝你好运。如果你实在想不出如何证明，可以在我的网站（makeanddo4D.com）上找到解答。

将斐波那契数列和卢卡斯数列反向写出

如果将斐波那契数列或者卢卡斯数列反向写出，你会得到正负数交替出现的数列。

斐波那契数列反向：

…34，-21，13，-8，5，-3，2，-1，1，0，1，1，2，3，5，8…

卢卡斯数列反向：

…47，−29，18，−11，7，−4，3，−1，2，1，3，4，7，11，18…

在这两个新数列中，连续两项的比值接近于$-\dfrac{1}{\phi}$。

重排伯努利等式

在第13章中，我们令$m=3$、$n=4$，就可以计算出前4个立方数之和。确实，伯努利数给出了正确答案100。下面就是具体的计算方法。

求取有限和的伯努利等式如下：

$$1 + 2^m + 3^m + \cdots + n^m = \frac{(B + n + 1)^{m+1} - B^{m+1}}{m + 1}$$

令$m=3$，$n=4$，我们得到：

$$1 + 2^3 + 3^3 + 4^3 = \frac{(B + 5)^4 - B^4}{4}$$

$$= \frac{B^4 + 4B^3 \times 5 + 6B^2 \times 5^2 + 4B \times 5^3 + 5^4 - B^4}{4}$$

$$= \frac{B^4 + 20B^3 + 150B^2 + 500B + 625 - B^4}{4}$$

$$= \frac{20B^3 + 150B^2 + 500B + 625}{4}$$

用伯努利数替换，得到：

$$上式 = \frac{20 \times 0 + 150 \times \dfrac{1}{6} + 500 \times (-\dfrac{1}{2}) + 625}{4}$$

$$= \frac{25 - 250 + 625}{4}$$

$$= \frac{400}{4}$$

$$= 100$$

下面是给你的额外挑战：令$m=1$，证明伯努利等式可以

给出第 n 个三角数的值。

我也说过，令 $m = 2$，就可以将 $\dfrac{\pi^2}{6}$ 写成无穷和的形式。下面就是具体的实现过程。

无穷和形式的伯努利等式如下：

$$1 + \frac{1}{2^m} + \frac{1}{3^m} + \frac{1}{4^m} + \cdots = \frac{2^{m-1}|B^m|\pi^m}{m!}$$

令 $m = 2$：

$$1 + \frac{1}{2^2} + \frac{1}{3^2} + \frac{1}{4^2} + \cdots = \frac{2^1|B^2|\pi^2}{2!} = \frac{2 \times \frac{1}{6} \times \pi^2}{2}$$

然后上下约去两个 2，留下了 $\dfrac{\pi^2}{6}$。

第 15 章　更高的维度

刺　球

大多数人都觉得圆和球是极其光滑的，但根据我们的计算，在高维空间中，它们的表面有很多尖刺。它们的光滑性是什么时候突然消失的？答案很简单，圆和球其实也是有尖刺的，只不过我们从来没有注意到。

从二维空间到三维空间，相对于圆来说，球就变尖了，但这种变化很细微，我们不会多想。若同时削去圆和球的半径的 25%，被削去部分占圆的比例要大于该部分占球的比例。因此，球比圆更尖。

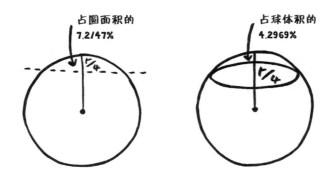

从末端削去半径的 25%, 圆的面积减少 7.2147%。对球做同样的操作, 削去球的一个盖子, 但球的体积只减少了 4.2969%。由于球在更高维空间是弯曲的, 球变得更尖。随着维度越来越高, 高维球有更多的维度弯曲, 变尖的程度会越来越夸张。

第 17 章　怪异的数

证明 e^π 是超越数

最终证明 e^π 是超越数的是格尔丰德–施奈德定理。下面我们就来看看它如何证明。格尔丰德–施奈德定理表明, 对于任意两个代数数 m 和 n, 如果 m 不等于 0 或 1, 且 n 不是有理数, 那么 m^n 一定是超越数。$m = -1$, $n = -i$ 就符合定理的要求, 所以 $(-1)^{-i}$ 一定是超越数。接下来只需证明 $(-1)^{-i}$ 实际上就是 e^π 即可。我们要利用一个很有名的等式: $e^{i\pi} = -1$（遗憾的是, 限于篇幅, 我没法在这本书中证明这个结论）。利用简单的代数, 我们就可以得到:

$$(-1)^{-i} = (e^{i\pi})^{-i} = e^{(-i \times i)\pi} = e^{\pi}$$

虚实之影

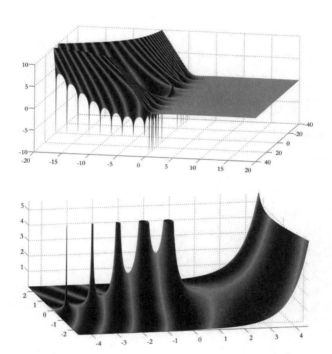

　　正如我们提到的，复函数的图像是四维的，我们只能画出它们的三维近似图像。为了去掉一维，我们通常将复数输出转化为它们与复平面正中心之间的距离，这个距离被称为复数的模（magnitude）。模描述的是复数在某种意义下的大小，而不是"虚实"的程度。

　　为了把"虚实"的信息也加到图中，我以颜色作为第四维。颜色越暗，说明输出的复数越"虚"，所以最亮的颜色代表纯实数，最暗的颜色代表纯虚数，其他数介于这两种颜色之间。专业点说就是，我们将复数和实数轴所成的角用灰到黑的颜色可视化。

第 18 章　超越无穷

卡尔金–维尔夫树（Calkin-Wilf tree）

在第 18 章，我描述了一种可以产生所有有理数的类斐波那契数列。这个数列从 1、1 开始，但是在求和得到下一项的操作之间，还要交错地将前面的项复制到数列的末尾，但这不是产生有理数序列的唯一方法。

1999 年，在那篇 4 页长的论文《重新计数有理数》中，美国数学家尼尔·卡尔金和赫伯特·维尔夫指出，实际上有两种列出有理数的高效方法。建议你阅读他们的原论文（这篇论文浅显易懂，并且在网上可以免费获取）。下面我就把这两种方法总结一下，它们实在是太漂亮了！

第一种方法是生成一个分数树。树根是有理数 1，代表分数 $\frac{1}{1}$。树的生长规则如下：对于任意一个有理数，由它分裂长出两个分支——$\frac{a+b}{b}$ 和 $\frac{a}{a+b}$，如 $\frac{1}{1}$ 会分裂成 $\frac{2}{1}$ 和 $\frac{1}{2}$。将这个过程不断进行下去，所有有理数都会在这棵树上出现，且仅出现 1 次，而且都是分数的最简形式。为了给这些分数编号，需要把分数转换成序列。我们可以依次按行将所有有理数取下，排成一个序列。其他方法也可以，例如，我喜欢将树排成一个螺旋。你可以有你自己的方法。

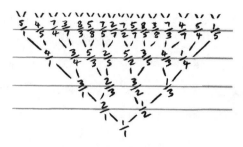

卡尔金-维尔夫树：行方法

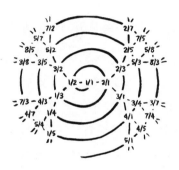

卡尔金-维尔夫树：螺旋法

　　树方法本身就已经是一项伟大的发现，但是作者又向前迈进了一步。这棵分数树实际上是论文的附属品，论文的主要成果是我们已经看到的斯特恩-布罗珂数列（*OEIS* 中的A002487）。我们已经知道如何利用斐波那契数列得到斯特恩-布罗珂数列，但还有其他更奇怪的方法。

　　斯特恩-布罗珂数列为：1，2，1，3，2，3，1，4，3，5，2，5，3，4，1，5，4，7…

卡尔金和维尔夫指出，该数列的第 n 项等于 n 的二进制表示方法的种数。不过，这里的二进制的基本数码是 0、1、2，而不只是 0、1。在一般的二进制中，每一个数都有唯一的表示，在其他计数系统中也是如此，但是如果我们允许等于或大于计数基数的数字出现，数的表示就不唯一了。5 在二进制中是 101，但还可以写成 021，所以 5 在新二进制下的表示方法有 2 种，斯特恩–布罗珂数列数列的第 5 项应该是 2。事实上，确实如此。

用自然语言表达 ZFC 公理

你可能很想知道 ZFC（含选择公理的策梅洛–弗兰克尔集合论）到底是什么，下面就是它的 9 条公理和额外的一个选择。它们本来是以数学语言和符号表示的，但为了便于你理解，我将它们翻译成了自然语言。

1. 外延公理（Axiom of extensionality）

如果两个集合 X 和 Y 的元素完全相同，那么这两个集合相等。

2. 无序对公理（Axiom of the unordered pair）

任意两个对象都可以形成一个无序对。即对于任意的 a 和 b，总存在一个集合 $X = \{a, b\}$。

3. 分离公理（Axiom of separation）

对于任意性质，你都可以将 X 分割成具有或不具有这个性质的子集。

4. 并集公理（Axiom of union）

对于任意两个集合 X 和 Y，它们的所有元素可以形成一个

新集合 Z。

5. 幂集公理（Axiom of the power set）

任意集合的所有子集可以组成一个新集合 Y。

6. 无穷公理（Axiom of infinity）

无穷集合确实存在。

7. 替换公理（Axiom of replacement）

你可以将一个函数应用到任意集合的所有元素上，产生一个新的集合 Y。

8. 基础公理（Axiom of foundation）

如果一个集合非空，那么它一定有"最小"元素。

9. 选择公理（Axiom of choice）

对于一族没有公共元素的非空集合，你可以从每个集合中选择一个元素来组成一个新集合。

10. 没有确定的第十公理

力迫公理或者内模型公理。

图片及部分文字的版权

图 片

p. 188 © Claudio Rocchini

p. 196 and 198 © Alan Moore, Image Comics

p. 205 上图 © Davide P. Cervone

p. 205 下图取自 http://superliminal.com/cube/cube.htm

p. 210–211: Made with Robert Webb's Stella software, http://www.software3d.com/Stella.php.

p. 249 © 2005 Antikythera Mechanism Research Project1

p. 252 © Getty Images, Science Museum

p. 262–263 and 264–265 © Jonathan Sanderson

p. 307 Produced with SeifertView, Jarke J. van Wijk, Eindhoven University of Technology

p. 419–420 © E. Specht

p. 447 Photo by Steve Ullathorne

文　字

p. 46: From: http://apod.nasa.gov/htmltest/rjn_dig.html

p. 288: *Ramanujan: Letters and Commentary*, Srinivasa Ramanujan Aiyangar, contracted for clarity.

p. 330: Thomas Hales, *Cannonballs and Honeycombs*.

p. 376: P.A.M. Dirac, 1928, p. 2.

p. 377: 'The Positive Electron', Carl D. Anderson, 1933, p. 5.

p. 407: Paul Dirac, 'Quantised Singularities in the Electromagnetic Field', 1931

致　谢

　　如果没有我妻子露西·格林（Lucie Green）的支持，这本书可能就不会出版了。我的妻子同时也在写一本书（当然，和我这本书没关系），所以我们可以一起享受"写作闲暇"，假装我们在度假。告诉大家一件有趣的事：这本书的一张照片里藏着她（还有一些别的彩蛋哦），你可以把这当作"露西在哪里"的游戏！

　　感谢我的作品代理人威尔·弗朗西斯（Will Francis）将我的零星想法变成了这本书；感谢编辑海伦·康福（Helen Conford）最终让这本书成形；为了确保我的书被普通大众理解，萨拉·戴（Sarah Day）也付出了许多努力。在这篇致谢中，我会尽可能列出所有向我提供过数学素材的人，如果有遗漏，我在此深表歉意。

　　凯蒂·史迪蔻斯（Katie Steckles）一直是我的长期数学顾问，在成书过程中，她帮助我调研和修正了许多内容。查利·特纳（Charlie Turner）对最终的成书进行了极其细致的检查，剩下的错误不是她的错。将五边形纸结命名为"应急五边形"的人正是凯蒂·史迪蔻斯。另外，我们进行了一个实验：将5个人绑在一起，随便去除一个人，绳子便会自动解开（在2013年MathsJam会议上），凯蒂·史迪蔻斯便是这个实验的带头人。她也是第一个向我挑战在克莱因瓶上下井字棋的人。在酒吧和我一起计算平方-三角数的朋友是查利·特纳和弗洛伦西亚诺·特塔曼蒂（Florencia Tettamanti）。查利也是一名趣味数学家，他证明了91对应的因子连接图是可迹的。

自这本书的第一版发行以来，洛伦·帕克（Loren Parker）、史蒂夫·莫尔德（Steve Mould）、戴夫·希尔顿（Dave Hilton）、迈克尔·雅各布斯（Michael Jacobs）、约翰·刘易斯（John Lewis）、彼得·吉布林（Peter Giblin）、斯蒂芬·莫利纳里（Stephen Molinari）以及知识渊博的阿达姆·阿特金森（Adam Atkinson）修正了书中的一些错误。

比萨问题最开始是由科林·赖特告诉我的，他还告诉我如何用数学方法系鞋带以及如何困住高维刺球。

累进可除数问题是我去看牙医时艾利森·基德尔（Alison Kiddle）向我提出的。切蛋糕问题是克里斯·林托特（Chris Lintott）和我妻子一起拍摄金星凌日时向我提出的。我第一次看到翻滚者是在工程师休·亨特（Hugh Hunt）那里。第一次向我展示香肠灾难猜想的是戴维·艾奇逊（David Acheson）。

密歇根奥克兰大学的罗伯特·特尼鲁（Robert Tanniru）对嫁接数开展了更进一步的研究。推荐大家阅读他的论文《嫁接数简介及其与卡特兰数的联系》（*A Short Note Introducing Grafting Numbers and Their Connection to Catalan Numbers*）。

克里斯·桑文（Chris Sangwin）是机械数学方面的大师，在等宽图形、翻滚者圆盘和钻正方形洞方面为我提供了大力帮助。朱莉娅·科林斯在所有涉及纽结的地方给我提供了帮助，并且和马德琳·谢泼德（Madeleine Shepherd）一起为我提供了编织作品。乔尔·哈德利（Joel Hadley）自创了"七边月牙"这个词，到现在我们还在使用它。克里斯蒂安·珀费克特不仅设计了珀费克特-赫舍尔多面体，还对本书的数学排版提供了很多宝贵的建议。米兰达·莫布雷和同事阿利斯泰尔·科尔斯（Alistair Coles）、戴维·坎宁安（David Cunningham）一起完成了纠错码的研究工作。

生物学者斯蒂芬·柯里（Stephen Currey）向我科普了各种各样的病毒。非常感谢，斯蒂芬！

劳拉·塔尔曼（Laura Taalman）为我 3D 打印了博罗梅安环。她在纽约国家数学博物馆（National Museum of Mathematics）工作，正是在那里，我骑上了安装了正方形轮子的自行车。有关图灵的故事是他的最后一位学生伯纳德·理查兹教授（Bernard Richards）告诉我的，我在 BBC 广播 4 台的罗兰·皮斯（Roland Pease）制作的一个节目中采访了他。

如果没有我在《数学齿轮》（Maths Gear）上的搭档史蒂夫·莫尔德和詹姆斯·格里姆（James Grime），三维等宽立体图形、亲和数"220&284"心形钥匙串、马克杯上的设施图问题、"我［图像］你"情人节贺卡就不可能存在。我有没有告诉你这些东西都可以在 mathsgear.co.uk 上买到？

说实话，我非常感谢我在极客大会（Festival of the Spoken Nerd）上的明星伙伴史蒂夫·莫尔德和海伦·阿尼（Helen Arney），他们在我的写书进度受忙碌影响时为我提供了非常多的帮助。詹姆斯·格里姆也是一个非常棒的数学伙伴，向我展示了设施图不是平面图的证明、米尔斯常数和其他很多东西。

感谢罗宾·英斯（Robin Ince）邀请我在哈默史密斯阿波罗剧院和 3,500 人一起玩数学游戏。他希望借此提高数学的娱乐性以及我的演讲能力。感谢罗勃·伊斯特威（Rob Eastaway）和西蒙·辛格（Simon Singh）向我提出有关数学书编写方面的宝贵建议。戴夫·麦考密克（Dave McCormick）是猜火车游戏的顾问。所有的法文翻译都是由我的姐夫本·狄克逊完成的。Merci[①]!

多米诺骨牌计算机是在凯蒂·史迪蔻斯、保罗·泰勒（Paul Taylor）、安德鲁·泰勒（Andrew Taylor）和西安·弗赖尔（Siân Fryer）的帮助下设计的。多米诺骨牌计算机的建造过程也离不开本·柯蒂斯（Ben Curtis）、贝姬·斯梅德利（Becky Smedley）、迈克·贝尔（Mike Bell）、布莱尔·拉韦尔（Blair Lavelle）、安德鲁·波岑（Andrew Pontzen）、克里斯·罗伯茨（Chris Roberts）、本·阿什福思（Ben Ashforth）、吉利恩·基尔南（Gillian Kiernan）和戴维·朱利安（David Julyan）的大力帮助。在此还要感谢乔纳森·桑德森（Jonathan Sanderson）和埃琳·罗伯茨（Elin Roberts）的全程记录。

我还要感谢数字狂（Numberphile）的布雷迪·哈兰（Brady Haran），是他为我拍摄了用多米诺骨牌制造计算机的视频，并上传到了 YouTube。

哦，对了，这本书中还藏着一个小竞赛。如果有人能赢得它，我会考虑为你颁一个奖。小心陷阱哟！

---

① 法文，表示"感谢"的意思。——译者注

保罗·泰勒还检查了我对群论的胡说八道，不过他对我将群论这一丰富而激动人心的领域过分简化的行为不负任何责任。安德鲁·泰勒是一位名副其实的代码魔术师，将我的想法编成了网页应用程序。

有关《声名狼藉：次子》取整函数的幕后八卦是杀客同萌工作室（Sucker Punch Productions）的布鲁斯·奥伯格（Bruce Oberg）告诉我的。

我做客 BBC 广播 4 台的《或多或少》（*More or Less*）栏目［主持人蒂姆·哈福德（Tim Harford）实在是太棒了］时，收到了许多有关无穷的抱怨。在节目中，我谈论了布朗常数，谈论了数学的方方面面。哈密顿之桥的朝拜之旅被称为哈密顿步道（Hamilton Walk），始于都柏林天文台（Dunsink Observatory），止于布鲁姆桥。每年的例行朝拜活动由爱尔兰数学周（Maths Week Ireland）组织，由约恩·吉尔（Eoin Gill）和希拉·多尼根（Sheila Donegan）共同协调。

安德鲁·波岑检查了本书中我斗胆谈到的物理知识。他认为我的大部分看法都是正确的，但是他也指出我们可能永远也不会知道宇宙是不是完美的平面，因为测量会受到量子力学的限制。

我在文中引用了许多数学家的成果，感谢他们检查了我对他们成果的描述，也感谢他们给予我的宝贵建议。他们分别是梅拉妮·贝利、尼尔·比尔登、杰里·邦内尔（Jerry Bonnell）、肯·布拉克、罗伯特·马修斯（Robert Matthews）、斯科特·莫里森、罗伯特·涅米洛夫、爱德华·乌代、陶哲轩、罗宾·托马斯（Robin Thomas）、蒂姆·特鲁德盖恩和丹尼斯·维埃尔。除了他们之外，还有许多人帮助了我。

感谢企鹅出版社（Penguin）的团队，包括卡萨娜·伊奥尼塔（Casiana Ionita）、丽贝卡·李（Rebecca Lee）、克莱尔·梅森（Claire Mason）和伊莫金·斯科特（Imogen Scott），以及市场部和出版部的搭档休·阿马拉迪瓦卡拉（Sue Amara-divakara）和英格丽德·马茨（Ingrid Matts）。至于版权相关事务，要感谢我的经纪人乔·万德（Jo Wander）和我的"经营忍者"萨拉·库珀（Sarah Cooper）。

非常感谢我的另一个家——伦敦玛丽女王大学数学系。感谢大学的各位同事，也感谢公众参与中心的好心同事，以及为我提供持续帮助的彼得·麦克欧文（Peter McOwan）。

感谢所有参加过 MathsJam 月会和年会的人，谢谢你们给予我灵感、思想和劳力。

我的网站的设计是由世界上最优秀的设计师——西蒙·赖特（Simon Wright）完成的。自 20 世纪 90 年代我们在一起上学开始，他就一直在帮助我将项目包装得专业无比，甚至让我感觉这些项目配不上这么棒的设计。

本书的所有照片都是阿尔·理查森（Al Richardson）拍摄的，他对每张照片都尽心尽力。书中的插画和设计由理查德·格林（Richard Green）完成，他变魔术般地将我的涂鸦变成了精美的图片。一些数学图像和图表是在本·斯帕克斯（Ben Sparks）的帮助下利用出色的软件包 GeoGebra 完成的。大部分四维图形的呈现都是用 Stella4D 软件完成的，这个软件的开发者是罗伯特·韦布（Robert Webb）。还有一些四维图形是根据达维德·切尔沃内（Davide Cervone）制作的四维动画完成的。戴维·弗莱彻（David Fletcher）在我的环面上撒了一些星星。Gamma 函数和 Zeta 函数的三维图像都是由埃德里克·埃利斯（Edric Ellis）用 MATLAB 完成的。

感谢母亲为我织了二进制围巾和克莱因瓶帽子，她自己也非常喜欢这两个作品。我的父亲是一名会计，从小就培养我对数字的热爱。可以说，本书的出品都怪他们。

马特·帕克

　　这不是作者马特·帕克的一张照片，而是一张电子表格。它完全由根据条件进行格式化的单元格组成，每个单元格的数值介于 0 到 255 之间。具体的制作方法在本书的第 345—347 页解释了。你可以在 makeanddo4D.com 网站上将自己的照片转换成电子表格。[照片来源：史蒂夫·乌拉索恩（Steve Ullathorne）]

图书在版编目（CIP）数据

我们在四维空间可以做什么：不用计算的18堂数学
课 / (澳) 马特·帕克著；李轩译. –– 北京：北京联
合出版公司, 2020.7（2024.3重印）

ISBN 978-7-5596-3306-4

Ⅰ. ①我… Ⅱ. ①马… ②李… Ⅲ. ①数学—普及读
物 Ⅳ. ①O1-49

中国版本图书馆CIP数据核字(2019)第112266号

我们在四维空间可以做什么：不用计算的18堂数学课

著　　者：［澳］马特·帕克
译　　者：李　轩
出 品 人：赵红仕
选题策划：**后浪出版公司**
出版统筹：吴兴元
编辑统筹：费艳夏
责任编辑：张　萌
特约编辑：包　凤
营销推广：ONEBOOK
装帧制造：墨白空间

北京联合出版公司出版
（北京市西城区德外大街83号楼9层　100088）
后浪出版咨询（北京）有限责任公司发行
天津中印联印务有限公司印刷　新华书店经销
字数302千字　889毫米×1194毫米　1/32　14.25印张　插页4
2020年7月第1版　2024年3月第5次印刷
ISBN 978-7-5596-3306-4
定价：48.00 元